普通高等教育“十三五”规划教材
山东省社会科学普及应用研究项目(2018-SKZZ-14)

21世纪职业教育规划教材·通识课系列

网络空间安全技能读本

主　编　丁喜纲　衣文娟
副主编　安述照　涂　振　毕军涛

内 容 简 介

本书在内容选择上充分考虑了学生的可接受性，在内容编排上突出了实用性和可操作性，在内容叙述上力求通俗易懂。全书共分为10章，分别是网络空间安全概述、网络空间安全威胁面面观、如何让个人计算机更安全、如何让智能手机更安全、如何让上网更安全、如何让传输的信息更安全、如何让网络社交更安全、如何让网络购物和支付更安全、网络空间不是法外之地和共筑清朗网络空间。

本书可作为高等院校大学生通识教育的教材，也可作为网络空间安全知识及安全防护技能的普及读物。

图书在版编目(CIP)数据

网络空间安全技能读本/丁喜纲，衣文娟主编. —北京：北京大学出版社，2023.8
21世纪职业教育规划教材·通识课系列
ISBN 978-7-301-34180-3

Ⅰ.①网… Ⅱ.①丁…②衣… Ⅲ.①计算机网络－网络安全－高等职业教育－教材
Ⅳ.①TP393.08

中国国家版本馆CIP数据核字（2023）第123640号

书 名 网络空间安全技能读本
WANGLUO KONGJIAN ANQUAN JINENG DUBEN
著作责任者 丁喜纲 衣文娟 主 编
策划编辑 吴坤娟
责任编辑 吴坤娟
标准书号 ISBN 978-7-301-34180-3
出版发行 北京大学出版社
地 址 北京市海淀区成府路205号 100871
网 址 http://www.pup.cn 新浪微博：@北京大学出版社
编辑部邮箱 zyjy@pup.cn
总编室邮箱 zpup@pup.cn
电 话 邮购部 010-62752015 发行部 010-62750672 编辑部 010-62756923
印 刷 者 大厂回族自治县彩虹印刷有限公司
经 销 者 新华书店
787毫米×1092毫米 16开本 16.5印张 467千字
2023年8月第1版 2023年8月第1次印刷
定 价 58.00元

前　言

随着信息技术的飞速发展，以互联网为载体的网络空间与现实世界不断融合，全面改变了人们的工作和生活方式。党的二十大报告提出，坚持把发展经济的着力点放在实体经济上，推进新型工业化，加快建设制造强国、质量强国、航天强国、交通强国、网络强国、数字中国，要健全网络综合治理体系，推动形成良好网络生态。

党的十八大以来，习近平总书记就互联网发展尤其是网络强国战略发表了一系列具有重大现实意义和深远历史意义的重要讲话。2014 年 2 月 27 日，在中央网络安全和信息化领导小组第一次会议上，习近平总书记首次提出努力把我国建设成为网络强国的目标愿景。2015 年 10 月 26 日，党的十八届五中全会明确指出要实施网络强国战略。2018 年 4 月 20 日，习近平总书记在全国网络安全和信息化工作会议上发表讲话，指出："没有网络安全就没有国家安全，就没有经济社会稳定运行，广大人民群众利益也难以得到保障。"《中华人民共和国网络安全法》《国家网络空间安全战略》等网络安全法律法规和战略规划相继出台，开启了网络空间安全保护和信息治理的法治时代。网络安全为人民，网络安全靠人民。深入开展网络空间安全知识技能的宣传和普及，增强广大人民群众的网络空间安全意识和防护技能，是涉及我国网络空间安全战略的重要内容。

本书在内容选择上充分考虑了广大学生的可接受性，从网络空间的概念和构成入手，以典型案例和技能操作为主要载体，从网络空间安全威胁、网络空间防护技术、网络空间法律法规、网络空间伦理道德等方面，对网络空间安全的基本知识和技能进行系统解读。通过阅读本书，学生不但可以了解网络空间、网络空间安全等方面的基本概念和相关知识，掌握在日常生活中使用个人计算机和智能手机进行各种网络应用时应具备的安全防护技能，还可以了解我国在网络空间立法、网络空间治理、网络空间道德建设等方面的方针、政策和成果。

本书是"2018 年度山东省社会科学普及应用研究项目（2018-SKZZ-14）"的研究成果，在编写过程中得到了山东省社会科学界联合会科普部、奇安信科技集团股份有限公司、北京大学出版社、青岛酒店管理职业技术学院的大力支持。本书部分内容参考了国内外网络空间安全方面的著作和文献，并查阅了网上公布的相关资料，在此向所有作者致以衷心的感谢。

编者意在编写一本实用并具有特色的读本，但由于网络空间安全涉及多个学科领域，相关技术的发展日新月异，加之编者水平有限，书中难免有错误和不妥之处，敬请广大读者批评指正。

编者
2023.3

目　　录

第1章 网络空间安全概述

【本章导读】

党的十八大以来，以习近平同志为核心的党中央坚持从发展中国特色社会主义、实现中华民族伟大复兴中国梦的战略高度，系统部署和全面推进网络安全和信息化工作。习近平总书记就网络安全和信息化问题发表了多次重要讲话，提出了建设网络强国的战略目标，强调没有网络安全就没有国家安全。

2018 年 3 月，中央网络安全和信息化领导小组改为中央网络安全和信息化委员会，并开展了国家网络安全宣传周活动。中国社会在实践当中对网络空间安全的认识不断加深，网络空间安全被提升到前所未有的高度。

那么，网络空间从哪里来？什么是网络空间安全呢？

1.1 网络空间从哪里来

1.1.1 从计算机到 Internet

1946 年 2 月 14 日，世界上第一台通用电子计算机“电子数字积分计算机”(Electronic Numerical Integrator And Calculator，ENIAC)在美国宾夕法尼亚大学诞生，该计算机使用了近 1.8 万只电子管，占地面积约 170 平方米，重达近 30 吨，耗电量 150 千瓦。ENIAC 每秒可以执行 5000 次加法运算或 500 次乘法运算，比当时最快的机电式计算机快了 1000 倍，它的问世标志着电子计算机时代的到来。

在现代计算机的产生过程中起到关键作用的是英国数学家艾伦·麦席森·图灵和美籍匈牙利裔数学家冯·诺依曼。图灵被称为“计算机科学之父”和“人工智能之父”，他在计算机科学方面主要的贡献有：一是建立了图灵机模型，奠定了可计算理论的基础；二是提出了图灵测试，为后来的人工智能科学提供了开创性的构思。图灵机被公认为现代计算机的原型，这台机器可以读入一系列的 0 和 1，这些数字序列代表了解决某一问题所需要的步骤，按这个步骤运行下去，就可以解决某一特定的问题，这种观念在当时是具有革命性意义的。冯·诺依曼提出的存储程序和程序控制理论以及计算机基本硬件结构和组成思想，构成了现代计算机的理论基础。计算机发展至今，虽然在性能指标、运算速度、工作方式、应用领域等方面有了很大的变化，但其基本结构并没有改变，仍是“冯·诺依曼计算机”。1949 年 5 月，世界上第一台按照冯·诺依曼的存储程序思想制造的计算机在英国投入运行，该计算机被命名为“EDSAC”，与 ENIAC 相比，EDSAC 采用了二进制和存储器，指令和程序被存入计算机内部，运行速度得到了提高。

从第一台通用电子计算机问世以来，计算机的发展非常迅速，应用领域不断拓展。人们根据计算机所采用的主要逻辑器件的不同，把计算机的发展分为电子管、晶体管、中小规模集成电路和大规模集成电路四个阶段。计算机技术的发展，不仅使其计算能力呈指数级提高，也使其体积变得越来越小。今天，人们手中的一部智能手机甚至是一块智能手表，都可以称为一台“智慧的计算机”。

计算机网络是计算机技术与通信技术相互融合的产物，它的发展历史虽然不长，但是发展速度很快，经历了从简单到复杂、从单机到多机的演变过程。最早的计算机网络是以中心计算机系统为核心的远程联机系统，是面向终端的计算机网络(如图 1-1 所示)，这类系统除了一台中央计算机外，其余的终端都没有自主处理能力，还不能算作真正的计算机网络，但它提供了计算机通信的许多基本技术，是现代计算机网络的雏形。20 世纪 60 年代中期，由多台主计算机通过通信线路互联构成的“计算机-计算机”通信系统出现，在该系统中每一台计算机都有自主处理能力，彼此之间不存在主从关系，用户通过终端不仅可以共享本主机上的软硬件资源，还可共享通信子网上其他主机的软硬件资源，这种由多台主计算机互联构成的，以共享资源为目的网络系统在概念、结构和网络设计方面都为后继的计算机网络打下了良好的基础(如图 1-2 所示)。

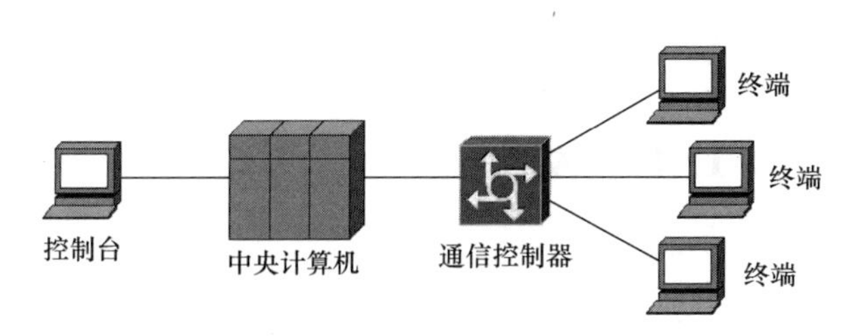

图1-1 面向终端的计算机网络

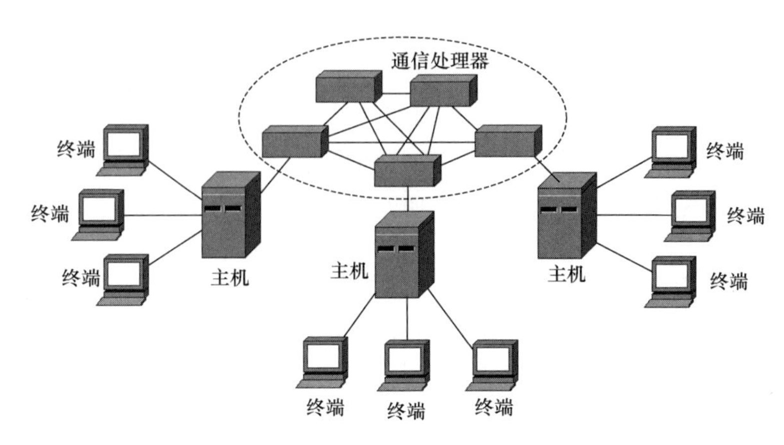

图1-2 以共享资源为目的的网络系统

1969年，美国国防部高级研究计划署(Advanced Research Project Agency，ARPA)建立了一个实验型的网络架构，将其命名为“ARPANET”。该网络初期只有4台主机，其设计目标是当网络中的一部分因战争遭到破坏时，其余部分仍能正常运行。1972年10月，在国际计算机通信会议(International Conference on Computer Communications，ICCC)上，与会者看到了人机互动的国际象棋、计算机之间的“对话”等网络技术成果的成功演示，看到了分组交换技术的可行性。ARPANET从一个网络原理和技术的测试平台变成了令人兴奋的带有应用程序的工具。在会议后的一个月内，ARPANET的网络流量增加了67%，有30个机构接入该网络。ICCC会议的成功举行使更多的计算机网络通用概念和具体应用应运而生，网络技术进入了新的发展阶段，个人局域网开始成长。

20世纪80年代，由于ARPANET需要与不同的政府机构、大学及私有局域网连接，而不同的局域网会使用不同的组网技术和设备，这阻碍了各网络间的互联。1983年，TCP/IP在ARPANET中被采用，TCP/IP是一整套数据通信协议，其名字是由这些协议中的主要两个协议组成，即传输控制协议(Transmission Control Protocol，TCP)和网际协议(Internet Protocol，IP)。TCP/IP使不同网络之间的互通不再依赖于网络本身，让不同类型网络之间的互联成为可能。

1986年，美国国家科学基金(National Science Foundation，NSF)建立了自己的基于TCP/IP的计算机网络NSFNET。NSFNET是按地区划分的计算机广域网，并将这些地区网络和NSF在全美建立的超级计算中心相连，最后将各超级计算中心互连起来。当用户的计算机与某一地区网络连接后，不但可以使用超级计算中心的设施与网上其他用户通信，还可以获得网络提供的大量数据。从此，ARPANET上的节点逐渐转移到了NSFNET上，并于 1990 年停止运行。在美国发展 NSFNET 的同时，其他一些国家也在建设自己的广域网，这些网络都与 NSFNET 兼容，它们是 Internet（因特网，又称国际互联网）在世界各地的基础，最终构成了今天世界范围内的互联网络。

在 20 世纪 90 年代之前，当通过 TCP/IP 远程连接到其他主机并共享资源时，用户需要知道机器的确切位置，需要找到并安装专门的软件，需要进行许多复杂的指令操作，这些操作只有专业的技术人员才能够熟练运用。1991 年 8 月 6 日，第一个 WWW（World Wide Web，万维网）网站上线，其发明人是英国科学家蒂姆·伯纳斯·李。早在 1980 年，在欧洲原子核研究中心工作的伯纳斯·李就提出了超文本（Hypertext）的概念，他设计和实现了第一个 WWW 浏览器、第一个 WWW 服务器和第一个 WWW 网站，被公认为“万维网之父”。万维网是为了实现简单的文件发布和共享而设计的互联网应用程序，它利用超文本标记语言（Hypertext Markup Language，HTML）格式化文档，利用“超级链接”传输各种文件，利用超文本传输协议（Hypertext Transfer Protocol，HTTP）实现客户端和服务器之间的通信，利用统一资源定位符（Uniform Resource Locator，URL）使搜索和发现网络资源变得格外容易。伯纳斯·李并没有为万维网申请专利或限制它的使用，而是向全世界无偿开放。万维网使得用户不管使用什么样的硬件平台和操作系统，只要连接了互联网并安装有浏览器软件，就可以方便地访问网络资源，使网络资源的呈现也更直观、更人性化，这带来了一个信息交流的全新时代。

从 20 世纪 90 年代中期开始，以 TCP/IP 和万维网应用为主体的 Internet 飞速发展，渗透到人们工作和生活的各个方面。我国在 1994 年 4 月实现了中国科技网（CSTNET）与 NSFNET 的直接互联，同时建立了中国最高域名.服务器，标志着我国正式接入 Internet。接着，我国又相继建立了中国公用计算机互联网（CHINANET）、中国教育和科研计算机网（CERNET）、中国金桥信息网（CHINAGBN），其中 CSTNET 和 CERNET 主要为科研、教育提供非营利性 Internet 服务，而 CHINANET 和 CHINAGBN 则对公众提供经营性 Internet 服务。从此，中国用户开始对 Internet 日益熟悉并广泛使用。

1.1.2 网络空间的兴起

计算机和 Internet 的广泛应用，使人类社会在经历了机械化、电气化之后，进入了信息化时代。在信息时代，信息就像空气、水、电一样，成为一种基础资源，与所有行业息息相关，改变着人们的生产和生活方式。对于今天的人们来说，离开了互联网、智能手机、计算机等信息技术和设备的生活是无法想象的。为了描述人类所面对的信息环境，1982 年居住在加拿大的美国科幻小说作家威廉·吉布森在其短篇科幻小说《燃烧的铬》中创造了 Cyberspace 一词。Cyberspace 即网络空间，在文献中也被译为赛博空间、信息空间、数字世界等，是控制论（Cybernetics）和空间（Space）两个词的组合，在小说中主要是指由计算机所创造和建立的、虚拟的信息空间。1984 年，随着吉布森的长篇科幻小说《神经漫游者》的出版，Cyberspace 一词在世界范围内快速传播。此时的 Cyberspace 也被赋予了新的内容，用来指代人类神经系统和计算机网络系统充分结合形成的虚拟空间，人通过在网络空间中的漫游和互动，可以形成“交感幻觉”（Consensual Hallucination），进而不断产生思想的创新。尽管吉布森承认 Cyberspace 只是其直觉的产物，但是他准确地预测了之后几十年信息技术发展的一些重要特征，比如计算机网络的普及、媒体融合、人工智能等，从这些预测以及吉布森小说中的其他许多构想可以看出,Cyberspace 的提出并不是纯粹的幻想,而是基于作者深刻的知识背景和高度的洞察力。

当人类历史进入 21 世纪,网络空间已从最初的仅存在于科幻小说中逐步进入每个人的现实生活,从仅限于运用在科研、军事、政治等领域逐步拓展到经济、文化、社会领域,成为继海、陆、空、太空之外与人类生活息息相关的第五空间。网络空间到底是什么?目前,国内外并没有统一的定义,基于不同的应用需求和研究领域,网络空间被赋予了不同的内涵和外延。2008 年 1 月美国政府相关文件对网络空间进行了定义,认为网络空间是信息环境中的一个整体域,它由独立且互相依存的信息基础设施和网络组成,包括互联网、电信网、计算机系统、嵌入式处理器和控制器系统,在使用该术语时还应该涉及虚拟信息环境,以及人和人之间的相互影响。中国工程院院士方滨兴将网络空间定义为构建在信息通信技术基础设施之上的人造空间,用以支撑人们在该空间中开展各类与信息通信技术相关的活动,其中信息通信技术基础设施包括互联网、各种通信系统与电信网、各种传播系统与广电网、各种计算机系统、各类关键工业设施中的嵌入式处理器和控制器;信息通信技术活动包括人们对信息的创造、保存、改变、传输、使用、展示等操作过程,及其所带来的对政治、经济、文化、社会、军事等方面的影响。由上述两个定义不难看出,网络空间透出的表象是由各种信息设备和信息资源构成的网络场域,而其实质是人与人之间、人与机器之间、机器与机器之间的数据通信和资源共享。网络空间改变了信息产生、存在、传输、使用的方式,拓展了人们交往的空间,也重新调整了人与人、人与社会、人与自然之间的关系,是一种不仅关系到社会生产和社会生活,也关乎国家主权的新型公共空间。

1.1.3 网络空间的特点

网络空间是人类自己创建的空间,和现实社会具有一定的联系性,但又有其自身的特点,主要体现在以下几个方面。

1. 开放性

网络空间的开放性源于其建构方式,从技术上讲,网络空间能够无限扩大,任何能够接入的信息设备都可以成为网络空间扩展的硬件设备,任何使用网络的主体都可以成为网络空间的建设者和信息来源,任何技术手段都可以成为网络空间新的建构资源。网络空间这种开放的体系结构一方面降低了相关主体参与网络互动的门槛,使其快速普及,形成巨大的影响力;另一方面也使网络空间对创新极其包容,充满了活力。

2. 无中心性

网络空间的无中心性是指相关主体之间不存在绝对的上下级关系,网络空间呈现了一种扁平结构。在网络空间中,各主体之间的关系实质上就是信息提供者和信息接收者的关系。在传统的现实空间,由于信息通常处于供不应求的状态,因此信息提供者和信息接收者的地位并不平等,信息提供者通常掌握着主动权,信息接收者只能被动接收信息,并且相关资源也会向信息提供者聚集。而网络技术的出现使信息制造、传输、展示等方面的成本大幅降低,信息呈爆炸式增长,信息接收者的注意力成为稀缺资源。另外,网络空间中的信息传播是双向的,信息接收者在接收信息的同时也能够进行信息传播,兼具信息提供者的角色。因此,网络空间中信息接收者和信息传播者之间的关系趋向平等,各主体更加具有对等性。

3. 实时互动性

网络空间的实时互动性主要表现在其相关主体信息反馈是实时的、无延迟的。在屏幕上单击一个按钮，立刻就有相应的信息反馈过来，这是网络空间的基本写照。网络空间的实时互动主要依靠两个方面的因素：一方面是随着计算机技术的发展，网络空间已经具备了对海量复杂信息进行计算和处理的能力，可以对越来越复杂的输入信息进行瞬时的响应；另一方面，网络空间中的信息是以电、光、无线电波的形式传播的，高速的数据传输速度使实时的互动成为可能。

4. 全息性

网络空间的全息性是指网络空间可以通过大量不同形式的信息全方位地构建事物形象，进而构建出可以与现实空间相比的另一个空间。在传统生活中，人们有时候也会沉浸在小说、音乐以及某种工作或生活情境中，但由于激发这种沉浸的原始信息比较单一，其引起的想象空间主要依赖于人的自身状况，很容易被外界干扰和打断。网络空间依靠其强大的信息处理能力，能够不间断地提供越来越多的信息和越来越丰富的信息表现形式，同时还便于与他人以各种方式进行交互。因此，网络空间构造的"世界"广阔、持久、开放、丰富，可以让人长久地沉浸其中，不依赖于个人的心理状态和想象力，反而对个人的心理状态和想象力有着引导作用。

5. 超时空性

网络空间的超时空性是指网络空间中的信息传输突破了时间和空间的局限。在现实空间，要达到实时的互动和大量的信息传播，必须保证交流双方在一定的空间和时间范围内。而在网络空间中，各个主体超越了现实空间的时空限制，借助不同的网络界面，成为无处不在的、流动的存在者。网络空间中某一热点话题可以在极短的时间内聚集大量的网络个体，既往的网络事件也可以对之后的事件产生强烈的影响，这都是网络空间超时空性的体现。

6. 虚拟性

由于当代人类的观念仍来自现实空间，因此目前的网络空间不可避免地在各方面都以现实空间为蓝本，因此人们经常把网络空间称为虚拟空间。对于网络空间的虚拟性，可以从不同的角度进行理解。从技术性角度来看，网络空间是基于信息技术建立起来的空间形态，它不是由原子构成的世界，而是"比特"构成的虚拟世界；从网络空间主体的身份来看，网络空间的虚拟性使得主体的职业角色、社会地位乃至男女性别等身份标志被解构，网络空间的个性化得到强化，孕育了一种自下而上的内在力量；从网络空间的内容来看，所有内容都转变为虚拟的数据，网络空间主体之间进行的是技术性、符号化的交互。

7. 实在性

网络空间的虚拟性是相对于现实空间来说的，从根本上讲，网络空间是真实存在的，其与现实空间的关系不能用简单的虚拟与真实来概括。随着网络空间独立性的不断增加，会有更多元素与现实空间的关系越来越远，其特有元素也会越来越多地影响现实空间。网络流行语的形成和迅速传播，人们工作、学习和生活方式的改变，都在告诉我们，网络空间的存在已经使现实空间在各个方面产生了重大变化，我们今天生活的世界是一个现实空间与网络空间交织在一起的世界。

1.2 网络空间的构成基础

1.2.1 计算机网络和 Internet

1. 计算机网络的定义

关于计算机网络这一概念的描述,从不同的角度出发,可以给出不同的定义。简单地说,计算机网络就是由通信线路互相连接的许多独立工作的计算机构成的集合体。这里强调构成网络的计算机是独立工作的,是为了和多终端分时系统相区别。

从应用的角度来讲,只要将具有独立功能的多台计算机连接起来,能够实现各计算机之间信息的互相交换,并可以共享计算机资源的系统就是计算机网络。

从资源共享的角度来讲,计算机网络就是一组具有独立功能的计算机和其他设备,以允许用户相互通信和共享资源的方式互联在一起的系统。

从技术角度来讲,计算机网络就是由特定类型的传输介质(如双绞线、同轴电缆和光纤等)和网络适配器互联在一起的计算机,并受网络操作系统监控的网络系统。

我们可以将计算机网络这一概念系统地定义为:计算机网络就是将地理位置不同,并具有独立功能的多个计算机系统通过通信设备和通信线路连接起来,并且以功能完善的网络软件(网络协议、信息交换方式以及网络操作系统等)实现网络资源共享的系统。

2. 计算机网络的分类

计算机网络的分类方法很多,从不同的角度出发,有不同的分类方法,表1-1列举了计算机网络的主要分类方法。

表1-1 计算机网络的主要分类方法

分类标准	网络名称
覆盖范围	局域网、城域网、广域网
管理方法	基于客户机/服务器的网络、对等网
网络操作系统	Windows 网络、Netware 网络、Unix 网络等
网络协议	NETBEUI 网络、IPX/SPX 网络、TCP/IP 网络等
拓扑结构	总线型网络、星型网络、环型网络等
交换方式	线路交换、报文交换、分组交换
传输介质	有线网络、无线网络
体系结构	以太网、令牌环网、AppleTalk 网络等
通信传播方式	广播式网络、点到点式网络

计算机网络由于覆盖的范围不同,所采用的传输技术也不同,因此按照覆盖范围进行分类,可以较好地反映不同类型网络的技术特征。按覆盖范围的不同,计算机网络可以分为局域网、城域网和广域网。

(1) 局域网。

局域网(Local Area Network,LAN)通常是指由某个组织拥有和使用的私有网络,由该组织负责安装、管理和维护网络的各个功能组件,包括网络布线、网络设备等。局域网的主要特点有：

① 主要使用以太网组网技术。

② 互联的设备通常位于同一区域，如某栋大楼或某个园区。

③ 负责连接各个用户并为本地应用程序和服务器提供支持。

④ 基础架构的安装和管理由单一组织负责，容易进行设备更新和新技术引用。

（2）广域网。

广域网（Wide Area Network，WAN）所涉及的范围可以为市、省、国家乃至世界范围，其中最著名的就是 Internet。由于开发和维护私有 WAN 的成本很高，大多数用户都从 Internet 服务提供者（Internet Service Provider，ISP）购买 WAN 连接，由 ISP 负责维护各 LAN 之间的后端网络连接和网络服务。广域网的主要特点有：

① 互联的站点通常位于不同的地理区域。

② ISP 负责安装和管理 WAN 基础架构。

③ ISP 负责提供 WAN 服务。

④ LAN 在建立 WAN 连接时，需要使用边缘设备将以太网数据封装为 ISP 网络可以接受的形式。

（3）城域网。

城域网（Metropolitan Area Network，MAN）是介于局域网与广域网之间的一种高速网络。最初，城域网主要用来互联城市范围内的各个局域网，目前城域网的应用范围已大大拓宽，能用来传输不同类型的业务，包括实时数据、语音和视频等。

3. 计算机网络的组成

整个计算机网络是一个完整的体系，就像一台独立的计算机，既包括硬件系统，又包括软件系统。

（1）网络硬件。

网络硬件主要包括网络终端设备、传输介质和网络中间设备。

① 网络终端设备：也称为主机，是指通过网络传输消息的源设备或目的设备，主要包括计算机、网络打印机、网络摄像头、移动手持设备等。为了区分不同的主机，网络中的每台主机都需要用网络地址进行标识，当主机发起通信时，会使用目的主机的地址来指定应该将消息发送到哪里。根据主机上安装的软件，网络中的主机可以充当客户机、服务器或同时用作两者。服务器是网络的资源所在，可以为网络上其他主机提供信息和服务（例如电子邮件或网页）。客户机是可向服务器请求信息以及显示所获取信息的主机。

② 传输介质：网络通信过程中信号的载体，主要包括双绞线、光缆、无线电波等。不同的传输介质采用不同的信号编码传输消息。双绞线可以传输符合特定模式的电子脉冲；光缆传输依靠红外线或可见光频率范围内的光脉冲；无线传输则使用电磁波的波形来进行数据编码。

③ 网络中间设备：网络中间设备也称网络设备，负责将每台主机连接到网络，并将多个独立的网络互联成网际网络，主要包括网络接入设备（集线器、交换机和无线网络访问点）、网间设备（路由器）、通信服务器、网络安全设备（防火墙）等。

（2）网络软件。

网络软件是一种在网络环境下使用和运行或者控制和管理网络工作的计算机软件。根据软件的功能，网络软件可分为网络系统软件和网络应用软件两大类型。网络系统软件是控制和管理网络运行、提供网络通信、分配和管理共享资源的网络软件，它包括网络操作系统、网络协议软件、通信控制软件和管理软件等。网络应用软件是指为某一个应用目的而开发的网络软件。网络协议是通信双方关于通信如何进行所达成的协议，常见的网络协议有TCP/IP、NetBEUI 协议、IPX/SPX 协议等。网络操作系统是网络软件的核心，用于管理、调度、控制计算机网络的多种资源，常用的网络操作系统主要有 Unix 系列、Windows 系列和 Linux 系列。

① Unix 本是针对小型机主机环境开发的操作系统，采用集中式分时多用户体系结构。这种网络操作系统历史悠久，其良好的网络管理功能已为广大网络用户所接受，但由于它多数是以命令方式来进行操作的，不容易掌握，目前主要用于大型网站或大型局域网。

② Microsoft 的 Windows 系统不仅在个人操作系统中占有绝对优势，它在网络操作系统中也具有非常强劲的力量。但由于它稳定性能不是很高，所以一般只是用在中低档服务器中。Windows 系列网络操作系统主要有 Windows NT 4.0 Server、Windows 2000 Server、Windows Server 2003、Windows Server 2008、Windows Server 2012、Windows Server 2016 等。

③ Linux 是一个开放源代码的网络操作系统，可以免费得到许多应用程序。目前已经有很多中文版本的 Linux，如 RedHat Linux，红旗 Linux 等。Linux 与 Unix 有许多类似之处，具有较高的安全性和稳定性。

4. Internet 的组成结构

Internet 由分布在世界各地的广域网、城域网与局域网互联而成，其组成结构非常复杂且不断变化。整体上看，Internet 是多层次结构，大多数国家的 Internet 包括 3 个层次（如图 1-3 所示）。

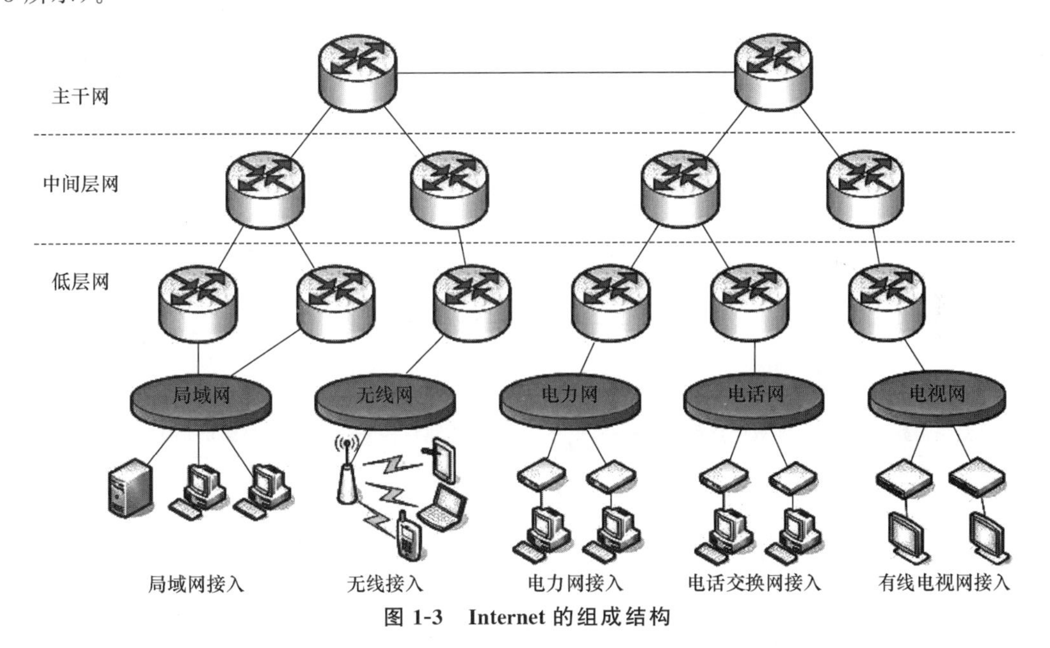

图 1-3　Internet 的组成结构

① 主干网：Internet 的基础和支柱主要由政府提供的多个主干网络互联而成。

② 中间层网：主要由地区网络和商业网络组成。

③ 低层网：主要由低层的学校、企业等单位网络组成。

5. 网络体系结构

计算机网络是一个非常复杂的系统，需要解决的问题很多并且性质各不相同，所以人们在设计网络时，提出了“分层次”的思想。“分层次”是人们处理复杂问题的基本方法，对于一些难以处理的复杂问题，通常可以分解为若干个较容易处理的小一些的问题。在计算机网络设计中，可以将网络总体要实现的功能分配到不同的模块中，并对每个模块要完成的服务及服务实现过程进行明确的规定，每个模块就叫作一个层次。这种划分可以使不同的网络系统分成相同的层次，不同系统的同等层具有相同的功能，高层使用低层提供的服务时不需知道低层服务的具体实现方法，从而大大降低了网络的设计难度。

在计算机网络层次结构中，各层有各层的协议。网络协议对计算机网络是不可缺少的，一个功能完备的计算机网络需要制定一整套复杂的协议集。对于结构复杂的网络协议来说，最好的组织方式是层次结构模型。

(1) OSI 参考模型。

由于历史原因，计算机和通信工业界的组织机构和厂商，在网络产品方面，制定了不同的协议和标准。为了协调这些协议和标准，提高网络行业的标准化水平，以适应不同网络系统的相互通信，CCITT(国际电报电话咨询委员会)和 ISO(国际标准化组织)制订了 OSI(Open System Interconnection，开放系统互连)参考模型。OSI 参考模型共分七层，从低到高的顺序为：物理层、数据链路层、网络层、传输层、会话层、表示层和应用层(如图 1-4 所示)。

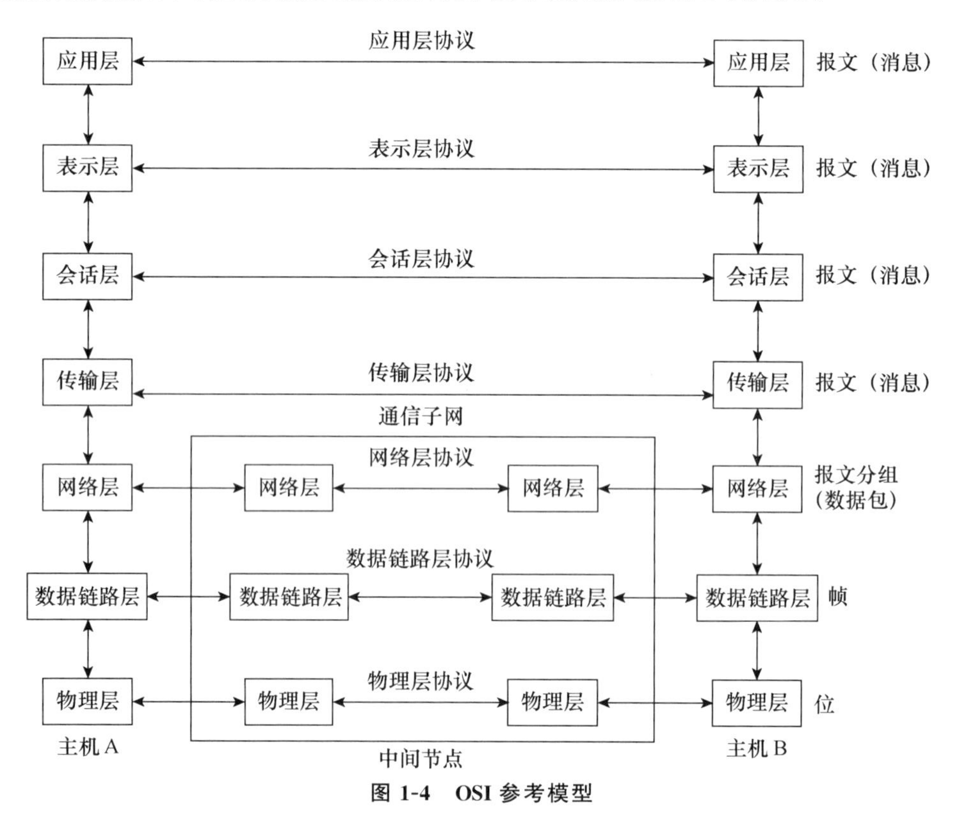

图 1-4 OSI 参考模型

(2) TCP/IP 模型。

TCP/IP 是多个独立定义的协议的集合，虽然 TCP/IP 不是 ISO 标准，但它作为 Internet 的标准协议，已经成为一种“事实上的标准”。TCP/IP 模型由四个层次组成，TCP/IP 模型与 OSI 参考模型的关系如图 1-5 所示。

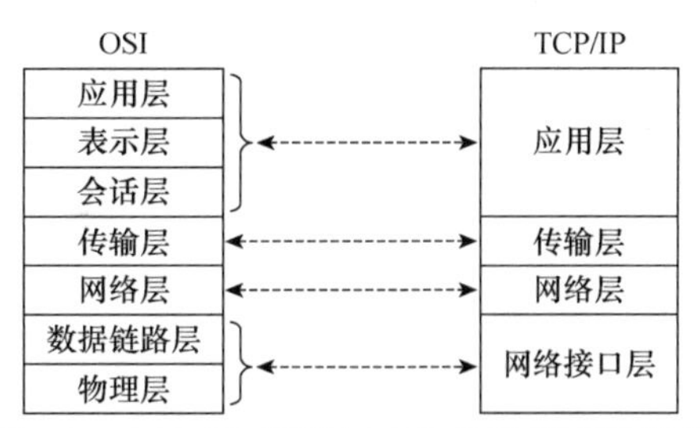

图 1-5　TCP/IP 模型与 OSI 参考模型的关系

① 应用层：为用户提供网络应用，并为这些应用提供网络支撑服务，把用户的数据发送到低层，为应用程序提供网络接口。由于 TCP/IP 将所有与应用相关的内容都归为一层，所以在应用层要处理高层协议、数据表达和对话控制等任务。

② 传输层：主要作用是提供可靠的点到点的数据传输，能够确保源节点传输的数据包正确到达目标节点。为保证数据传输的可靠性，传输层协议也提供了确认、差错控制和流量控制等机制。传输层从应用层接收数据，并且在必要的时候把它分成较小的单元，传递给网络层，并确保到达对方的各段信息正确无误。

③ 网络层：主要功能是负责通过网络接口层发送 IP 数据包，或接收来自网络接口层的帧并将其转为 IP 数据包，然后把 IP 数据包发往网络中的目标节点。为了能正确地发送数据，网络层还具有路由选择、拥塞控制的功能。由于这些数据包达到的顺序和发送顺序可能不同，因此如果需要按顺序发送及接收时，传输层必须对数据包排序。

④ 网络接口层：在 TCP/IP 模型中没有真正描述这一部分内容，网络接口层是指各种计算机网络，包括 Ethernet 802.3、Token Ring 802.5、X.25、HDLC、PPP 等。网络接口层相当于 OSI 中的最低两层，也可看作 TCP/IP 利用 OSI 的下两层，以适用于任何一个能传输数据包的通信系统，这些系统大到广域网，小到局域网，甚至点到点连接，正是这一点使得 TCP/IP 具有相当的灵活性。

TCP/IP 模型各层的一些主要协议如图 1-6 所示，其主要特点是在应用层有很多协议，而网络层和传输层的协议数量很少，这恰好表明 TCP/IP 协议可以应用到各式各样的网络上，同时也能为各式各样的应用提供服务。正因为如此，Internet 才发展到今天的这种规模。表 1-2 给出了 TCP/IP 模型的主要协议所提供的服务。

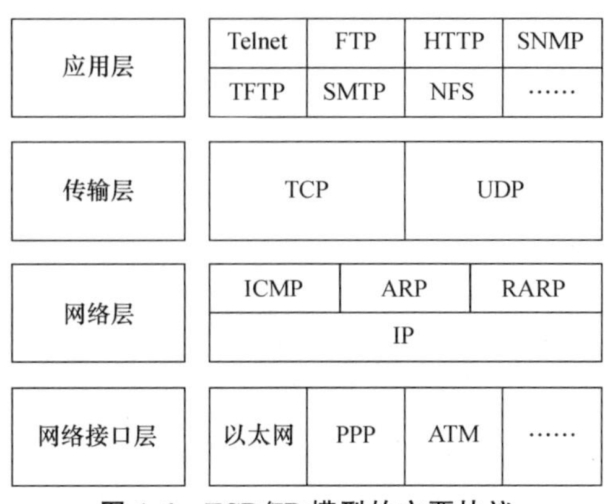

图 1-6　TCP/IP 模型的主要协议

表 1-2 TCP/IP 模型的主要协议所提供的服务

协议	提供服务	相应层次
IP	数据包服务	网络层
ICMP	差错和控制	网络层
ARP	IP 地址→物理地址	网络层
RARP	物理地址→IP 地址	网络层
TCP	可靠性服务	传输层
FTP	文件传输	应用层
Telnet	终端仿真	应用层

下面以使用 TCP 协议传输文件(如 FTP 应用程序)为例,说明 TCP/IP 模型的数据处理过程:

① 在源主机上,应用层将一串字节流传给传输层。

② 传输层将字节流分成 TCP 段,加上 TCP 自己的报头信息交给网络层。

③ 网络层生成数据包,将 TCP 段放入其数据域中,并加上源主机和目的主机的 IP 包头交给网络接口层。

④ 网络接口层将 IP 数据包装入帧的数据部分,并加上相应的帧头及校验位,发往目的主机或 IP 路由器。

⑤ 在目的主机,网络接口层将相应帧头去掉,得到 IP 数据包,送给网络层。

⑥ 网络层检查 IP 包头,如果 IP 包头中的校验和与计算机出来的不一致,则丢弃该包。

⑦ 如果检验和一致,网络层去掉 IP 包头,将 TCP 段交给传输层,传输层检查顺序号来判断是否为正确的 TCP 段。

⑧ 传输层计算 TCP 段的报头信息和数据,如果不对,传输层丢弃该 TCP 段,否则向源主机发送确认信息。

⑨ 传输层去掉 TCP 报头,将字节传输给应用程序。

⑩ 最终,应用程序收到了源主机发来的字节流,与源主机应用程序发送的相同。

实际上在 TCP/IP 模型中,每往下一层,便多加了一个报头(如图 1-7 所示),这个报头对上层来说是透明的,上层根本感觉不到下层报头的存在。假设物理网络是以太网,上述基于 TCP/IP 的文件传输(FTP)应用加入报头的过程便是一个逐层封装的过程,当到达目的主机时,则是从下而上去掉报头的一个解封装的过程。

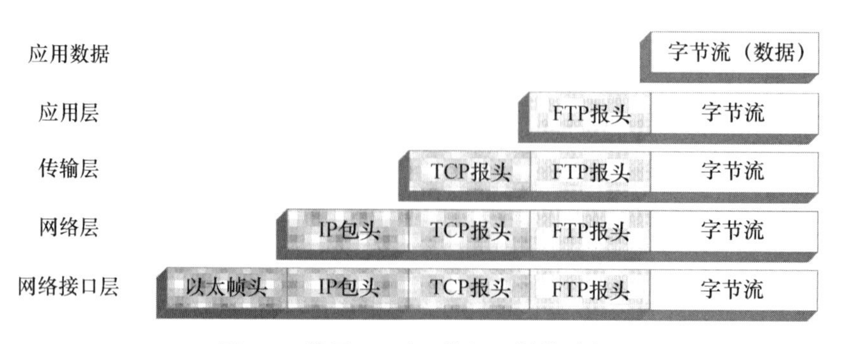

图 1-7 基于 TCP/IP 的逐层封装过程

6. IP 地址和域名系统

(1) IP 地址。

IP 地址在网络层提供了一种统一的地址格式，在统一管理下进行分配，保证每一个地址对应网络上的一台主机，保证网络的互联互通。根据 IP 协议的规定，IP 地址由 32 位二进制数组成，而且在网络上是唯一的。例如，某台计算机的 IP 地址为 11001010 01100110 10000110 01000100。很明显，这些数字不太好记忆。人们为了方便记忆，就将组成 IP 地址的 32 位二进制数分成四段，每段 8 位，中间用小数点隔开，然后将每 8 位二进制转换成十进制数，这样上述计算机的 IP 地址就变成了 202.102.134.68。显然，这里每一个十进制数不会超过 255。

IP 地址与日常生活中的电话号码很相像，例如有一个电话号码为 0532-83643624，该号码中的前四位表示该电话是属于哪个地区的，后面的数字表示该地区的某个电话号码。与之类似，IP 地址也可以分成两部分，一部分用以标明具体的网段，即网络标识(net-id)；另一部分用以标明具体的主机，即主机标识(host-id)。同一个网段上的所有主机都使用相同的网络标识，网络上的每个主机都有一个主机标识与其对应。

(2) 域名系统。

域名是与 IP 地址相对应的一串容易记忆的字符，按一定的层次和逻辑排列。域名不仅便于记忆，而且即使在 IP 地址发生变化的情况下，通过改变其对应关系，域名仍可保持不变。在 TCP/IP 网络环境中，使用域名系统(Domain Name System，DNS)解析域名与 IP 地址的映射关系。

整个 DNS 的结构是一个如图 1-8 所示的分层式树型结构，这个树状结构被称为“DNS 域名空间”。图 1-8 中位于树型结构最顶层的是 DNS 域名空间的根(root)，一般是用“.”来表示。目前，root 由多个机构进行管理，其中最著名的是 Internet 网络信息中心，负责整个域名空间和域名登录的授权管理。

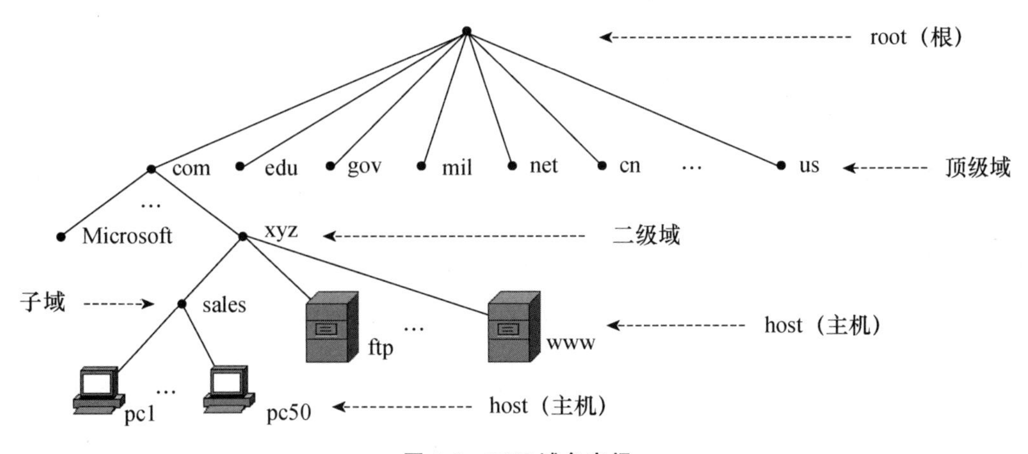

图 1-8　DNS 域名空间

root 之下为“顶级域”，顶级域用来将组织分类，常见的顶级域域名如表 1-3 所示。“顶级域”之下为“二级域”，供公司和组织来申请、注册使用，例如“microsoft.com”是由 Microsoft 公司所注册的。如果某公司的网络要连接到 Internet，则其域名必须经过申请核准后才可使用。

表 1-3　Internet 顶级域域名及说明

域名	说明
com	商业组织
edu	教育机构
gov	政府部门
mil	军事部门
net	主要网络支持中心
org	其他组织
ARPA	临时 ARPAnet(未用)
INT	国际组织
占 2 字符的地区及国家码	例如 cn 表示中国，us 表示美国

DNS 服务器内存储着域名称空间内部分区域的信息，此时就称此 DNS 服务器为这些区域的授权服务器。授权服务器负责提供 DNS 客户机所要查找的记录。DNS 服务器可以执行正向查找和反向查找。正向查找可将域名解析为 IP 地址，而反向查找则将 IP 地址解析为域名。例如，某 Web 服务器使用的域名是 www.xyz.com，客户机在向该服务器发送信息之前，必须通过 DNS 服务器将域名 www.xyz.com 解析为它所关联的 IP 地址。利用 DNS 服务器进行域名解析的基本过程如图 1-9 所示。

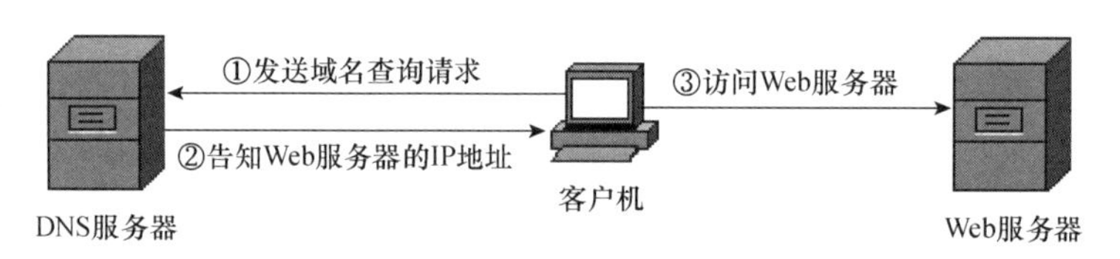

图 1-9　利用 DNS 服务器进行域名解析的基本过程

1.2.2　移动互联网

1. 移动互联网的定义和特点

移动互联网(Mobile Internet，MI)是以各种类型的移动终端作为接入设备，使用各种移动网络作为接入网络，从而实现包括传统移动通信、传统互联网及其各种融合创新服务的新型业务模式。与传统互联网相比，移动互联网主要基于电信网络中的蜂窝移动通信网，具有完整的计费和管理系统，呈现出以下特点。

(1) 移动性。

移动互联网的基本载体是移动终端。顾名思义，这些移动终端不仅仅是智能手机、平板电脑，还可以是智能眼镜、手表、饰品等，它们都可以随时随地使用。移动互联网包含了适合移动应用的各类信息，用户可以随时随地进行采购、交易、交流等活动。移动性带来了无处不在的连接和精确的位置信息，位置信息与其他信息的结合蕴藏着巨大的业务潜力。

(2) 个性化。

无论是何种移动终端，其个性化程度都相当高，尤其是智能手机终端，每个电话号码都精确地指向一个明确的个体。移动互联网可以针对不同用户的需求，为其量身定制多种差异化的信息，并可以不受时空地域限制地传输给用户。人们可以充分利用生活中、工作中的碎片化时间,接收和处理互联网的各类信息。

(3) 私密性。

与固定互联网不同,移动互联网业务主要承载在移动通信的用户终端上,而移动通信终端的私密性是与生俱来的。在移动互联网中,移动通信终端不但会被用户随时随地携带,而且始终在线,因此更容易暴露人们的隐私,这使得移动互联网面临更复杂的安全问题。

(4) 融合性。

移动互联网是互联网产业与电信产业融合背景下的产物,它融合了互联网的连接功能、无线通信的移动性以及智能移动终端的计算功能。目前,智能手机终端已逐步成为人们唯一随身携带的电子设备,其功能的集成度也越来越高。

2. 移动互联网的体系架构

移动互联网主要包括终端平台、网络与业务平台、业务应用三个层面,体系架构如图1-10所示。其中,终端平台部分主要包括智能手机、平板电脑、穿戴设备等,每个终端平台都由硬件和软件构成;网络与业务平台部分主要包括接入网络、承载网络、核心网络以及管理与计费、电话与短信等移动通信基本业务;业务应用部分主要包括网页浏览、即时通信、移动搜索、移动定位等传统互联网应用和移动互联网创新应用。

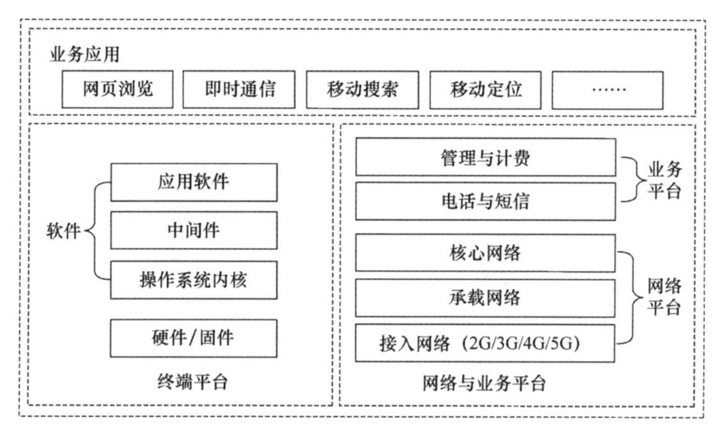

图1-10 移动互联网的体系架构

在移动互联网的整体架构中,移动终端和移动网络占有举足轻重的作用,是移动互联网创新发展的根本驱动力。在移动网络中,其核心网络、承载网络通常是通过光缆等有线传输介质连接的,而移动终端则是利用无线电波,通过基站接入移动网络,图1-11为移动互联网连接示意图。由于移动网络的主干是在有线传输介质上传输数据,可以达到很高的传输速度,因此无线传输的这一部分,是影响移动互联网传输速度的关键所在。

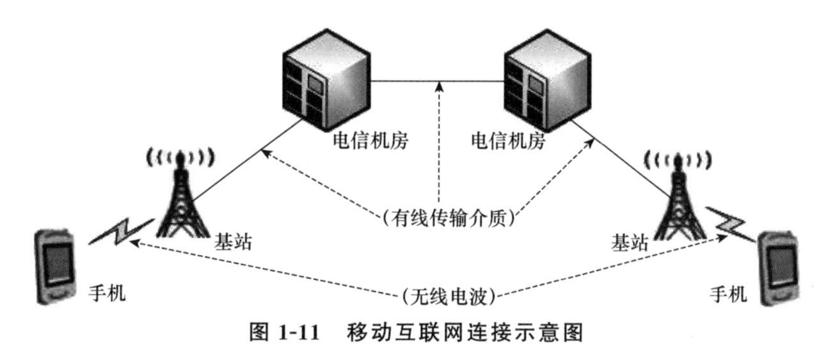

图1-11 移动互联网连接示意图

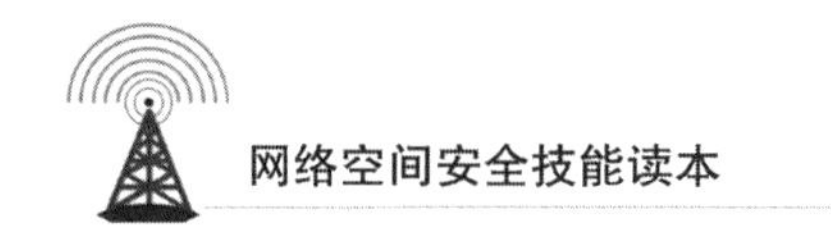

3. 移动通信技术

随着智能手机的广泛应用，人们对 2G、3G、4G 移动网络并不陌生，G 指的是 Generation，也就是“代”的意思，如 4G 是指第四代移动通信技术。从 1G 到 5G，移动通信技术在速度、传输时延、业务类型、切换成功率等各方面都有飞速的发展。

（1）第一代移动通信技术（1G）。

1G 是指以模拟技术为基础的蜂窝无线电话系统，提出于 20 世纪 80 年代，主要采用的是模拟技术和频分多址技术，由于受到传输带宽的限制，不能进行长途漫游，只是一种区域性的移动通信系统。1G 有多种制式，我国采用的是欧洲制式的 TACS（Total Access Communication System）。1G 有很多不足，如容量有限、保密性差、不能提供数据业务、不能提供自动漫游等。

（2）第二代移动通信技术（2G）。

2G 主要采用的是数字时分多址技术和码分多址技术，能够提供数字化的话音业务及低速数据业务，话音质量、保密性能得到很大的提高，并可进行省内、省际自动漫游。我国应用的第二代蜂窝系统为 GSM（Global System for Mobile Communications）系统以及北美的窄带 CDMA 系统。GSM 系统具有标准化程度高、接口开放的特点，具有强大的联网能力，而用户识别卡的应用真正实现了个人和终端的移动性。由于 GSM 系统只能进行电路域的数据交换，难以满足数据业务的需求。因此，欧洲电信标准委员会推出了 GPRS（General Packet Radio Service，通用分组无线业务）。GPRS 在 GSM 的基础上叠加了支持高速分组数据的网络，传输速率可提升至 56～114 kb/s，能够向用户提供 WAP 浏览（浏览 Internet 网页）、E-mail 等功能，推动了移动互联网的初次飞跃发展。

（3）第三代移动通信技术（3G）。

对于 1G 和 2G，并没有国际组织做出明确的定义，各个国家和地区的通信标准化组织自己制定协议。但对于 3G，ITU（International Telecommunication Union，国际电信联盟）提出了 IMT-2000（International Mobile Telecom System-2000），只有符合 IMT-2000 要求的网络技术才能被接纳为 3G。3G 的主流制式有 WCDMA、CDMA2000 EVDO、TD-SCDMA 等。与之前的移动通信技术相比，3G 有更高的带宽，其传输速率在室内、室外和行车的环境中至少达到 2 Mb/s、384 kb/s、144 kb/s。3G 不仅能传输话音，还能传输数据，能够在全球范围内更好地实现无缝漫游，并处理图像、声音、视频等多种媒体形式，提供包括网页浏览、电话会议、电子商务等多种移动互联网应用。

（4）第四代移动通信技术（4G）。

4G 在开始阶段是由众多自主技术提供商和电信运营商推出的，技术和效果参差不齐，后来，ITU 重新定义了 4G 的标准，命名为 IMT-Advanced 规范，根据该标准，只要在高速移动状态下可以达到 100 Mb/s 的通信技术，都可以称为 4G。在 4G 标准中，LTE（Long Term Evolution，长期演进标准）的应用最为广泛，LTE 是由 3GPP（3rd Generation Partnership Project，第三代合作伙伴计划）组织制定的全球通用标准，LTE 抛弃了 2G、3G 沿用的基站-基站控制器（2G）/无线资源管理器（3G）-核心网的网络结构，改为基站直连核心网，使整个网络结构更加扁平化，降低了时延；在核心网方面，LTE 抛弃了电路域，核心网迈向全 IP 化；OFDM（Orthogonal Frequency Division Multiplexing，正交频复用）、MIMO（Multiple-Input Multiple-Output，多进多出）等技术使 LTE 的带宽和速度大大提升。LTE 有 FDD（Frequency-Division Duplex，频分双工）和 TDD（Time-Division Duplex，时分双工）两种模式，其中 LTE-TDD 又称 TD-LTE（Time Division Long Term Evolution，时分长期演进标准）是我国具有自主知识产权的 4G 标准。与之前的移动通信技术相比，4G 有更高的数据吞吐量、更低时延、更低的建设和运行维护成本、更高鉴权能力和安全能力，可以为用户提供更快的速度，满足用户更多的需求，使移动互联网渗透到生活的方方面面。

（5）第五代移动通信技术（5G）。

从 2012 年开始，世界主要国家和地区纷纷启动 5G 的技术研究工作，ITU 也启动了一系列 5G 工作，如 5G 愿景、需求、评估方法等，并将 5G 标准命名为 IMT-2020。5G 技术确定的关键能力指标主要有峰值速率达到 20 Gb/s、用户体验数据率达到 100 Mb/s、移动性达 500 km/h、时延达到 1 mm、连接密度每平方千米达到 10^6 个、流量密度每平方米达到 10Mb/s 等。这意味着 5G 网络将在传输中呈现出明显的低时延、高可靠性、低功耗的特点，其中低时延大大提升了网络对用户命令的响应速度，使 5G 可以支持车联网、无人驾驶、远程医疗等应用，而低功耗则使 5G 可以更好地支持物联网应用。5G 使移动互联网进一步渗透到万物互联的领域，与工业设施、医疗器械、交通工具等深度融合。

4. *我国移动互联网的发展*

移动互联网的发展离不开移动通信网络基础设施的升级，以及移动终端的智能化和普及。2000 年 12 月中国移动推出的官方移动门户“移动梦网”是最早的移动互联网产品，囊括了短信、彩信、手机上网、百宝箱（手机游戏）等各种信息服务。受限于 2G 移动网络的速度和手机的智能化程度，利用手机自带的支持 WAP（Wireless Application Protocol，无线应用协议）的浏览器访问企业 WAP 门户网站是早期移动互联网应用的主要模式。WAP 可以把 Internet 上的网页信息转换成用 WML（Wireless Markup Language，无线标记语言）描述的信息，显示在手机的显示屏上。由于 WAP 只要求手机和 WAP 代理服务器的支持，不要求对已有的移动通信网络协议做任何的改动，因而被广泛地应用于 GSM、CDMA、TDMA 等多种网络中。

3G 移动网络的部署初步破解了移动网络的带宽瓶颈，而 iPhone 和 Google Android 的发布使移动终端的智能化程度大大增强。2009 年 1 月，中华人民共和国工业和信息化部（以下简称“工业和信息化部”）批准了中国移动、中国电信、中国联通分别增加 TD-SCDMA、CDMA2000、WCMDA 技术制式的 3G 业务经营许可，中国移动互联网进入了 3G 时代。在此期间，一些互联网公司开始通过推出手机浏览器来抢占移动互联网入口，而有些互联网公司则与手机制造商合作，把相关应用如微博、视频播放器等预装在手机中。进入 2012 年之后，具有触摸屏功能的智能手机的大规模普及应用解决了传统键盘机上网的诸多不便，传统功能手机进入全面升级换代期，以微信为代表的手机移动应用开始大规模爆发式增长。阿里也加大了手机淘宝和手机支付宝业务推广力度，各大互联网公司都在推进业务向移动互联网转型。

4G 移动网络的部署使移动网络的网速瓶颈基本破除，移动应用场景得到了极大丰富。2013 年 12 月，工业和信息化部正式向中国移动、中国电信、中国联通发放了 TD-LTE 4G 牌照，中国 4G 网络正式大规模铺开。2015 年 2 月，工业和信息化部又向中国电信、中国联通发放“LTE/第四代数字蜂窝移动通信业务（LTE FDD）”经营许可。4G 网络使越来越多的企业利用移动互联网开展业务，手机 App 成为企业开展业务的标配，实时性要求较高、流量需求较大的移动应用快速发展，手机视频和直播应用大量涌现，各互联网公司围绕移动支付、打车应用、移动电子商务等展开了激烈的竞争。2019年6月，工业和信息化部正式对中国电信、中国联通、中国移动以及中国广电发放了5G商用牌照，我国移动互联网的发展进入了新时期。

1.2.3 物联网

1. 物联网的定义和特征

物联网(Internet of Things，IoT)就是万物相连的互联网，从其英文名称来看，主要有两层含义，一是物联网的核心和基础仍然是Internet，是在Internet基础上进行延伸和扩展的网络；二是物联网的用户端延伸和扩展到了物与物之间。因此，可以将物联网定义为：在互联网、移动通信网等通信网络的基础上，针对不同应用领域的需求，利用具有感知、通信与计算能力的智能物体自动获取物理世界的各种信息，将所有能够独立寻址的物理对象互联起来，实现全面感知、可靠传输、智能处理，构建人与物、物与物互联的智能信息服务系统。物联网的主要特征如下。

(1) 全面感知。

物联网是由具有全面感知能力的物品和人所组成的，为了使物品具有感知能力，需要在物品上安装不同类型的识别装置，如电子标签、条形码、二维码等，或者通过传感器、红外感应器等感知其物理属性和个性化特征。利用这些装置或设备，可随时随地获取物品信息，实现全面感知。

(2) 可靠传递。

数据传递的稳定性和可靠性是保证人与物、物与物互联的关键。为了实现信息交互，就必须约定统一的通信协议。由于物联网是一个异构网络，不同实体间的协议规范可能存在差异，需要通过相应的软、硬件进行转换，以保证物品之间信息的实时、准确传递。

(3) 智能处理。

物联网的目的是实现对各种物品(包括人)进行智能化识别、定位、跟踪、监控和管理等功能，这就需要智能信息处理平台的支撑，通过云计算、人工智能等智能计算技术，对海量数据进行存储、分析和处理，针对不同的应用需求，对物品实施智能化的控制。

2. 物联网的体系结构

物联网是传统互联网的延伸和扩展，将网络用户端延伸和扩展到物与物之间，是一种新型的信息传输和交换形式。物联网的体系结构可以分为三层，分别是感知层、网络层、应用层(如图1-12所示)。

(1) 感知层。

感知层的主要功能是识别物体，采集信息。感知层由各种传感器以及传感器网关构成，包括各种传感器、二维码标签和识读器、RFID标签和读写器、GPS、嵌入式设备等。

(2) 网络层。

网络层负责将感知层获取的信息进行传递和处理，一方面是获取感知层所发送的物品数据，并将数据发送到其他网络中；另一方面把外部网络发送的数据转换成感知层可识别的数据格式，发送控制命令给感知层。网络层包括异构网络融合、资源和存储管理、专用网络、远程控制、下一代承载网、M2M无线接入、移动通信网、互联网等。

图1-12 物联网的体系结构

(3) 应用层。

应用层与行业需求结合，是物联网和用户(包括人、组织和其他系统)的接口，实现了物联网的智能应用。目前在智能电网、智能环保、智能交通、智能楼宇、智能家居等不同领域都有物联网的应用。

3. 物联网的关键技术

(1) 识别技术。

对物理世界的识别是实现物联网全面感知的基础，常用的识别技术有二维码、RFID标识、条形码等，涵盖物品识别、位置识别和地理识别。物联网的识别技术是以RFID为基础的。RFID(Radio Frequency Identification，射频识别)又称电子标签，是利用无线射频信号空间耦合的方式，实现无接触的标签信息自动传输与识别的技术。RFID是一种简单的无线系统，包括两个核心部分：电子标签和读写器，另外，还包括天线、主机等。其中，电子标签中的芯片具有数据存储区，用于存储待识别物品的标识信息；读写器是在阅读范围内以无接触的方式将电子标签内保存的信息读取出来(读出功能)，或将约定格式的标识信息写入电子标签的存储区中(写入功能)；天线用于发射和接收射频信号，往往内置在电子标签和读写器中。

(2) 传感器技术。

传感器是物联网系统中的关键组成部分，传感器的可靠性、实时性、抗干扰性等特性，对物联网应用系统的性能起到举足轻重的作用。物联网领域中使用的传感器有距离传感器、光传感器、温度传感器、湿度传感器、烟雾传感器、心率传感器、角速度传感器、气压传感器、指纹传感器等多种类型。

(3) 信息传输技术。

物联网中使用的信息传输技术包含有线传感网络技术、无线传感网络技术、移动通信技术等，其中无线传感网络技术应用较为广泛。无线传感器网络就是由部署在监测区域内大量的廉价微型传感器节点组成，通过无线通信方式形成的一个多跳的自组织的网络系统，其目的是协作地感知、采集和处理网络覆盖区域中被感知对象的信息，并发送给观测者。无线传感网络技术分为远距离无线传输技术和近距离无线传输技术，远距离无线传输技术主要包括 3G、4G、5G、NB-IoT、Sigfox 等，信号覆盖范围一般在几千米到几十千米，主要用于智能电表、智能物流等远程数据传输。近距离无线传输技术主要包括 WiFi、蓝牙、超宽带、ZigBee 等，信号覆盖范围则一般在几十厘米到几百米，主要用于智能家居等近距离数据传输。

（4）嵌入式系统技术。

嵌入式系统早期经历过电子技术领域独立发展的单片机时代，进入 21 世纪后才进入多学科支持下的嵌入式系统时代。从诞生之日起，嵌入式系统就以“物联”为己任，其主要作用是嵌入物理对象中，实现物理对象的智能化。对于很多嵌入式系统来说，只要能提升系统设备的网络通信能力和加入智能信息处理技术，就可以应用于物联网。

（5）信息处理技术。

物联网采集的数据往往具有海量性、时效性、多态性等特点，这对数据存储、数据查询、质量控制、智能处理等是极大的挑战。信息处理技术的目标是将传感器等识别设备采集的数据收集起来，通过数据挖掘等手段发现数据的内在联系，发现新的信息，为用户下一步操作提供支持。物联网中使用的主要信息处理技术有云计算技术、智能信息处理技术等。

1.2.4　工业互联网

1. 工业互联网的内涵

工业互联网的概念最早由美国通用电气公司于 2012 年提出，其与德国提出的“工业 4.0 战略”有异曲同工之妙，其核心都是通过数字化的转型提高制造业的水平。工业互联网是工业系统与互联网、新一代信息技术全方位深度融合所形成的产业和应用生态，是工业智能化发展的综合信息基础设施。工业互联网的本质是以机器、原材料、控制系统、信息系统、产品以及人之间的网络互联为基础，通过对工业数据的全面感知、实时传输、快速处理和建模分析，实现智能控制、运营优化和生产组织方式的变革。工业互联网可以为制造业带来以下方面的提升。

① 智能化生产：可以实现从单个机器到生产线、车间乃至整个工厂的智能决策和动态优化，能够显著提升生产效率和产品质量，有效降低成本。

② 网络化协同：可以形成协同设计、协同制造等一系列新生产模式，大幅度降低新产品的开发成本，缩短新产品上市周期。

③ 个性化定制：可以基于互联网获取用户个性化需求信息，通过灵活的组织设计、制造资源和生产流程，实现低成本大规模定制。

④ 服务化转型：通过对产品运行的实时监测，可以提供远程维护、故障预测、性能优化等一系列服务，实现企业服务化转型。

2. 工业互联网体系架构

工业互联网主要通过系统构建网络、平台、安全三大功能体系，打造人、机、物全面互联的新型网络基础设施，其基本体系架构如图 1-13 所示。

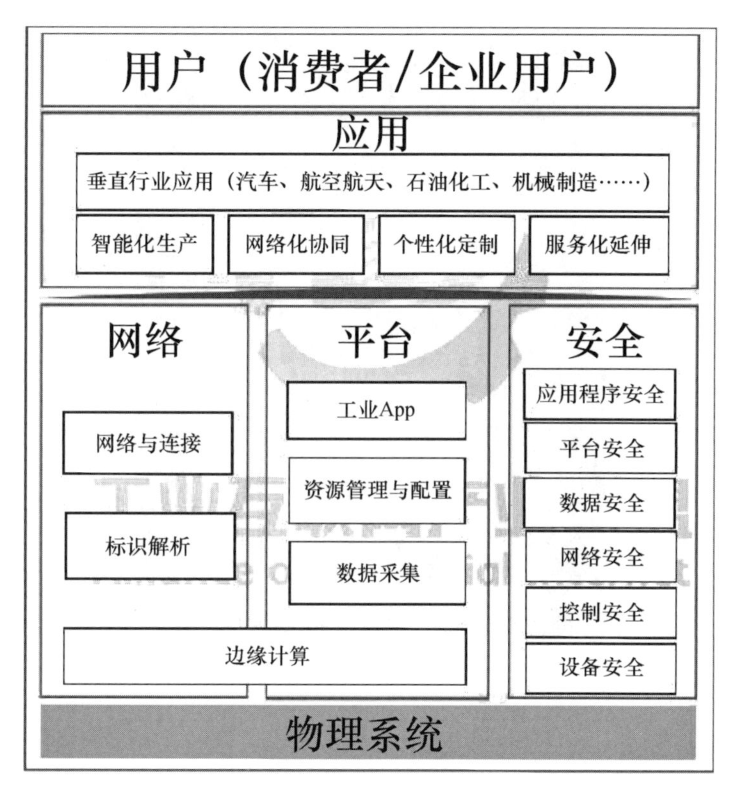

图 1-13 工业互联网体系架构

(1) 网络体系。

网络体系是工业互联网的基础，即通过互联网、物联网等实现工业全系统的互联互通，促进工业数据的充分流动和无缝集成，主要关键技术有网络连接、标识解析、边缘计算等。

(2) 平台体系。

平台体系是工业互联网的核心，是面向制造业数字化、网络化、智能化需求，构建的基于海量数据采集、汇聚、分析的服务体系，是支撑制造资源泛在连接、弹性供给、高效配置的载体，平台技术是平台体系的核心，应用于平台的工业 App 技术也起着关键性作用。

(3) 安全体系。

安全体系是工业互联网的保障，通过构建涵盖工业全系统的安全防护体系，增强设备、控制、网络、数据、平台、应用程序的安全保障能力，识别和抵御安全威胁，化解各种安全风险，保障工业智能化的实现。

1.2.5 云计算

云计算(Cloud Computing)是一项技术，也是一种模式。从用户的角度看，云计算是一种按使用量付费的模式，这种模式提供可用的、便捷的、按需的网络访问，用户进入可配置的计算资源共享池(资源包括网络、服务器、存储、应用软件、服务)，只需投入很少的管理工作，或与服务供应商进行很少的交互，就可以让这些资源被快速提供。云计算的基本体系架构包括基础设施服务层(Infrastructure as a Service，IaaS)、平台服务层(Platform as a Service，PaaS)和软件服务层(Software as a Service，SaaS)(如图 1-14 所示)。

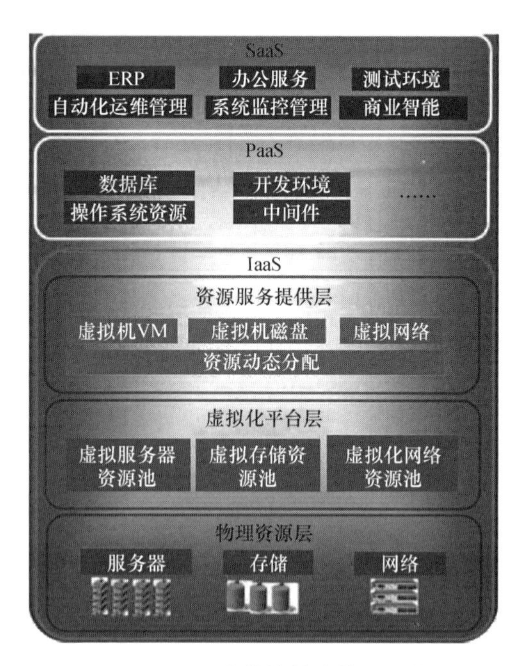

图 1-14　云计算的基本体系架构

(1) 基础设施即服务。

服务供应商以服务的形式提供虚拟硬件资源，如虚拟主机、虚拟网络等。用户无须购买服务器、网络设备、存储设备，只需通过网络租用租赁即可搭建自己所需的系统。

(2) 平台即服务。

通常也被称为"云计算操作系统"，为终端用户提供基于互联网的应用开发环境，包括应用编程接口和运行平台等，并且支持应用从创建到运行整个生命周期所需的各种软硬件资源和工具。

(3) 软件即服务。

用户通过标准的 Web 浏览器来使用软件，用户不必购买和维护软件，服务供应商负责维护和管理软硬件设施，并以免费(可以从网络广告之类的项目中生成收入)或按需租用方式向用户提供服务。

根据云计算的服务范围可以将云计算系统分为公有云、私有云和混合云。

(1) 公有云。

云基础设施由提供云服务的运营商所拥有，运营商通过自己的基础设施直接向外部用户提供服务，外部用户通过互联网访问服务，但并不拥有云计算资源。由于公有云的公开性，因此能产生巨大的规模效应，而对用户而言，公有云完全是按需使用的，无须任何前期投入。

(2) 私有云。

云基础设施被某单一组织拥有或租用，主要为企业内部提供云服务，不对公众开放。由于私有云大多在企业的防火墙内工作，因此可以对其数据、安全性和服务质量进行有效的控制。另外，与传统的企业数据中心相比，私有云可以支持动态灵活的基础设施，从而降低 IT 架构的复杂度，使各种 IT 资源得以整合和标准化。

(3) 混合云。

云基础设施由私有云和公有云组成,每种云仍然保持独立实体,它们通过标准或专有的技术组合起来,既能为企业内部又为外部用户提供云服务。

1.2.6　大数据

在网络空间中,人们日常生活、工作等产生的数据都已经信息化,人类产生的数据量出现爆炸式的增长。人们对于海量数据的挖掘和运用,预示着新一波生产率增长和消费者盈余浪潮的到来。目前对大数据尚未有统一的定义,通常认为大数据是指无法用现有的软件工具提取、存储、搜索、共享、分析和处理的海量的、复杂的数据集合。IBM 认为大数据具有以下特征。

(1) 体量。

大数据的数据规模大,数据存储单位从过去的 GB 到 TB,乃至 PB、EB 级别。

(2) 多样。

社交网络、移动网络、各种智能工具、服务工具等都成为数据的来源,广泛的数据来源决定了大数据形式的多样性。这些数据包括结构化、半结构化和非结构化数据,具体表现为网络日志、音频、视频、图片、地理位置信息等,多类型的数据对数据处理能力提出了更高的要求。

(3) 速度。

大数据的产生非常迅速,这些数据需要及时处理。大数据对处理速度有非常严格的要求,服务器中大量的资源都用于处理和计算数据,很多平台都需要做到实时分析。数据无时无刻不在产生,处理速度越快就越有优势。

(4) 价值。

大数据最大的价值在于可以从大量不相关的各种类型的数据中,挖掘出对未来趋势与模式分析有价值的数据,并通过机器学习、人工智能等方法深度分析,发现新规律和新知识。通过将大数据运用于公共服务、企业管理、金融、医疗等各个领域,可以达到改善社会治理、提高生产效率、推进科学研究的效果。

大数据技术就是从各种各样类型的数据中快速获得有价值信息的技术。大数据领域已经涌现出了大量新的技术,主要包括以下几个方面。

(1) 大数据采集技术。

大数据的来源极其广泛,因此大数据的采集需要从不同的数据源实时或及时地收集不同类型的数据并发送给存储系统或数据中间件系统进行后续处理。大数据采集可分为设备数据采集和 Web 数据爬取,常用的数据采集软件有 Splunk、Sqoop、Flume、Kettle 以及各种网络爬虫,如 Heritrix、Nutch 等。

(2) 大数据预处理技术。

大数据系统中的数据通常具有一个或多个数据源,这些数据源中的数据容易受到噪声数据、数据值缺失与数据冲突等的影响。大数据预处理技术有助于提升数据质量,主要包括数据清洗、数据集成、数据归约与数据转换等阶段。数据清洗技术包括数据不一致性检测技术、脏数据识别技术、数据过滤技术、数据修正技术、数据噪声的识别与平滑技术等。数据集成技术把来自多个数据源的数据进行集成,形成一个集中统一的数据库、数据立方体、数据宽表与文件等。数据归约技术可以降低数据集的规模,得到简化的数据集。数据转换技术包括基于规则或元数据的转换技术、基于模型和学习的转换技术等,可以简化处理与分析过程。

(3) 大数据存储管理技术。

由于数据海量化和快速增长的需求,大数据存储的硬件架构和文件系统的性价比要大大高于传统技术,存储容量应可无限扩展,且有很强的容错能力和并发读写能力,分布式存储是大数据存储的关键技术,Google 的 GFS(Google File System)和 Apache Hadoop 的 HDFS(Hadoop Distributed File System)是常用的分布式文件系统。大数据存储管理系统应能够对各种非结构化数据进行高效管理,Google 的 BigTable 和 Hadoop 的 Hbase 是常用的分布式数据存储系统。

(4) 大数据分析挖掘技术。

大数据分析挖掘就是从海量的实际应用数据中,提取隐含在其中的有用信息和知识的过程。大数据的分析挖掘是数据密集型计算,需要强大的计算能力。大数据分析技术包括已有数据的分布式统计分析技术,以及未知数据的分布式挖掘技术和深度学习技术。其中,分布式统计分析技术可由大数据处理技术直接完成,Google 提出的 MapReduce 是目前主要的大数据处理计算模型之一。

(5) 大数据展示技术。

清晰而有效地在大数据与用户之间传递和沟通信息是大数据展示技术的重要目标。大数据展示技术主要是运用计算机图形学和图像处理技术,将数据转换为图形或图像在屏幕上显示出来,并进行交互处理。目前已出现了 Tableau、Gephi、ECharts、大数据魔镜等众多的数据可视化工具,IBM SPSS、SAS Enterprise Miner 等大数据挖掘和分析软件也包括数据可视化功能。

1.3 从信息安全、网络安全到网络空间安全

在信息时代,网络空间是人类生存的信息环境,然而随着网络技术的快速发展和网络规模的不断扩大,网络的脆弱性和安全问题日益体现。随着大量的个人信息、商业资源、重要数据在网络空间存储和传输,网络空间给人们带来了不同的道德标准和价值取向的影响,各种违法犯罪事件层出不穷,网络空间安全已经对经济发展和社会稳定带来极大冲击,引起了世界各国的高度重视。

1.3.1 信息安全与网络安全

在非传统的安全领域中,信息安全(Information Security)、网络安全(Network Security)是与网络空间安全(Cyberspace Security)相近的词汇,在相关的政策文件、学术研究、新闻报道中,这几个词汇经常交叉出现,其相互之间的逻辑界限并不清晰。

信息安全并不是计算机和现代信息技术出现后才产生的新事物,而是早已存在于人类思维中的普遍现象。在中国古代,当边关面临危险时,通常会在高台上燃烧狼粪或柴草以报警,这被称为狼烟、烽火;斯巴达人在公元前 400 年就发明了“塞塔式密码”,形成了最早的密码技术,这些都是传统信息安全的典型案例。随着信息技术的发展,信息安全受到了人们越

来越多的关注。当然,人们今天所说的信息安全通常是狭义的,其中的信息主要是指依托于现代信息技术及其创生载体存在和传播的信息,信息安全是指依托于现代信息技术及其创生载体存在和传播的信息不受威胁和侵害。

传统的信息安全着重强调信息本身的安全,认为信息安全应包含以下基本要素。

① 保密性:信息只为授权用户使用,不被泄露给非授权用户、实体或过程。

② 完整性:信息在传输和存储的过程中应保证不被偶然或蓄意地篡改或伪造,保证授权用户得到的信息是真实的。

③ 可控性:能够控制信息的内容和传播范围。

④ 可用性:信息对授权用户应是可以随时使用的。

⑤ 可审查性:在信息传输过程中,应保证通信双方对自己发送或接收信息的事实和内容是不可否认的。

信息论的基本知识告诉我们,信息不能脱离其载体而孤立存在,因此应当从信息系统的角度全面考虑信息安全,在很多情况下,信息安全更多指的是信息系统安全。信息系统安全可以划分为以下四个层次。

① 信息系统设施安全。信息系统设施安全是信息系统安全的物质基础,应确保信息系统设施的稳定性、可靠性和可用性,对信息系统设施的任何损坏都将危害信息系统的安全。

② 信息系统数据安全。应确保信息系统数据免受未授权的泄露、篡改和毁坏,即传统的信息安全。

③ 信息系统内容安全。应确保信息系统内容符合政治、法律和道德等层面上的要求,广义的信息系统内容安全还包括知识产权保护、信息隐藏、隐私保护等方面。

④ 信息系统行为安全。信息系统行为安全是一种动态安全,应确保信息系统行为的过程和结果是可预期的,不能危害数据的保密性和完整性,当信息系统行为出现偏差时能够及时被发现、控制或纠正。

20世纪90年代以来,信息安全开始向网络安全聚焦并不断强化,进入21世纪后,网络安全在相关文献的使用频率不断增加,逐步与信息安全并用。对于网络安全和信息安全之间的关系,可以从不同的层面进行解读。有学者认为网络是由客户机、服务器、传输介质、互联设备等组成的信息存储和传播体系,网络安全就是作为信息存储和传播载体的客户机、服务器、传输介质等物理设施的安全,由于网络安全只是一种信息载体的安全,因此如果从信息安全只是信息本身安全的角度出发,那么信息安全和网络安全是不同的概念,而如果从信息系统安全的角度出发,那么网络安全应该作为信息安全的一个重要方面。也有学者认为随着互联网的日益普及,信息安全已经不足以直接准确地诠释网络带来的诸如网络思潮涌入、网络黑客攻击、网络文化乱象等安全性问题,网络安全是基于网络和信息提出的网络线上安全和网络社会安全,可以指称网络所带来的各类安全问题,其与信息安全既有相互重合的部分,也有各自独立的部分。

1.3.2 网络空间安全的内涵

随着网络空间与现实空间呈现出不断融合、相互渗透的趋势,网络空间安全问题通常是指与海、陆、空、太空并列的网络空间中存在的各类安全隐患和安全威胁,网络空间安全与传统现实社会领域安全之间的融合不断加强。

网络空间既是人的生存环境,也是信息的生存环境,人在其中与信息相互作用、相互影响。因此,与信息安全相比,网络空间安全不但在各种部署模式上都有特定的安全需求,如云计算安全、大数据安全、物联网安全、移动互联网安全、电信网安全、可信计算等,而且包含在不同应用场景下衍生出的特定安全,如在线社交网络安全、工业控制安全、网络支付安全等,另外还包含作为全球性泛在系统而涉及的网络治理问题,如信息对抗、舆论安全、网络攻防体系建设等。与网络安全相比,网络空间安全囊括了全球范围内的政府、组织及社会个体等联结在一起的安全,要保障国家网络主权的完整、政府机构合理有序的运行、社会组织和谐稳定的发展以及社会个体基本权利不受侵害,是一种全新的社会结构形态的安全,与现实空间安全之间具有共振效应。

1.3.3 网络空间安全的内容

对于网络空间安全所涉及的内容,不同学者从不同角度进行了不同的解读。

有学者认为网络空间中的任一信息系统或系统体系自下向上可分为物理层、系统层、数据层和应用层,每个层次都面临着不同的安全问题,由此提出了网络空间安全的基本框架(如图 1-15 所示)。

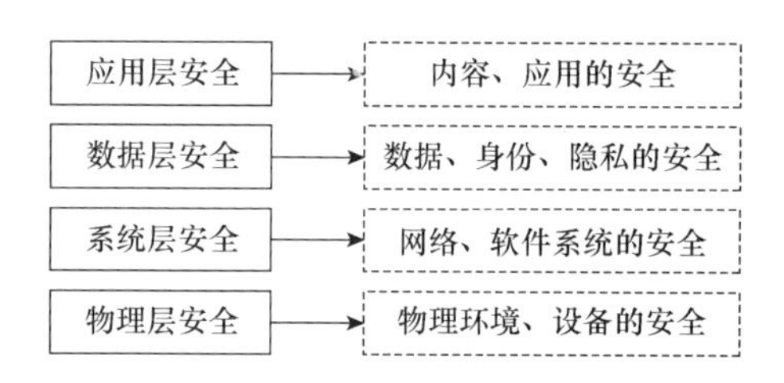

图 1-15　网络空间安全的基本框架

① 物理层安全:由于网络空间是由各种物理设备组成,因此物理层安全是网络空间安全的基础。物理层安全主要涉及针对各类硬件的恶意攻击和防御技术,以及硬件设备在网络空间中的安全接入技术,还包括容灾技术、可信硬件、电子防护技术、干扰屏蔽技术等。

② 系统层安全:物理设备的互联和通信需要相应系统的支持,因此物理层之上为系统层安全。系统层安全包括系统软件安全、应用软件安全、网络体系结构安全、数据库安全等与系统运行相关的层面,并渗透到云计算、物联网、移动互联网、嵌入式系统、工业互联网、智能计算等各个应用领域。

③ 数据层安全:主要是保证数据的保密性、完整性、可用性、可控性等,包括网络空间在处理数据时所涉及的数据安全、身份安全、隐私保护等与信息自身相关的安全保障。

④ 应用层安全:包括在信息应用过程中所涉及的内容安全、支付安全、控制安全等与信息系统应用相关联的安全保障。

也有学者认为网络空间安全包含三个层面,分别是网络空间基础安全、网络空间行为有序和网络空间利益分配合理,这三个层面是相互联系,互为因果的。

① 网络空间基础安全:网络空间赖以存在并正常运作的关键设备与技术处于安全不受威胁的状态。网络空间是建立在一定物理设施基础上,由相关网络技术支撑起来的虚拟空间,这些物理设施和技术一旦受到破坏,网络空间就可能部分或者完全失能。目前,网络空间基础安全面临的威胁主要有三个方面:第一是网络空间因技术原因而具有的自身缺陷,

如各种系统漏洞;第二是因各种原因产生的危害行为,如病毒、木马等恶意代码的编写与使用,针对关键设备与程序的网络攻击行为,对网络关键物理设备的物理破坏等;第三是存在于网络空间的某些互动体制,如网络军备竞赛等。

② 网络空间行为有序:网络空间中各种活动能够正常、可预测并且可控地进行。网络行为指网络行为体参与网络活动的各种行为,如接入接出网络,在网络空间中传播、收集、使用和储存信息,参与网络空间构建等。目前对网络空间行为有序构成威胁的,第一是网络空间基础安全受到破坏造成的网络空间使用的困难,如洲际光缆损坏造成的大规模通信受阻,大规模的病毒爆发造成的网络系统瘫痪等;第二是网络行为体的恶意行为,如网络犯罪、网络间谍、网络欺诈等;第三是网络行为体脱离可控范围的行为,不可控的网络行为通常涉及文化、政治、价值观等方面,如网络谣言的传播扩散等。

③ 网络空间利益合理分配:网络空间中的安全与发展所涉及的资源与机会的分配获得普遍认同的状态。网络空间中的安全利益指关系到网络空间安全的资源和机会,包括网络关键设施与技术的占有与使用,进行网络防御的时机和权力,网络空间安全相关立法的认同与推行等。网络空间中的发展利益是指关系网络空间未来发展的资源和机会,同样也包括网络关键设施与技术的占有与使用,此外还包括信息产业带来的经济利润,网络技术的研发和使用权,影响网络空间发展的网络政治、文化、经济等外部环境以及相关规范等。目前威胁网络空间利益合理分配的主要有三类情况:第一类是由网络空间关键设施与技术分布失衡造成的网络原生性利益分配失衡,即所谓的数字鸿沟;第二类是行为体的利益垄断体系,在网络空间中,先发行为体凭借知识产权和示范效应取得较大优势,若采取各种措施进行垄断,则会妨碍技术创新,剥削其他行为体发展的机会;第三类是使用非法手段谋取网络空间利益,如商业间谍、知识产权窃取、黑客行为等。

1.3.4　网络空间安全的特点

2016 年 4 月 19 日,在网络安全和信息化工作座谈会上,习近平总书记精炼地总结了网络空间安全的五个主要特点。

1. 网络空间安全是整体的而不是割裂的

网络空间无处不在,网络空间安全已经成为一个关乎国家安全、国家主权和每一个互联网用户权益的重大问题。在信息时代,国家安全体系中的政治安全、国土安全、军事安全、经济安全、文化安全、社会安全、科技安全、信息安全、生态安全、资源安全、核安全等都与网络空间安全密切相关,这是因为当今各个重要领域的基础设施都已经网络化、信息化、数据化,各项基础设施的核心部件都离不开网络信息系统。习近平总书记指出:“在信息时代,网络安全对国家安全牵一发而动全身,同许多其他方面的安全都有着密切关系。”这一论断,阐明了网络空间安全已经成为关系到政治、经济、文化、社会生活等各个领域的最复杂、最严峻的安全问题之一。

2. 网络空间安全是动态的而不是静态的

网络空间安全不是一劳永逸的。信息技术的更新换代速度超出想象,信息化程度呈指数级上升趋势,新的网络空间安全事件层出不穷,安全防护一旦停滞不前则无异于坐以待毙。习近平总书记指出:“信息技术变化越来越快,过去分散独立的网络变得高度关联、相互依赖,网络安全的威胁来源和攻击手段不断变化,那种依靠装几个安全设备和安全软件就想永保安全的想法已不合时宜,需要树立动态、综合的防护理念。”

3. 网络空间安全是开放的而不是封闭的

网络空间本身就是一个开放连通的空间,随着移动互联、云计算、大数据等技术的不断发展,政府、企业、各种组织的信息系统正在从封闭走向开放,从单个的信息孤岛走向互联互通。当然,网络空间的开放性必然会带来风险和问题,解决问题的方式不是故步自封,而是要立足于技术的不断发展。习近平总书记指出:“只有立足开放环境,加强对外交流、合作、互动、博弈,吸收先进技术,网络安全水平才会不断提高。”

4. 网络空间安全是相对的而不是绝对的

安全不是一个状态而是一个过程。网络空间安全是一种适度安全,是与因非法访问、信息失窃、网络破坏而造成的危险和损害相适应的安全,即安全措施要与损害程度相适应。这是因为采取安全措施是需要成本的,对于危险较小或损害较少的系统采取过于严格或过高标准的安全措施,有可能得不偿失。习近平总书记指出:“没有绝对安全,要立足基本国情保安全,避免不计成本追求绝对安全,那样不仅会背上沉重负担,甚至可能顾此失彼。”

5. 网络空间安全是共同的而不是孤立的

互联网是一个泛在网,过去相对独立分散的网络已经融合为深度关联、相互依赖的整体,形成了全新的网络空间。各个网络之间高度关联、相互依赖,网络犯罪分子或敌对势力可以从互联网的任何一个节点入侵某个特定的计算机或网络实施破坏活动,轻则损害个人或企业的利益,重则危害社会公共利益和国家安全。维护网络空间安全是全社会的责任。政府在协调国家关键基础设施保护和关乎国家安全工作中发挥主导作用;企业在网络空间安全技术、产品、建设、运维等方面发挥主体作用;社会组织机构在促进产业发展、产业化协调中发挥主要作用;广大网民应提升网络空间安全意识和防护技能,在维护网络空间安全中发挥主动作用。习近平总书记指出:“网络安全为人民,网络安全靠人民,维护网络安全是全社会共同责任,需要政府、企业、社会组织、广大网民共同参与,共筑网络安全防线。”

1.3.5 网络空间安全的发展趋势

1. 由“端”安全向“云网”安全转变

“互联网+”时代,信息技术已经从工具转变为关键基础设施,网络空间为用户提供了像水、电、公路一样的基本服务,用户可以利用快捷、低成本的计算资源提升生产效率,创新业务模式。“互联网+”时代的网络空间基础设施可以概括为“云、网、端”三个部分(如图 1-16 所示),其中,“云”是指云计算、大数据基础设施,“网”包括传统互联网、移动互联网、物联网、工业互联网等,“端”包括个人计算机、移动终端、可穿戴设备、传感器以及软件形式的各种应用。

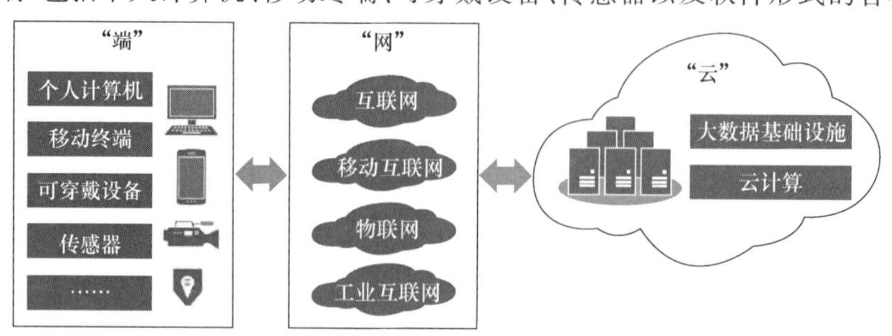

图 1-16 网络空间的“云、网、端”

由于终端是网络攻击的源头，网络攻击都是从攻陷终端开始的，因此传统的网络安全解决方案着重解决对于终端的防护问题，如传统的防病毒软件可以基本解决传统桌面操作系统的安全问题。但随着新型网络终端的不断涌现和操作系统的碎片化趋势，网络空间的潜在安全威胁不断提升，越来越多的服务和应用延伸到开放的云计算平台，网络基础设施、虚拟化系统、云计算平台等都成为潜在的攻击目标，网络攻击的方法和来源越来越多样，“云网”安全将和终端安全一起构成安全体系架构，网络空间安全逐步由“端”安全向“云网”安全演变。

2. 从“点”防护向“面”防护发展

传统的网络安全解决方案专注于在网络边界上实施诸多安全防护措施，如在内外网出入口部署防火墙、入侵检测系统等网络安全设备，旨在把网络攻击挡在网络边界之外。但在“互联网＋”时代，终端的移动化打破了网络的物理边界，移动互联网、物联网等打破了传统网络安全架构。云计算放大了单点系统、服务、应用程序的脆弱性所带来的影响，攻击者通过控制网络中的云节点，可以批量控制用户机器，获取大量的用户数据。因此，网络空间安全需要创新固有模式，从“点”防护向“面”防护发展。

3. 与现实空间安全的相互渗透和融合

“互联网＋”的提出标志着移动互联网、物联网、云计算、大数据等已成为社会的基础设施和核心理念，互联网已成为新的创新主体，经济运行模式在完成重构，网络空间与现实空间的边界已不再清晰。在“互联网＋”时代，一方面现实空间的安全问题在向网络空间延伸，如国家安全、恐怖主义等；另一方面网络空间的安全问题也在向现实空间渗透，如网络攻击、网络犯罪等已逐渐转向传统行业。因此，与现实空间安全的不断相互渗透与融合也是网络空间安全的发展趋势。

1.4　网络空间安全与国家安全

随着时代的发展，国家安全的概念在不断发生变化，涵盖的领域也逐渐扩大。在农耕时代，国家安全主要是指陆路安全；到了工业时代，国家安全的范围扩展到了海洋和天空；到了20世纪，国家安全已经向外太空拓展。2014年4月15日，习近平总书记在中央国家安全委员会第一次会议上创造性提出总体国家安全观，明确坚持以人民安全为宗旨，以政治安全为根本，以经济安全为基础，以军事、文化、社会安全为保障，以促进国际安全为依托，维护各领域国家安全，构建国家安全体系，走中国特色国家安全道路。

在万物互联的发展背景下，网络空间已经深入政治、经济、文化、军事等各个领域，甚至成为某一领域的主导因素，深刻地改变着人们的现实生活，网络空间安全也因此逐步上升到国家安全的高度。2016年12月27日，经中央网络安全和信息化领导小组批准，国家互联网信息办公室发布了《国家网络空间安全战略》。《国家网络空间安全战略》阐明了中国关于网络空间发展和安全的重大立场和主张，明确了战略方针和主要任务，切实维护国家在网络空间的主权、安全、发展利益，是指导国家网络安全工作的纲领性文件。

1.4.1　我国网络空间的发展目标

《国家网络空间安全战略》指出以总体国家安全观为指导，贯彻落实创新、协调、绿色、开放、共享的发展理念，增强风险意识和危机意识，统筹国内国际两个大局，统筹发展安全两件大事，积极防御、有效应对，推进网络空间和平、安全、开放、合作、有序，维护国家主权、安全、发展利益，实现建设网络强国的战略目标。

① 和平：信息技术滥用得到有效遏制，网络空间军备竞赛等威胁国际和平的活动得到有效控制，网络空间冲突得到有效防范。

② 安全：网络安全风险得到有效控制，国家网络安全保障体系健全完善，核心技术装备安全可控，网络和信息系统运行稳定可靠。网络安全人才满足需求，全社会的网络安全意识、基本防护技能和利用网络的信心大幅提升。

③ 开放：信息技术标准、政策和市场开放、透明，产品流通和信息传播更加顺畅，数字鸿沟日益弥合。不分大小、强弱、贫富，世界各国特别是发展中国家都能分享发展机遇、共享发展成果、公平参与网络空间治理。

④ 合作：世界各国在技术交流、打击网络恐怖和网络犯罪等领域的合作更加密切，多边、民主、透明的国际互联网治理体系健全完善，以合作共赢为核心的网络空间命运共同体逐步形成。

⑤ 有序：公众在网络空间的知情权、参与权、表达权、监督权等合法权益得到充分保障，网络空间个人隐私获得有效保护，人权受到充分尊重。网络空间的国内和国际法律体系、标准规范逐步建立，网络空间实现依法有效治理，网络环境诚信、文明、健康，信息自由流动与维护国家安全、公共利益实现有机统一。

1.4.2 我国网络空间安全的战略任务

中国致力于维护国家网络空间主权、安全、发展利益，推动互联网造福人类，推动网络空间和平利用和共同治理。《国家网络空间安全战略》明确提出了以下战略任务。

1. 坚定捍卫网络空间主权

根据宪法和法律法规管理我国主权范围内的网络活动，保护我国信息设施和信息资源安全，采取包括经济、行政、科技、法律、外交、军事等一切措施，坚定不移地维护我国网络空间主权。坚决反对通过网络颠覆我国国家政权、破坏我国国家主权的一切行为。

2. 坚决维护国家安全

防范、制止和依法惩治任何利用网络进行叛国、分裂国家、煽动叛乱、颠覆或者煽动颠覆人民民主专政政权的行为；防范、制止和依法惩治利用网络进行窃取、泄露国家秘密等危害国家安全的行为；防范、制止和依法惩治境外势力利用网络进行渗透、破坏、颠覆、分裂活动。

3. 保护关键信息基础设施

国家关键信息基础设施是指关系国家安全、国计民生，一旦数据泄露、遭到破坏或者丧失功能可能严重危害国家安全、公共利益的信息设施，包括但不限于提供公共通信、广播电视传输等服务的基础信息网络，能源、金融、交通、教育、科研、水利、工业制造、医疗卫生、社会保障、公用事业等领域和国家机关的重要信息系统，重要互联网应用系统等。采取一切必要措施保护关键信息基础设施及其重要数据不受攻击破坏。坚持技术和管理并重、保护和震慑并举，着眼识别、防护、检测、预警、响应、处置等环节，建立实施关键信息基础设施保护制度，从管理、技术、人才、资金等方面加大投入，依法综合施策，切实加强关键信息基础设施安全防护。

关键信息基础设施保护是政府、企业和全社会的共同责任，主管、运营单位和组织要按照法律法规、制度标准的要求，采取必要措施保障关键信息基础设施安全，逐步实现先评估后使用。加强关键信息基础设施风险评估。加强党政机关以及重点领域网站的安全防护，基层党政机关网站要按集约化模式建设运行和管理。建立政府、行业与企业的网络安全信息有序共享机制，充分发挥企业在保护关键信息基础设施中的重要作用。

坚持对外开放，立足开放环境下维护网络安全。建立实施网络安全审查制度，加强供应链安全管理，对党政机关、重点行业采购使用的重要信息技术产品和服务开展安全审查，提高产品和服务的安全性和可控性，防止产品服务提供者和其他组织利用信息技术优势实施不正当竞争或损害用户利益。

4. 加强网络文化建设

加强网上思想文化阵地建设，大力培育和践行社会主义核心价值观，实施网络内容建设工程，发展积极向上的网络文化，传播正能量，凝聚强大精神力量，营造良好网络氛围。鼓励拓展新业务、创作新产品，打造体现时代精神的网络文化品牌，不断提高网络文化产业规模水平。实施中华优秀文化网上传播工程，积极推动优秀传统文化和当代文化精品的数字化、网络化制作和传播。发挥互联网传播平台优势，推动中外优秀文化交流互鉴，让各国人民了解中华优秀文化，让中国人民了解各国优秀文化，共同推动网络文化繁荣发展，丰富人们精神世界，促进人类文明进步。

加强网络伦理、网络文明建设，发挥道德教化引导作用，用人类文明优秀成果滋养网络空间、修复网络生态。建设文明诚信的网络环境，倡导文明办网、文明上网，形成安全、文明、有序的信息传播秩序。坚决打击谣言、淫秽、暴力、迷信、邪教等违法有害信息在网络空间传播蔓延。提高青少年网络文明素养，加强对未成年人上网保护，通过政府、社会组织、社区、学校、家庭等方面的共同努力，为青少年健康成长创造良好的网络环境。

5. 打击网络恐怖和违法犯罪

加强网络反恐、反间谍、反窃密能力建设，严厉打击网络恐怖和网络间谍活动。

坚持综合治理、源头控制、依法防范，严厉打击网络诈骗、网络盗窃、贩枪贩毒、侵害公民个人信息、传播淫秽色情、黑客攻击、侵犯知识产权等违法犯罪行为。

6. 完善网络治理体系

坚持依法、公开、透明管网治网，切实做到有法可依、有法必依、执法必严、违法必究。健全网络安全法律法规体系，制定出台网络安全法、未成年人网络保护条例等法律法规，明确社会各方面的责任和义务，明确网络安全管理要求。加快对现行法律的修订和解释，使之适用于网络空间。完善网络安全相关制度，建立网络信任体系，提高网络安全管理的科学化规范化水平。

加快构建法律规范、行政监管、行业自律、技术保障、公众监督、社会教育相结合的网络治理体系，推进网络社会组织管理创新，健全基础管理、内容管理、行业管理以及网络违法犯罪防范和打击等工作联动机制。加强网络空间通信秘密、言论自由、商业秘密，以及名誉权、财产权等合法权益的保护。

鼓励社会组织等参与网络治理，发展网络公益事业，加强新型网络社会组织建设。鼓励网民举报网络违法行为和不良信息。

7. 夯实网络安全基础

坚持创新驱动发展，积极创造有利于技术创新的政策环境，统筹资源和力量，以企业为主体，产学研用相结合，协同攻关、以点带面、整体推进，尽快在核心技术上取得突破。重视软件安全，加快安全可信产品推广应用。发展网络基础设施，丰富网络空间信息内容。实施“互联网+”行动，大力发展网络经济。实施国家大数据战略，建立大数据安全管理制度，支持大数据、云计算等新一代信息技术创新和应用。优化市场环境，鼓励网络安全企业做大做强，为保障国家网络安全夯实产业基础。

建立完善国家网络安全技术支撑体系。加强网络安全基础理论和重大问题研究。加强网络安全标准化和认证认可工作，更多地利用标准规范网络空间行为。做好等级保护、风险评估、漏洞发现等基础性工作，完善网络安全监测预警和网络安全重大事件应急处置机制。

实施网络安全人才工程，加强网络安全学科专业建设，打造一流网络安全学院和创新园区，形成有利于人才培养和创新创业的生态环境。办好网络安全宣传周活动，大力开展全民网络安全宣传教育。推动网络安全教育进教材、进学校、进课堂，提高网络媒介素养，增强全社会网络安全意识和防护技能，提高广大网民对网络违法有害信息、网络欺诈等违法犯罪活动的辨识和抵御能力。

8. 提升网络空间防护能力

网络空间是国家主权的新疆域。建设与我国国际地位相称、与网络强国相适应的网络空间防护力量，大力发展网络安全防御手段，及时发现和抵御网络入侵，铸造维护国家网络安全的坚强后盾。

9. 强化网络空间国际合作

在相互尊重、相互信任的基础上，加强国际网络空间对话合作，推动互联网全球治理体系变革。深化同各国的双边、多边网络安全对话交流和信息沟通，有效管控分歧，积极参与全球和区域组织网络安全合作，推动互联网地址、根域名服务器等基础资源管理国际化。

支持联合国发挥主导作用，推动制定各方普遍接受的网络空间国际规则、网络空间国际反恐公约，健全打击网络犯罪司法协助机制，深化在政策法律、技术创新、标准规范、应急响应、关键信息基础设施保护等领域的国际合作。

加强对发展中国家和落后地区互联网技术普及和基础设施建设的支持援助，努力弥合数字鸿沟。推动“一带一路”建设，提高国际通信互联互通水平，畅通信息丝绸之路。搭建世界互联网大会等全球互联网共享共治平台，共同推动互联网健康发展。通过积极有效的国际合作，建立多边、民主、透明的国际互联网治理体系，共同构建和平、安全、开放、合作、有序的网络空间。

第2章 网络空间安全威胁面面观

【本章导读】

国家互联网应急中心曾发布《关于境内大量家用路由器DNS服务器被篡改情况通报》，该通报对我国境内部分用户通过家用路由器访问部分网站时被劫持到涉黄涉赌网站的情况进行了说明。发生域名劫持的家用路由器DNS地址被黑客恶意篡改为江苏省镇江市及扬州市的多个IP地址，这些IP地址提供DNS解析服务，并将部分涉黄涉赌类网站域名解析劫持到江苏省镇江市的部分IP地址，最终将用户访问跳转至某博彩类网站。国家互联网应急中心研判，这是一起典型的由互联网地下黑色产业争斗引发的网络安全事件。

针对此事件，江苏省通信管理局及时启动应急响应流程开展处置，同时核查相关IP地址的接入及归属情况。经过排查，本次事件是因为家庭宽带用户的路由器存在弱口令情况导致路由器的DNS地址被黑客恶意篡改。国家互联网应急中心建议用户检查家用路由器DNS是否被恶意篡改，并建议用户将DNS地址修改为运营商所提供的DNS地址或114.114.114.114等地址。另外，建议用户及时修改家用路由器管理密码，不设置简单密码，并定期更新。

随着网络技术的发展和网络空间与现实空间的不断融合，新型网络攻击技术开始兴起，新型网络空间安全隐患不断涌现。

那么，我们在网络空间中可能会面临的安全威胁主要有哪些呢？

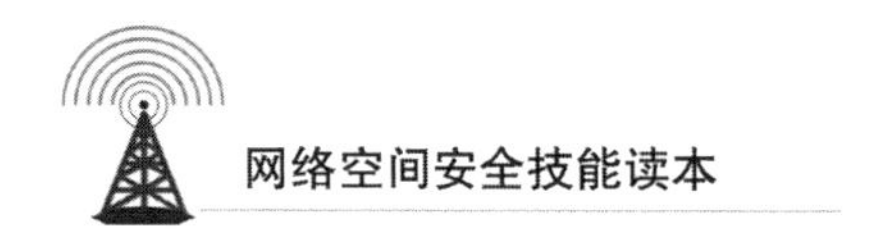

2.1 安全漏洞

2.1.1 安全漏洞产生的原因

在计算机和网络发展的历史中，绝大部分安全事件都与安全漏洞密切相关，2010年的震网病毒事件、2016年美国东海岸大面积断网事件、2017年WannaCry勒索病毒事件等都是由安全漏洞引发的。对于安全漏洞的概念，当前学术界、产业界并未达成共识。一般认为，安全漏洞是信息系统在生命周期的各个阶段（如设计、实现、运维等）产生的某类问题，这些问题会对系统的安全（如机密性、完整性、可用性等）产生影响。安全漏洞存在于硬件、软件中，但更多的还是以软件漏洞的形式存在。计算机、手机、网站、可穿戴设备、智能家居、工业控制系统等都普遍存在着安全漏洞。从理论上讲，完全没有安全漏洞的系统是不存在的，而且越是复杂的系统越容易出现安全漏洞。

安全漏洞的产生原因很多，既有技术方面的因素，也有管理方面的因素。软件设计者在编程时的疏忽、网络运维人员设置安全配置时的不当操作、用户设置的密码过于简单等，这些人为的、无意的失误都会产生安全漏洞。弱密码一直是最易被黑客利用的安全漏洞之一，所谓弱密码通常是指容易被别人猜测到或被破解工具破解的密码。

也有一些安全漏洞是由认知或者技术上的局限性造成的，这种安全漏洞会随着时间的推移或者技术的发展而产生。20世纪60年代，由于当时计算机存储器的成本很高，所以编程人员会采用两位十进制数来表示年份，并由此形成了思维惯性，直到1997年人们才意识到这将无法辨识2000年及以后的年份，从而引发了“千年虫”危机。再比如，目前广泛使用的工业控制系统大多在其设计之初是封闭的单机系统，没有在其开发、设计、集成、测试等阶段考虑过网络安全方面的问题，当物联网和工业互联网时代到来后，黑客就可能利用其安全漏洞很轻松地通过网络对其进行攻击。

近年来，随着互联网业务系统的日益复杂，由设计业务系统时考虑不周所引起的逻辑漏洞也越来越引人关注。例如，在手机支付时，用户只需出示付款二维码，商家扫描之后就可以完成支付，但如果犯罪分子在短时间内获取付款码截图，就可以进行盗刷操作，这就是一个典型的业务系统逻辑漏洞，设计者并没有想到付款二维码还可以被这样使用。该漏洞被发现后，所有手机支付软件都增加了禁止对付款二维码进行截屏的功能。

2.1.2 安全漏洞的类型

安全漏洞的分类方法很多，对一个特定的安全漏洞可以从不同角度进行分类。

1. 根据用户对象分类

根据所面对的用户对象，安全漏洞可以分为专用软件的漏洞和大众类软件的漏洞。像Oracle、Apache等面向专业用户的系统出现的安全漏洞就属于专用软件的漏洞，其影响也主要与专业用户相关。而Windows系统的漏洞则是典型的大众类软件的漏洞，会影响绝大部分的用户。需要特别注意的是，个人计算机的浏览器及其Flash插件的安全漏洞也很容易被攻击者利用，挂马攻击就是一种常见的浏览器漏洞攻击方式。另外，在Microsoft Office、

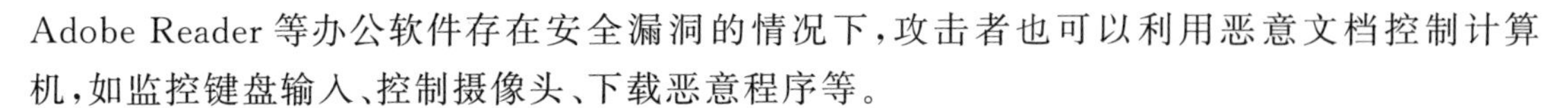

Adobe Reader 等办公软件存在安全漏洞的情况下，攻击者也可以利用恶意文档控制计算机，如监控键盘输入、控制摄像头、下载恶意程序等。

2. 根据作用方式分类

（1）本地提权漏洞。

本地提权漏洞是指可以通过非法提升程序或用户的系统权限，从而实现越权操作的安全漏洞。在手机使用中常见的苹果手机越狱、安卓手机 Root 实际上就是利用了本地提权漏洞，从而使手机用户可以获得 iOS 或安卓系统禁止用户拥有的系统权限。

（2）远程代码执行漏洞。

目前的计算机系统大多都可以进行远程登录和访问，但首先应开启远程访问功能，并且访问者的登录账户应具备合法的访问权限。远程代码执行漏洞是指无须验证账户的合法性即可实现远程访问的安全漏洞。存在此类安全漏洞的计算机和相关设备只要接入网络就会面临巨大的危险，因为攻击者不需要使用者有任何的不当操作就可以完成攻击。“冲击波”“熊猫烧香”“永恒之蓝”等超级病毒都曾利用计算机系统中的远程代码执行漏洞，从而在网络中大肆传播。

（3）拒绝服务漏洞。

拒绝服务漏洞是指可以导致目标系统暂时或永久性地失去正常服务能力的安全漏洞。拒绝服务漏洞可以细分为远程拒绝服务漏洞和本地拒绝服务漏洞。其中，远程拒绝服务漏洞主要被攻击者用于向服务器发起攻击，而本地拒绝服务漏洞大多被用于计算机病毒对本地系统和程序的攻击。

3. 按照普遍性分类

（1）通用型漏洞。

由于目前绝大多数系统、网站、应用软件的开发都使用了某些现成的开发平台或者开源代码，因此使用同一开发平台或同一开源代码开发的系统、网站、应用软件通常会存在相同或相似的安全漏洞，这种普遍存在的安全漏洞就是通用型漏洞。

（2）事件型漏洞。

事件型漏洞是指只与相关系统、网站、应用软件自身的开发、运维有关，在其他地方不会重复出现的安全漏洞。事件型漏洞的出现通常具有较大的偶然性，常见的弱密码、业务系统逻辑漏洞、系统设置不当等通常都属于事件型漏洞。

4. 按照存在时间分类

（1）已发现很久的安全漏洞。

对于已发现很久的安全漏洞，通常相关厂商已经发布了补丁或修补方法，大部分用户都已经知道该漏洞的存在并已经进行了修补。从宏观上看，这类安全漏洞的危险性比较小。

（2）刚发现的安全漏洞。

对于刚发现的安全漏洞，通常相关厂商会及时发布补丁或修补方法，但知道该安全漏洞的用户还不多，大部分用户并未及时进行修补，如果此时出现了利用该漏洞的蠕虫或傻瓜化的程序，那就会导致大批系统受到攻击。

（3）0day 漏洞。

0day 漏洞即零日漏洞，是指已经被人发现但还没有公开，相关厂商尚未修复的安全漏洞。攻击者如果利用 0day 漏洞进行攻击，理论上是不可防御的。由于 0day 漏洞的发现较

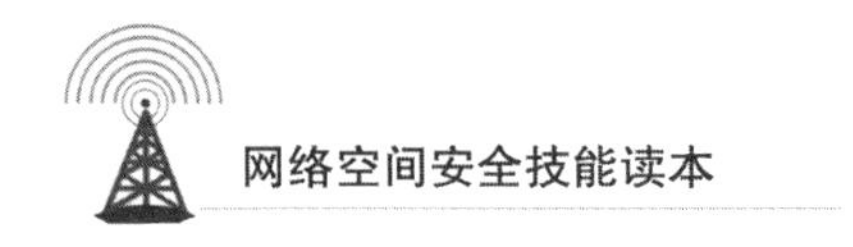

为困难，而且一旦被安全机构和相关厂商掌握，此类漏洞就会很快失效。因此，0day漏洞通常对普通大众不会有太大影响，而是会被用来攻击高价值的目标。

2.1.3 安全漏洞的挖掘和发布

安全漏洞存在的必然性和普遍性使得安全漏洞成为网络空间安全攻防双方争夺的重要资源，安全漏洞的挖掘也成为网络攻击和防护的第一步。人们对于安全漏洞的挖掘和发布存在两种理念：一种是"隐匿式安全"，即发现安全漏洞后对其保密，只有少部分受信任的安全专家知晓并进行研究修补，这样可以降低安全漏洞被滥用的概率；另一种是"开放式安全"，即发现安全漏洞后将其通过公开渠道告知公众，也就是所谓的漏洞发布，这种理念的支持者认为参与安全问题讨论的人越多就越有利于修复漏洞。从总体趋势来看，虽然安全漏洞的公开发布存在容易引起公众恐慌、降低恶意利用漏洞门槛、增加安全人员快速响应压力等负面因素，但其更有利于公众网络空间安全意识的迅速提高，更有利于敦促相关厂商和人员及时采取措施对安全漏洞进行修复，更有利于使攻防双方处于同等的情报水平。因此，目前安全漏洞的挖掘和发布主要向"开放式安全"发展。

（1）恶意的安全漏洞。

按照参与方动机的不同，可以把安全漏洞挖掘和发布形式粗略分为恶意的与非恶意的。恶意的安全漏洞发布包括多种形式，如将安全漏洞在黑市作为交易商品进行发布，也就是发现安全漏洞的黑客直接在黑市上将安全漏洞出售给意图利用其实施违法活动的个人或组织；也有黑客会以公开发布安全漏洞为由要挟相关企业或者系统所有人以获取非法利益；另外，也有企业会通过公开发布竞争对手的安全漏洞信息以打击其市场信誉。

（2）非恶意的安全漏洞。

非恶意的安全漏洞发布一般是安全研究人员为了提升网络空间安全水平而进行的，主要形式包括受厂商的授权或委托进行的安全漏洞挖掘和发布；事先未获得厂商授权但获得了厂商提供的相关奖励，可视为事后追认授权的安全漏洞挖掘和发布；为了符合监管要求而进行的安全漏洞发布。一般认为，负责任的安全漏洞发布应是在真正进行完全公开前，首先与相关厂商进行沟通，并为厂商提供一段合理的时间进行补丁开发与测试，然后在厂商发布安全补丁或厂商不负责地延后补丁发布时，再完全公开安全漏洞技术细节。

无论以何种方式进行公开发布，公开发布的安全漏洞信息都会被收集到安全漏洞公共资源库中，以下是国内主要的安全漏洞公共资源库。

① 国家信息安全漏洞库(China National Vulnerability Database of Information Security，CNNVD)：由中国信息安全测评中心负责建设运维的国家级信息安全漏洞数据管理平台，通过自主挖掘、社会提交、协作共享、网络搜集以及技术检测等方式，对涉及国内外主流应用软件、操作系统和网络设备等软硬件系统的信息安全漏洞开展采集收录、分析验证、预警通报和修复消控工作。

② 国家信息安全漏洞共享平台(China National Vulnerability Database，CNVD)：由中国国家计算机网络应急技术处理协调中心联合国内重要信息系统单位、基础电信运营商、网络安全厂商、软件厂商和互联网企业建立的国家网络安全漏洞库。

2.2 恶意代码与病毒

2.2.1 恶意代码概述

代码是指计算机程序代码，可以被计算机执行以完成特定功能。任何事物都有正反两面，计算机程序也不例外，在软件工程师们编写操作系统、数据库系统以及各种应用软件的同时，也有人在故意编写对网络或系统会产生威胁或潜在威胁的计算机代码，这些代码被统称为恶意代码(Malicious Codes)。恶意代码的存在形式可能包括二进制代码或文件、脚本语言或宏语言等，表现形式包括病毒、蠕虫、木马、恶意网页、后门程序、流氓软件、逻辑炸弹等。恶意代码通常通过抢占系统资源、破坏数据信息等手段，干扰系统的正常运行。恶意代码不仅已成为网络犯罪的主要工具，会使企业及用户蒙受巨大的经济损失，而且也是信息战、网络战的重要武器，会使国家的安全面临严重威胁。

虽然恶意代码的表现形式各异，破坏程度千差万别，但其基本作用机制大体相同。图2-1给出了恶意代码基本攻击模型，其主要作用过程可以分为六个部分。

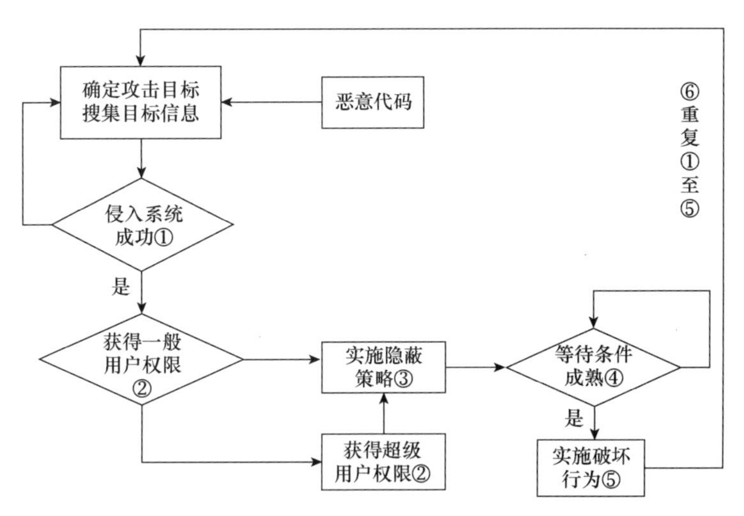

图2-1 恶意代码基本攻击模型

① 侵入系统。侵入系统是恶意代码实现其恶意目的的必要条件。恶意代码入侵的途径很多，包括从互联网下载含有恶意代码的程序、接收已感染恶意代码的电子邮件、利用安全漏洞将恶意代码植入系统等。

② 获得用户权限。恶意代码的传播与破坏需盗用用户或者进程的合法权限才能完成。

③ 实施隐蔽策略。为了防止被系统发现，恶意代码会采用改名、删除源文件或修改系统安全策略等方式来隐藏自己。

④ 等待条件成熟。恶意代码侵入系统并具有足够的权限后，会等待一定的触发条件，条件成熟时就会进行破坏活动。

⑤ 实施破坏行为。恶意代码的本质就是破坏，其目的是造成信息丢失、泄密，破坏系统完整性等。

⑥ 对新的目标重复实施攻击过程。

恶意代码的实际攻击过程虽各有不同，但都可以映射到恶意代码基本攻击模型中的部分或全部，通常①和⑤是必不可少的部分。

恶意代码早期的主要表现形式是计算机病毒，一般会具有显性的破坏性。从严格意义上讲，后来出现的蠕虫、木马等并不是真正意义的病毒，然而在实践中越来越多的病毒会带有蠕虫、木马等的特征，而蠕虫、木马也会带有病毒的特征，人们很难将其严格区分，在很多时候会把蠕虫、木马等称为蠕虫病毒、木马病毒。另外，在早期的安全理论中常常会把“自我复制”或“自我传播”作为病毒、木马等的必备属性，然而从目前的发展来看，大范围、无差别的网络攻击已经越来越少见，精准攻击已逐步成为主流。因此，判断一个程序是否具有恶意要看其行为和目的，而具体的技术手段并不重要，这也是目前将病毒、蠕虫、木马等统称为恶意代码的原因。

2.2.2 计算机病毒

计算机病毒(Computer Virus)是编制者在计算机程序中插入的破坏计算机功能或者破坏数据，影响计算机使用并且能够自我复制的一组计算机指令或者程序代码。冯·诺依曼在1949年就用数学的方法预言了可自我繁殖和实施破坏性功能程序出现的可能性。1986年第一个计算机病毒“大脑(Brain)”在巴基斯坦诞生，1987年世界各地的计算机用户几乎同时发现了形形色色的计算机病毒，如“石头”“IBM圣诞树”“黑色星期五”等。之后，计算机病毒越来越多。计算机病毒虽然不是生物病毒，但在传播性、隐蔽性、感染性、潜伏性、可激发性等行为特征方面有过之而无不及。它能够将自身附着在各种类型的文件上，当文件被复制或在网络中传播时，就可以快速蔓延。由于计算机病毒具有独特的复制能力和附着能力，所以其对资源的消耗和破坏能力都很强，而且不易被根除。

1. 计算机病毒的分类

计算机病毒种类繁多而且复杂。按照破坏性的大小，计算机病毒可以分为良性病毒、恶性病毒、极恶性病毒、灾难性病毒；按照连接方式，计算机病毒可以分为源码型病毒、入侵型病毒、操作系统型病毒、外壳型病毒；按照感染策略，计算机病毒可以分为驻留型病毒和非驻留型病毒；按照传染方式，计算机病毒可以分为引导区型病毒、文件型病毒、混合型病毒、宏病毒。

2. 计算机病毒的命名方式

安全厂商为了方便管理，通常会根据计算机病毒的特性对其进行分类命名。目前，计算机病毒命名的一般格式为：＜病毒前缀＞.＜病毒名＞.＜病毒后缀＞。

① 病毒前缀：用来区别病毒的种类，不同种类的病毒，其前缀是不同的。例如，系统病毒的前缀为Win、Win32、PE、Win95等，脚本病毒前缀为Script、VBS、JS、VSM等，宏病毒的前缀为Macro，木马病毒的前缀为Trojan，蠕虫病毒的前缀是Worm。

② 病毒名：病毒的名称，用来区别和标识病毒家族，如CIH病毒及其变种的病毒名都是统一的“CIH”，震荡波蠕虫病毒的病毒名是“Sasser”等。

③ 病毒后缀：用来区别某个病毒的具体变种，一般采用英文中的26个字母来表示，如Worm. Sasser. b就是指震荡波蠕虫病毒的变种B。如果某病毒的变种非常多，也可以采用数字与字母混合的方式标识变种。

3. 典型案例

(1) CIH 病毒。

CIH 病毒属于文件型病毒。CIH 病毒的特别之处在于其发作时会以 2048 个扇区为单位，从硬盘主引导区开始依次向硬盘写入垃圾数据，直到硬盘数据全部被破坏为止（如图 2-2 所示）。而且，某些主板上的 Flash ROM 中的 BIOS 信息也将被 CIH 病毒全部清除，从而使计算机需要借助专业工具重写主板 BIOS 才能开机，因此也有人把 CIH 病毒称为首款破坏计算机硬件的病毒。CIH 病毒对计算机用户造成了巨大的损失，为了应对该病毒，安全厂商推出了专杀工具，某些主板厂商也推出了类似于双 BIOS 之类的设计。

```
Diskette Drive A   : 1.44M,3.5"          Display Type       : EGA/VGA
Diskette Drive A   : None                Serial Port(s)     : 3F8 2F8
Pri. Master Disk   : CDROM,ATA 33        Parallel Prot(s)   : 370
Pri. Master Disk   : LBA,ATA 33,40022MB  DOR at Row(s)      : 0
Pri. Master Disk   : CD-RW,ATA 33        DRAM DCC Mode      : Disabled
Pri. Master Disk   : None

Pri. Slave Disk    HDD  S.M.A.R.T.  capability ... Disabled

Verifying DMI Pool Data ..........
Boot Form CD :
Boot Form CD :
DISK BOOT FAILURE, INSERT SYSTEM DISK AND PRESS ENTER
```

图 2-2　CIH 病毒破坏硬盘数据

(2) 梅丽莎病毒。

梅丽莎病毒主要通过邮件传播，一旦收件人打开邮件，病毒就会自动向其通讯录的前 50 位好友复制发送同样的邮件。邮件的标题通常为“这是给你的资料，不要让任何人看见”（如图 2-3 所示）。1999 年 3 月 26 日，梅丽莎病毒登上了世界各地报纸的头版，该病毒感染了全球 15%～20%的商用个人计算机，病毒传播之快令 Intel、Microsoft 以及其他许多使用 Outlook 软件的公司措手不及，他们被迫关闭了整个电子邮件系统。

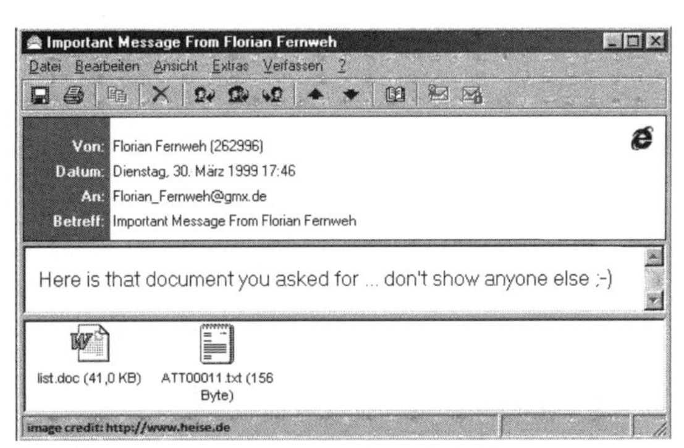

图 2-3　梅丽莎病毒邮件

2.2.3　蠕虫

计算机蠕虫的两个最基本特征即“可以从一台计算机移动到另一台计算机”和“可以自我复制”。1988 年 11 月 2 日，美国康乃尔大学学生 Robert Tappan Morris 为了求证计算机程序能否在不同的计算机之间进行自我复制传播，编写了一段试验程序，这段被称为 Morris 蠕虫的程序成功地通过互联网侵入几千台计算机，成为通过互联网传播的第一种蠕虫。

1. 蠕虫与狭义病毒的区别

从技术的角度看，计算机蠕虫是可以独立运行的程序，并能把自身的一个包含所有功能的版本传播到另外的计算机上。蠕虫的定义中强调了自身副本的完整性和独立性，这也是区分蠕虫和狭义病毒的重要因素。蠕虫与狭义病毒的区别如表 2-1 所示。

表 2-1　蠕虫与狭义病毒的区别

项目	狭义病毒	蠕虫
存在形式	寄生	独立个体
复制机制	嵌入宿主程序(文件)中	自身的拷贝
传染机制	宿主程序运行	系统存在漏洞
传染目标	主要针对本地文件	主要针对网络上的其他计算机
触发传染	计算机使用者	程序自身
影响重点	文件系统	网络性能、系统性能
计算机使用者角色	病毒传播中的关键环节	无关
防治措施	从宿主程序中摘除	为系统打补丁

2. 蠕虫的分类

根据传播和运作方式，可以将蠕虫分为主机蠕虫和网络蠕虫。主机蠕虫的所有部分均包含在其所运行的计算机中，在任意给定时刻只有一个拷贝在运行，这种蠕虫也被称作“兔子(Rabbit)”。网络蠕虫由许多段(Segment)组成，每一段会运行在不同的计算机中，其中有一个主段，用以通过网络协调其他段的运行，这种蠕虫有时也称作“章鱼(Octopus)”。网络蠕虫的最大特点是利用各种漏洞进行自动传播。根据网络蠕虫所利用漏洞的不同，又可以将其细分为邮件蠕虫、网页蠕虫、系统漏洞蠕虫等。

3. 典型案例

(1) “冲击波”病毒。

“冲击波”病毒是利用 Windows 系统的 RPC 漏洞传播的蠕虫，爆发于 2003 年 8 月。该病毒会不停地利用 IP 扫描技术寻找网络上使用 Windows XP 或 Windows 2000 操作系统的计算机，找到后就利用 DCOM RPC 缓冲区漏洞攻击该系统，一旦攻击成功，就会将自身拷贝到对方计算机中。被感染的计算机出现操作异常，不停倒计时重启，甚至导致系统崩溃(如图 2-4 所示)。另外，该病毒还会对 Microsoft 的一个升级网站进行拒绝服务攻击，使 Windows 用户无法通过该网站进行系统升级。

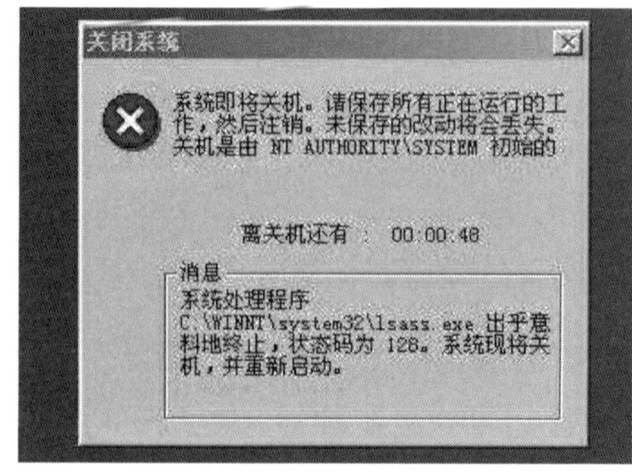

图 2-4　“冲击波”病毒的倒计时重启提示

（2）“震荡波”病毒。

“震荡波”病毒主要利用 Windows 系统的 Lsass 漏洞进行传播，被感染的系统将开启 128 个线程去攻击网络上的其他系统，并会出现运行缓慢、不停倒计时重启等现象（如图 2-5 所示）。“震荡波”病毒于 2004 年 5 月 1 日开始在互联网上肆虐，感染了数百万台计算机，具有极大的破坏力。

图 2-5　“震荡波”病毒的倒计时重启提示

（3）“熊猫烧香”病毒。

“熊猫烧香”病毒是一种蠕虫的变种，而且是经过多次变种而来，由于中毒计算机的可执行文件会出现“熊猫烧香”的图案（如图 2-6 所示），因此被称为“熊猫烧香”病毒。该病毒能够终止大量的反病毒软件和防火墙软件的进程，删除扩展名为 GHO 的文件，使用户无法使用 Ghost 软件恢复系统，被感染的计算机会出现蓝屏、频繁重启以及系统硬盘中数据文件被破坏等现象。“熊猫烧香”病毒会感染系统中的可执行文件和网页文件，用户一打开这些文件，将自动连接到指定网址并下载病毒，另外还可以通过 U 盘、移动硬盘等并利用 Windows 系统的自动播放功能来传播，也可以通过共享文件夹、利用用户简单密码等多种方式进行传播。

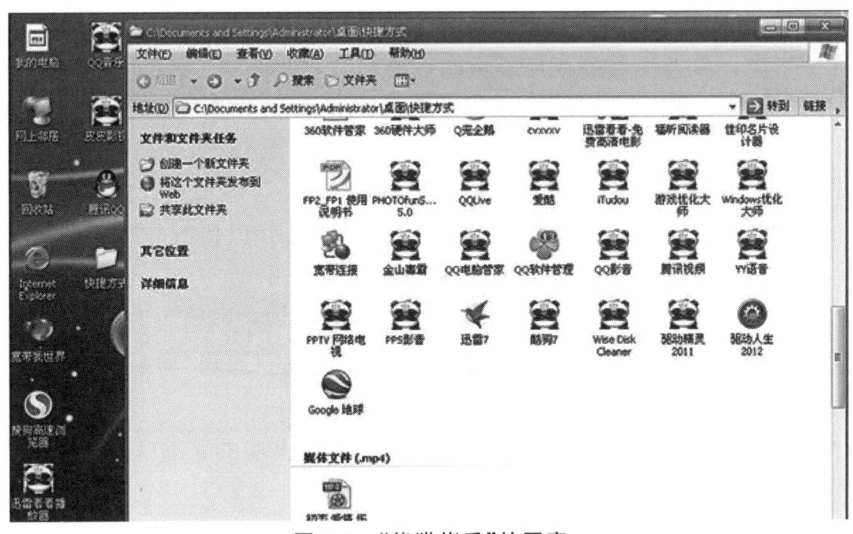

图 2-6　“熊猫烧香”的图案

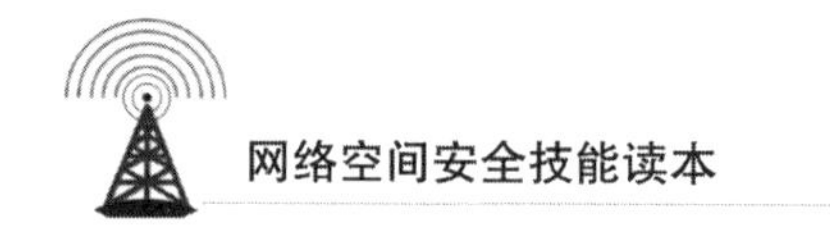

2.2.4 木马

网络空间安全中所说的木马是一种基于远程控制的恶意程序，一旦侵入用户的计算机，就会在用户毫无察觉的情况下，让攻击者获得远程访问和控制系统的权限，攻击者就可以像操作自己的计算机一样控制用户的计算机，甚至可以远程监控用户的所有操作。

1. 木马与狭义病毒的区别

木马一般不具有普通病毒所具有的自我繁殖特性，也不会刻意地主动感染其他文件或破坏系统。木马主要通过自身伪装去吸引用户下载执行，其最终的意图是窃取信息或实施远程监控，那些被木马操控的计算机被称为“肉鸡”或“僵尸网络”计算机。

2. 木马的工作方式

木马实质是一个非授权情况下隐蔽安装和运行的客户端/服务器程序，大部分由客户端和服务器两部分组成。客户端程序用于远程控制，可以发出控制命令，接收服务器传来的信息。服务器程序隐蔽安装和运行在被控计算机上，可以接收并执行客户端发来的命令，并向客户端发送其所需要的信息。木马发作的必要条件是客户端和服务器必须建立起网络通信，这种通信是基于 IP 地址和端口号的。因此，运行在服务器的木马程序需要隐匿自己的行踪，伪装成合法的通信程序，并保证自己可以被执行。木马的工作方式与合法的远程控制软件基本相同，主要区别在于是否具有隐蔽性和非授权性。

3. 木马的种类

最早的木马只具有简单的密码窃取及发送功能，不具备传染特征。随着技术的不断进步，木马的隐藏技巧大幅度提高，并开始与病毒、蠕虫结合。目前，木马的种类繁多，常见的有以下几种。

① 远程访问型木马。这种木马允许未经授权的远程访问，攻击者可以远程控制计算机并监控用户的所有操作，是使用最广泛的木马。

② 破坏型木马。这种木马以破坏为目的，损坏或删除计算机中的文件，严重时会导致系统崩溃。

③ 数据发送型木马。这种木马可以通过在被感染的计算机中搜索文件、记录键盘操作、暴力破解加密文件等方式为攻击者发送密码等敏感数据。

④ 代理型木马。这种木马会在被感染的计算机开启 HTTP、SOCKS 等代理服务功能，攻击者会把被感染的计算机作为跳板，以被感染的计算机及其用户的身份进行活动，以达到隐藏自己的目的。

⑤ FTP 木马。这种木马会打开被感染计算机的 TCP21 端口（FTP 服务的默认端口），攻击者可以使用 FTP 客户端程序连接到被感染的计算机，并以最高权限进行文件上传和下载操作。

⑥ DoS 木马。这种木马专门用于 DoS（Denial of Service，拒绝服务）攻击。这种木马会把被感染的计算机变为“肉鸡”，攻击者可以通过控制大量的“肉鸡”向目标发起攻击，使目标服务器或网络设备瘫痪。

⑦ 程序杀手木马。这种木马会阻止杀毒软件或者防火墙的正常工作，让其他的木马可以更好地发挥作用。

4. 典型案例

(1) 灰鸽子。

灰鸽子是国内著名的后门程序(如图2-7所示)。灰鸽子变种木马运行后,会自我复制到Windows目录下,并自行将安装程序删除。该木马程序还会注入所有的进程,防止被杀毒软件查杀,并在用户不知情的情况下连接黑客指定的站点,盗取用户信息、下载其他特定程序。

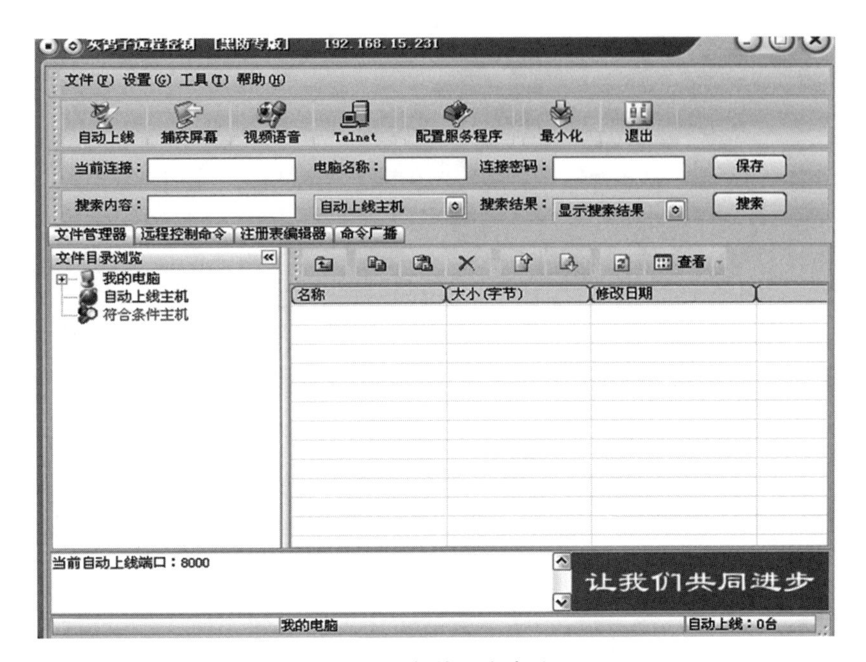

图2-7　灰鸽子客户端

(2) 打印机木马。

打印机木马被认为是历史上最不环保的恶意程序,2012年肆虐全球,美国、印度、北欧等地区大批企业的计算机被感染,导致数千台打印机疯狂打印毫无意义的内容,直到耗完纸张或被强行关闭才会停止。打印机木马感染计算机的途径很多,包括用户打开含有恶意代码附件的电子邮件、访问含有恶意代码的网站、打开含有恶意代码的视频内容等。用户一旦被感染,其浏览器将指向相关广告页面,同时也会影响其连接的打印机,使其在没有指定打印内容的情况下不停地工作。

2.2.5　勒索病毒

1. 勒索病毒与传统病毒的区别

勒索病毒是近年来增长迅速且危害巨大的网络安全威胁之一。与传统的病毒、木马不同,勒索病毒既不是单纯以破坏为目的,也不是为了控制和监视用户,而是通过加密用户文件、锁屏等方式劫持用户资源,并以此敲诈钱财的恶意程序。被感染的用户通常只有支付赎金,被加密的文件才能解密。勒索病毒泛滥的主要原因如下。

① 对用户来说,数据的价值越来越高,勒索病毒具有更直接的盈利方式。

② 对病毒制造者来说,高强度的加密算法随手可得,代码编写门槛很低。

③ 原始病毒制造→病毒批量变形→病毒传播→最终变现的病毒产业链日趋完善，虚拟货币的出现优化了变现模式，也造成了勒索病毒的泛滥。

2. 勒索病毒的传播

勒索病毒的制造者主要通过病毒混淆器在云端服务器批量生成病毒的不同变种，并通过多种手段进行传播（如图 2-8 所示）。

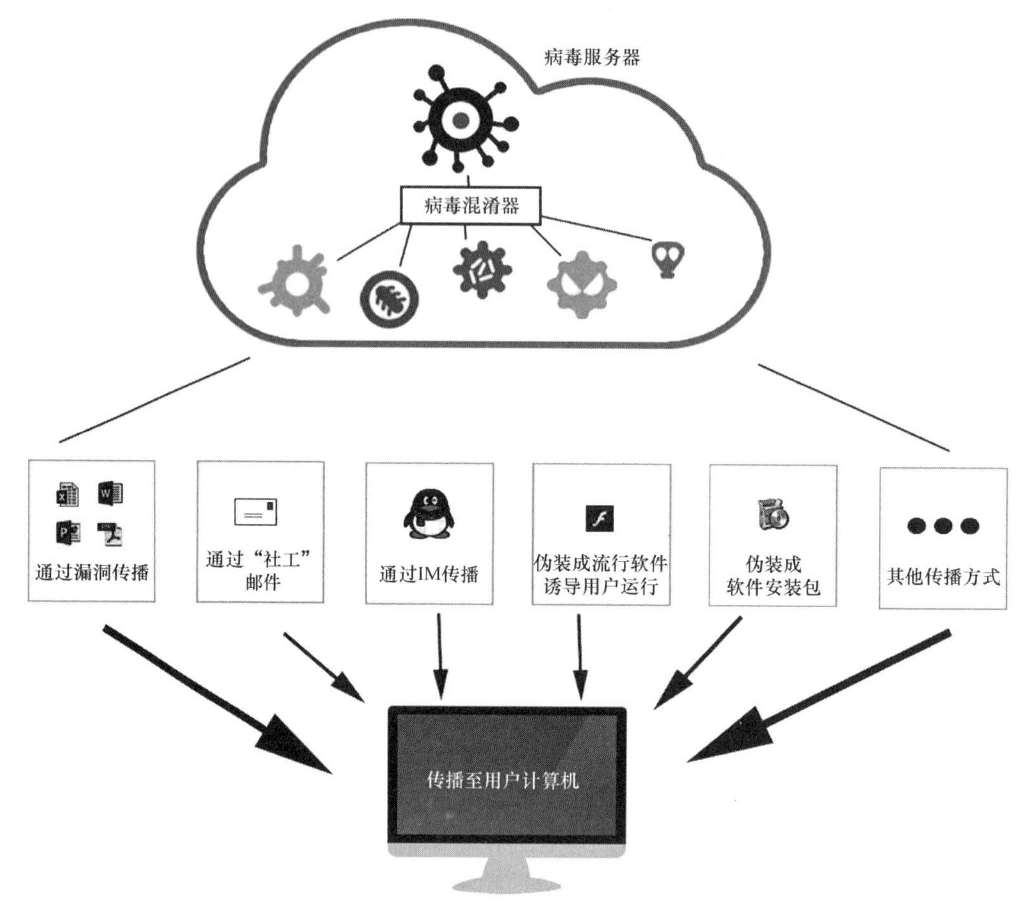

图 2-8　勒索病毒的传播

① 通过操作系统、浏览器或其第三方应用程序的漏洞进行传播。

② 伪装成流行应用程序或与其他恶意软件捆绑打包，欺骗用户运行以进行传播。

③ 通过即时通信软件并有针对性地通过诱导性文件名诱骗接收者运行以进行传播。

④ 发送带有病毒附件的电子邮件并配以诱导性的说明和附件名，诱骗接收者运行以进行传播。

3. 典型案例

在所有勒索病毒中，有一种叫作 WannaCry 的病毒，这是一种“蠕虫式”的勒索病毒。2017 年 5 月 12 日，WannaCry 通过 Windows 系统的 MS17-010 漏洞在全球范围爆发，数小时内影响了至少 150 个国家，多个国家的政府、教育、金融、能源、通信、交通等关键信息基础设施遭到前所未有的破坏。WannaCry 把计算机感染后，会导致计算机中的大量文件被加密，并提示用户需支付价值相当于 300 美元（约合人民币 2069 元）的比特币才可解锁（如图 2-9 所示）。

图 2-9　计算机感染 WannaCry 病毒后的提示

2.2.6　恶意网页

使用浏览器进行网页浏览是人们使用 Internet 的主要方式，在移动互联网时代，虽然人们更多会使用 App，但流行的 App 大多也会内嵌浏览器模块，因此，恶意网页虽然不像传统病毒那样具备传染性，但无论是对普通计算机用户还是手机用户，其危害程度绝不亚于普通病毒。

目前对恶意网页尚无明确的、统一的定义。Google 将恶意网页限定为一种不安全的网站，发生的场景包括恶意软件自动下载、网页弹窗、诱骗用户输入自己的用户名和密码等。也有学者将恶意网页定义为一类利用漏洞对一次性的访问行为发起攻击的网页。一般认为恶意网页是以网页形式出现，以访问时窃取用户隐私、安装恶意程序或执行恶意代码等恶意行为为目的的网页集合。

根据采用的攻击形式不同，我们将恶意网页对访问者构成的安全威胁分为不同类型。一些恶意网页常用于窃取用户的个人隐私信息，例如，攻击者会利用钓鱼网页窃取用户的银行账号及密码等信息；而另一些恶意网页则通过下载和执行恶意程序或脚本，如病毒、木马、蠕虫等，对访问者的计算机系统构成安全威胁。

1. 网页挂马

所谓网页挂马就是在网页中写入一段恶意代码，当网页被浏览时这段恶意代码会在用户计算机中运行，从而导致用户计算机感染病毒。绝大部分网页挂马攻击利用的是浏览器的漏洞。2006 年至 2010 年，由于 Internet Explorer 6.0 在整体设计上的安全缺陷，其大量安全漏洞被曝出，导致针对 Internet Explorer 6.0 的挂马攻击几乎无可防御，大量的正规网站也被植入木马，每天都会有大量的计算机因访问了挂马网页而中毒。另外，也有网页挂马攻击是通过篡改正常网页，诱使用户下载带有病毒的文件或插件来实现的。例如，曾有网络安全机构发现用户在访问某网站时，页面会弹出要求用户更新 Flash 的提示（如图 2-10 所示），但实际上用户下载安装的是伪装成 Flash 更新程序的恶意软件，该软件内含挖矿程序，会暗中使用用户的计算机资源来取得门罗币。

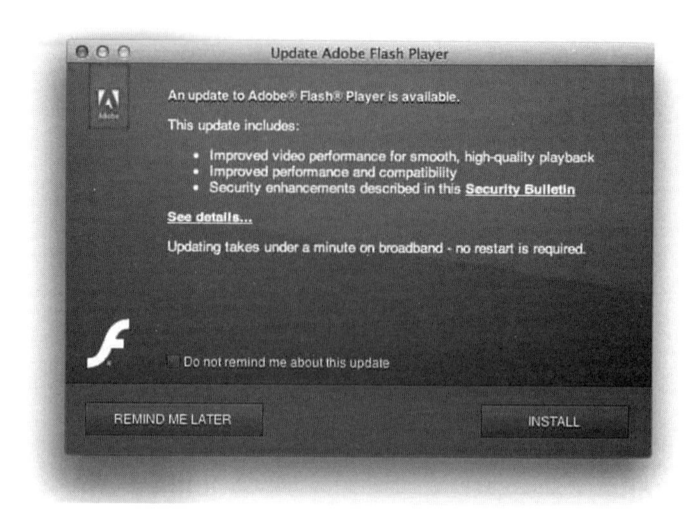

图 2-10　伪装成 Flash 更新的页面提示

2. 钓鱼网站

钓鱼网站指页面中含有虚假欺诈信息的网站，常见的形式有仿冒银行网站、仿冒运营商网站、虚假登录（如虚假的 QQ 空间登录页面）、虚假购物、虚假票务、虚假招聘、虚假博彩、虚假中奖、虚假色情网站等。钓鱼网站的主要目的是窃取用户的个人信息，其实质是内容的欺骗，而网页本身通常不含恶意代码，没有代码层面的恶意特征，因此传统反病毒技术中的特征识别技术很难识别钓鱼网站。在很多情况下，即使是专业的安全人员也很难仅靠页面和代码来判断网页内容的真实性。也就是说，虽然从制作技术上看钓鱼网站要比病毒木马简单很多，但很多时候钓鱼网站的识别难度更大。某钓鱼网站钓鱼诈骗流程如下：

第一步，发送参照银行口吻的短信诱骗用户登录钓鱼网站（如图 2-11 所示）。

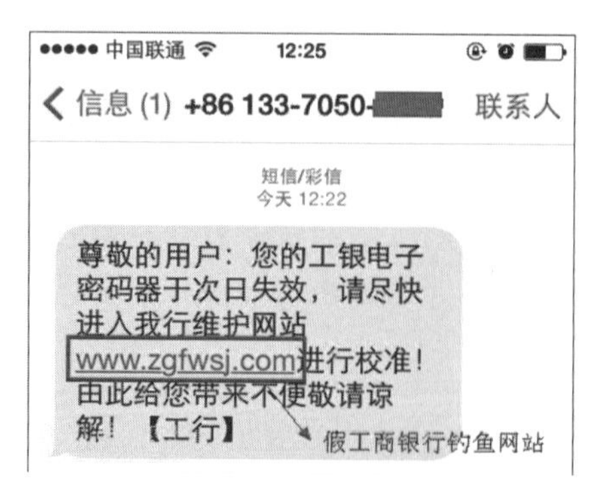

图 2-11　虚假短信

第二步，用户访问相似度很高的虚假银行钓鱼网站（如图 2-12 所示的虚假工商银行钓鱼网站）。

图 2-12　虚假工商银行钓鱼网站

第三步,用户访问经过技术处理的转账钓鱼页面(如图 2-13 所示),如果按页面提示输入相关银行账户信息,那么其账户上的资金将被转走。

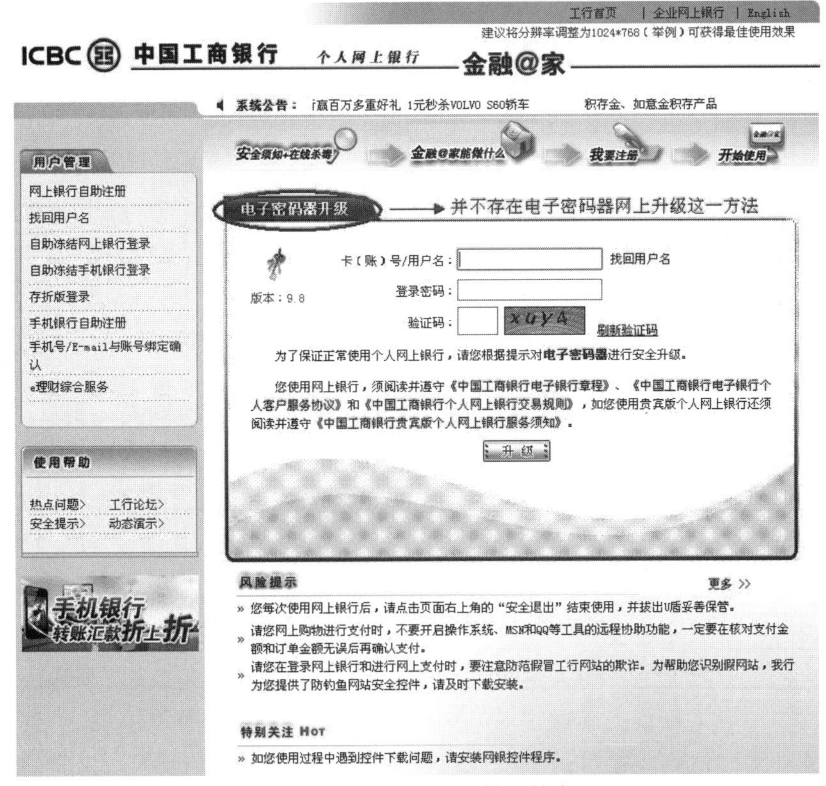

图 2-13　经过技术处理的转账钓鱼页面

2.3 黑客与网络攻击

2.3.1 认识黑客

“黑客”一词源于英文 hack，在美国俚语中有“恶作剧”的意思，尤其是指那些技术高明的恶作剧。黑客原来是指专门研究、发现计算机和网络漏洞的计算机爱好者。最初的黑客一般都是一些高级的技术人员，他们热衷于挑战、崇尚自由并主张信息的共享，许多非常出名的黑客在很大程度上都推动了计算机技术的发展，有些甚至成为著名的企业家或者安全专家。目前，人们所说的黑客更多是指那些怀着不良企图，非授权闯入甚至破坏远程计算机系统的人，他们利用获得的非法访问权，破坏系统数据，拒绝合法用户的服务请求，或为了个人目的故意制造麻烦，这些黑客也被称为入侵者或攻击者(Cracker)。

准确地说，黑客的行为通常没有恶意，而入侵者的行为具有恶意。在网络空间里，要想区分谁是真正意义上的黑客，谁是真正意义上的入侵者并不容易，因为很多人可能既是黑客，也是入侵者，而且在大多数人的眼里，黑客就是入侵者。为了更好地区分，在安全领域，我们根据黑客的行为将其分为白帽(White Hat)和黑帽(Black Hat)。白帽通常是指从事网络空间安全研究，帮助厂商和用户修复漏洞的安全分析师；黑帽则是指专注于网络攻击并借此获利的入侵者。另外，还有一类黑客被称为灰帽(Gray Hat)，他们往往将黑客行为作为一种业余爱好或者义务，希望通过发现网络或者系统漏洞，以达到警示他人的目的。

大量的案例分析表明，黑帽在进行网络攻击时通常出于以下动机。

① 好奇心。许多黑帽声称，他们只是对计算机及网络感到好奇，希望探究这些网络以更好地了解它们是如何工作的。

② 个人声望。通过破坏具有高价值的目标以提高自身在黑客群体中的知名度。

③ 智力挑战。为了向个人智力极限挑战或向他人炫耀，有的只是基于游戏的心态。

④ 窃取情报。通过监视个人、企业及竞争对手的活动信息及数据文件，以达到窃取情报的目的。

⑤ 报复。对于有些自认为受到不公平待遇的人来说，网络攻击可以成为其反击并引起他人注意的有效方式。

⑥ 经济利益。有相当一部分网络攻击是为了获得直接或间接的经济利益。

⑦ 政治目的。任何政治因素都会反映到网络空间，主要包括敌对国之间进行的网络攻击和破坏活动、个人及组织对政府不满而进行的网络攻击和破坏活动等。

2.3.2 网络攻击

网络攻击是指某人非法使用或破坏某一网络系统中的资源，以及非授权使得网络系统丧失部分或全部服务功能的行为。通常可以把网络攻击分为远程攻击、本地攻击和伪远程攻击。远程攻击一般是指攻击者通过 Internet 对目标主机发动的攻击，其主要利用网络协议或网络服务的漏洞达到攻击目的。本地攻击主要是指内部人员或通过某种手段已经入侵到本地网络的外部人员对本地网络发动的攻击。伪远程攻击是指内部人员为了掩盖身份，

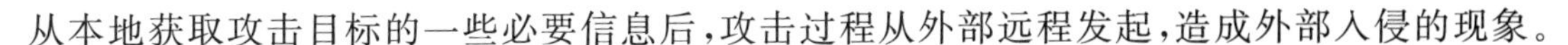

从本地获取攻击目标的一些必要信息后，攻击过程从外部远程发起，造成外部入侵的现象。

1. 网络攻击的一般步骤

(1) 隐藏攻击源。

由于 Internet 上的主机都有自己的网络地址等识别信息，因此网络攻击的首要步骤就是要隐藏自己的网络位置，使调查者难以发现真正的攻击源。常用的隐藏攻击源的方法包括以被入侵的主机(肉鸡)作为跳板、伪造 IP 地址、使用多级代理、假冒用户账号等。

(2) 信息搜集。

信息搜集是指攻击者搜集目标的相关信息，进行整理和分析后初步了解其安全态势，并能够拟出相应的攻击方案。信息搜集的主要做法包括确定攻击目标、踩点(收集目标信息)、扫描(查看目标系统在哪些通道开放了哪些服务、有哪些系统漏洞等)、嗅探(监听网络上的数据包)等。

(3) 获得系统访问权和控制权。

在搜集到目标系统的足够信息后，下一步就是要得到目标系统的访问权进而完成对目标系统的入侵。通常，普通账户对目标系统只有有限的访问权限，要攻击某些目标，攻击者需要得到系统的超级用户或管理员的权限。常用的获得系统访问权和控制权的方法包括系统口令猜测、种植木马、会话劫持等。

(4) 实施攻击。

不同的攻击者有不同的目的，实施攻击主要就是破坏系统的机密性、完整性和可用性等，常见的做法包括窃取或修改敏感信息、攻击其他被信任的主机和网络、造成网络或服务瘫痪等。

(5) 安装后门。

一次成功的入侵要耗费攻击者大量的时间和精力，因此攻击者通常在退出被入侵主机前都会在该主机安装后门，以保持对该主机的长期控制。安装后门的主要做法有放宽系统许可权、开放不安全的服务、修改系统配置、安装各种木马、修改系统源代码等。

(6) 隐藏攻击痕迹。

在成功入侵后，攻击者的活动通常会被记录到被入侵主机的日志文件中，如攻击者的 IP 地址、入侵时间以及进行的操作等，这样就很容易被系统管理员发现。因此，攻击者在入侵完毕后通常需要隐藏攻击痕迹，主要做法包括清除或篡改日志文件、改变系统时间造成日志文件数据紊乱、利用代理跳板隐藏真实的攻击源和攻击路径等。

2. 常见网络攻击手段

目前常见的网络攻击手段有很多，主要包括以下几种。

(1) 网络侦测。

网络侦测是指利用公开的信息和程序来了解有关目标网络情况的各种活动。具体方法包括 DNS 查询、Ping 扫射、端口扫描等。

① DNS 查询：了解特定域的信息，该域的地址分配情况。

② Ping 扫射：探测特定环境中的所有在线主机。

③ 端口扫描：探测特定主机的已知端口，了解其运行的所有服务。

(2) 数据包嗅探器。

数据包嗅探器实际上是一种将网卡设置成混杂模式的软件，在这种模式下，网卡将传递所有从物理网络收到的数据包。由于目前很多的网络应用程序和协议(如 Telnet、FTP、SNMP 等)是以明文方式发送数据包的,因此攻击者通过数据包嗅探器就可以借机捕获很多敏感信息,如用户账户名称和密码等。目前,数据包嗅探器有商用的,也有一些共享软件,很多操作系统也自带数据包嗅探器,大多数数据包嗅探器都能提供以下功能。

① 捕获整个数据包,或者捕获每个数据包的前 300～400 个字节。

② 选择要捕获的数据包类型,如 FTP、IP、ICMP 等。

③ 限定要捕获的数据包的地址或地址范围,包括源地址和目的地址。

④ 将二进制数据转换成可读文本。

(3) IP 地址欺骗。

一般说来,只要攻击者冒充成网络内一台受信任的计算机而发起攻击,就构成了 IP 地址欺骗。通常,如果攻击者设法更改路由表以指向受欺骗的 IP 地址,那么攻击者就能够收到所有发往受欺骗 IP 地址的数据包,并能像受信任用户那样做出回应。IP 地址欺骗可以用来获得用户账户名称和密码等敏感信息,也能用在其他方面。

(4) 特权提升。

在网络攻击中,攻击者通常会以一个处于非特权用户等级的合法身份获得对系统的访问权限,然后利用系统应用程序或服务中存在的已知漏洞来提升特权等级,直至获得系统管理员权限。一旦攻击者拥有了管理特权,就可以探测系统的其他弱点,发掘敏感信息,同时隐藏自身痕迹,以避开系统侦测。

(5) DoS。

DoS 的主要目标是使目标主机耗尽系统资源(如带宽、内存、队列、CPU 等),从而阻止授权用户的正常访问(如访问速度变慢、不能连接、没有响应等),最终导致目标主机死机。由于 DoS 攻击操作简单,通常只需要利用协议漏洞或携带被允许进入网络的正常流量,所以很难被完全消除。DoS 攻击包含多种攻击手段,如表 2-2 所示。

表 2-2　常见的 DoS 攻击

DoS 攻击名称	说明
SYN Flood	使目标系统为 TCP 连接分配大量内存,从而使其他功能不能得到足够的内存。TCP 连接需进行三次握手,攻击时只进行其中的前两次(SYN)(SYN/ACK),不进行第三次握手(ACK),连接队列处于等待状态,大量这样的等待将占满全部队列空间,系统挂起。60 秒后系统将自动重新启动,但此时系统已崩溃
Ping of Death	IP 应用的分段使大包不得不重装配,从而导致系统崩溃。 偏移量＋段长度＞65 535,系统崩溃,重新启动,内核转储等
Teardrop	分段攻击。利用 IP 包的分段/重组技术在系统实现中的错误,通过将各个分段重叠来使目标系统崩溃或挂起
Smurf	网络上广播通信量泛滥,从而导致网络堵塞。攻击者向广播地址发送大量欺骗性的 ICMP ECHO 请求,这些包被放大,并发送到被欺骗的地址,大量的计算机向一台计算机回应 ECHO 包,目标系统将会崩溃
DDoS	分布式拒绝服务攻击。攻击者通过扫描、入侵在网络上发现代理系统并植入远程控制攻击软件,以策动多个不同系统同时发起攻击

(6) 密码攻击。

通常只要攻击者能获得用户密码,就能获得相应访问权限。要获得用户密码有很多种方法,如暴力攻击、木马程序、IP地址欺骗和数据包嗅探器等。一般来说,密码攻击通常是指通过反复尝试获得用户账户及密码的行为。目前,网络上的密码破解软件工具很多,如John the Ripper、L0phtCrack等,这类工具主要采用以下两种攻击手段。

① 字典攻击。计算所有字典中保存单词的密码散列值,然后与所有用户的密码散列值进行比较。这种方法速度快,可发现比较简单的密码。

② 暴力运算。这种方法是利用特别字符集,如数字、字母等,计算每种密码可能组合形式的散列值。如果密码就是由所选择字符集中的字符组成,那么利用这种方法肯定可以猜中。

(7) 中间人攻击。

中间人攻击是指通过各种技术手段将攻击者控制的计算机虚拟放置在网络中两台正常通信的计算机之间,该计算机就被称为"中间人",能够与正常通信的计算机建立活动连接并读取或修改其传递的信息,而正常通信的两台计算机却认为它们是在直接通信。通常这种"拦截数据—修改数据—发送数据"的过程被称为"会话劫持"。利用这种攻击,攻击者可以实现窃取信息、破坏数据、拒绝服务等目的。

(8) 应用层攻击。

应用层攻击永远都不可能被彻底消除,目前应用层攻击的主要实施手段包括以下几种。

① 利用服务器系统和应用软件的已知漏洞,获得所需用户账户权限。

② 使用与协议或进程关联的端口,以渗透防御系统。

③ 利用木马程序进行攻击。攻击者通过某种方式将木马程序驻留在目标系统,该程序能够捕获敏感信息,修改应用程序功能,实现对目标系统的远程控制。

④ 利用蠕虫进行攻击。

⑤ 利用HTML规范、Web浏览器功能和HTTP(包括Java applet和ActiveX Control等)进行攻击。这类攻击可以在网络中传递有害程序并通过用户浏览器来加载。

(9) 信任利用。

信任利用是指利用网络中的某种信任关系而实施的攻击。例如,在企业的外围网络连接中往往包含FTP、Web、电子邮件等多台服务器,这些主机处于同一网段,而且彼此信任,因此如果一个系统被突破,可能会导致其他系统也被突破。

(10) 端口重定向。

在企业网络中,通常会采用防火墙等机制阻断外部网络与内部网络的直接连接。经验丰富的攻击者可以利用端口重定向技术绕开防火墙实施的策略,获得与内部主机的连接。

2.4 社会工程学与网络诈骗

2.4.1 社会工程学

当安全技术发展到一定程度后,由于安全产品的技术越来越完善,而使用这些技术的人,就成为整个环节上最为脆弱的部分。通过一定的方法和方式,攻击者可以从相关人员那里获取攻击所需的信息,如社会工程学。社会工程学在信息安全领域的应用,即通过心理弱点、本能反应、好奇心、信任、贪婪等一些心理陷阱进行的诸如欺骗、伤害、信息盗取、利益谋取等对社

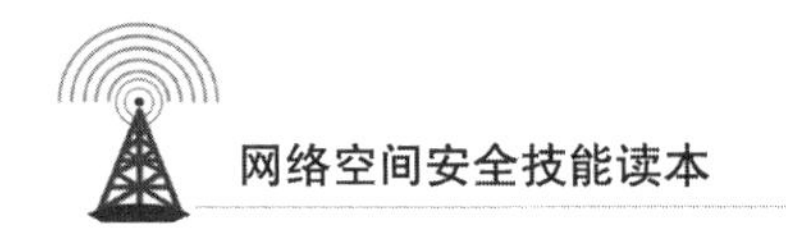

会及人类带来危害的行为。与一般的欺骗或诈骗相比，社会工程学更加复杂，其实施者通常都具有极强的人际交往能力，并需要搜集大量的信息以针对实际情况使用心理战术，而其目的主要是获得系统的访问控制权以得到机密信息并从中获利。因此，社会工程学攻击是防不胜防的，即使是自认为最小心警惕的人，也可能会被高明的社会工程学手段损害利益。

1. 常见的社会工程学手段

(1) 环境渗透。

对特定的环境进行渗透，是攻击者为了获得所需的情报或敏感信息经常采用的手段之一。攻击者通过观察被攻击者的一些日常行为习惯，如邮件的使用频率和重视程度，社交软件的使用频率和时间段等，并收集相关资料，如姓名、生日、电话号码、IP 地址、邮箱等，通过对这些信息综合分析从而获取敏感信息，甚至猜解出系统账户密码等重要信息。

(2) 引诱。

利用用户的猎奇、贪婪、疏于防范等心理，引诱用户进而实现欺骗的目的。如通过中奖、免费赠送等内容的邮件或网页，诱惑用户进入该页面下载运行相关程序，或要求其填写账户和密码以便“验证”身份等。

(3) 伪装。

目前，流行的钓鱼网站以及之前出现的求职信病毒、圣诞节贺卡等都是利用电子邮件和伪造的 Web 站点来进行诈骗活动的。相关调查显示，在所有接触伪装诈骗信息的用户中，约有 5%的人会对这些骗局做出响应。

(4) 说服。

说服是一种危害性较大的社会工程学手段，它需要目标内部人员与攻击者达成某种一致，从而为攻击提供各种便利条件。如在僵尸网络的发展传播过程中就有为获取一定利益而主动志愿成为“肉鸡”的主机。通常，当目标的利益与攻击者的利益没有冲突，甚至与攻击者的利益一致时，如目标内部人员已经心存不满甚至有了报复的念头，这种手段就会非常有效。

(5) 恐吓。

攻击者利用被攻击目标管理人员对目标系统安全的敏感性，以权威机构的身份出现，散布安全警告、系统风险之类的信息，使用危言耸听的伎俩迫使目标管理人员进行相应的操作，进而实现对目标信息的获取。

(6) 恭维。

高明的社会工程学实施者知道如何去迎合人，使多数人友善地做出回应，乐意与他们继续合作。他们可能会和目标出现在同一个地方，表现出对某个事物有着同样浓厚的兴趣，从而和目标成为无话不谈的好友，慢慢地开始影响和操纵目标以获得其所需要的信息。

(7) 反向社会工程学。

反向社会工程学是指攻击者通过技术或者非技术的手段给网络或者计算机系统制造“故障”，并使得被攻击者深信“故障”的存在，从而诱使其工作人员或网络管理人员主动提供攻击者需要获取的信息。这种方法比较隐蔽，很难发现，危害性特别大。

2. 典型案例

(1) 请“狼”入室。

李小姐是 3A 公司的经理秘书，由于她工作的电脑上存储着公司许多重要业务资料，所以安全部门为其设置了层层防护措施。并且为了方便修改设置和查杀病毒，安全部门可以直接通过网络远程对李小姐的电脑进行全面设置。也许是为了图方便，安全管理员张先生与李小姐的日常联系是通过QQ进行的。有一天，李小姐刚打开QQ，就收到张先生的消息：“小李，我忘记登录密码了，快告诉我，有个紧急的安全设置要做。”李小姐没有任何犹豫，立刻就把密码发了过去。之后，3A公司的主要竞争对手在一些重要生意上都以低于3A公司底价的竞争手段抢走了大客户，3A公司蒙受了重大损失。经过调查，3A公司发现自己的业务资料已被主要竞争对手所掌握，此时李小姐就成了众矢之的。最后的焦点集中在那条QQ消息上，张先生一再声称自己没有发过，但电脑记录却明明白白地显示着……

随着警方调查的展开，真相逐步浮出水面。实际上那个在QQ上发送消息的人并不是张先生本人，而是对手盗取了他的QQ，再利用李小姐对张先生的信任，从而轻易地获得了远程登录密码，3A公司的业务资料也就落入对方手中。那么对手是如何盗取张先生的QQ呢？作为安全工作人员，张先生自然知道密码的重要性，因此他的任何密码都设置得十分复杂，几乎不可能被破解。但百密一疏，张先生没有想到对手是利用QQ的“找回密码”功能盗取QQ的。因为张先生在设置密保问题和答案的时候，下意识的输入了他心里最重要的那个人的名字，而对手通过信息搜集也知道他心里那个人的名字，于是一切就开始了……

(2) 社会工程学密码字典。

为了便于记忆，很多人会在设置密码时加入姓名、出生日期、手机号码等信息。曾经有一个心理实验，在某大学随机抽取了一百名学生，要求他们每人写两个短语，并告诉他们这是用于电脑的开机密码且将来的使用率很高，结果有37个人使用了自己姓名的拼音。“亦思社会工程学字典生成器”是一款利用所收集的信息生成密码字典的工具软件(如图2-14所示)。在其主窗口左侧的“社会信息”栏中的相应文本框中输入收集到的信息，单击“生成字典”按钮，即可生成一个名为“mypass.txt”字典文件(如图2-15所示)。

亦思社会工程学字典生成器 v1.2
社会信息
用户名：(拼音)
出生日期： 198737
用户邮箱名： nanyang…@16
用户手机号： 15978657840
用户座机号：
用户网名(英文/拼音)： nuannuan
用户QQ号： 79902…
用户网址：
所属组织拼音：
常用密码： 15978657840
习惯用的字符： lw
配偶名：
配偶生日：
配偶网名：
特殊年份：
特别字符： yaoxi
社会工程学可谓博大精深，用途广泛，再牛的人常常都败在社会工程学之下。
——秦始皇
信息写的越准确，填写的项目越多，击中密码的可能性就越大，其实并不需要局限于选项的提示，相关的重要信息都可以填进去，就当一个填字游戏。例(特别字符)：可以填“123”或“wyw888”之类。
其他常用密码
过滤系统
过滤纯数字 过滤纯字母
过滤小于 6 位的字符
过滤大于 16 位的字符
生成字典 直接预览
亦思科技 http://enjoy-soft.cn/

图2-14　亦思社会工程学字典生成器

mypass.txt - 记事本
文件(F) 编辑(E) 格式(O) 查看(V) 帮助(H)
1987377990
198737nuannuan
198737yaoxi
198737lw
15978657840yaoxi
15978657840lw
79902 198737
79902 nuannuan
79902 yaoxi
79902 lw
nuannuan198737
nuannuan79902
nuannuanyaoxi
nuannuanlw
yaoxi198737
yaoxi15978657840
yaoxi79902
yaoxinuannuan
yaoxilw
yaoxi15978657840
lw198737
lw15978657840
lw79902
lwnuannuan
lwyaoxi
lw15978657840
15978657840yaoxi
15978657840lw
198737
15978657840
79902
nuannuan
15978657840

图2-15　字典文件

2.4.2 网络诈骗

1. 网络诈骗的发展趋势

近年来网络诈骗犯罪越来越引起人们的关注，中央电视台“3・15”晚会也专门介绍了多种新型网络诈骗手法及新型黑客技术。当前网络诈骗犯罪活动主要呈现出以下发展趋势。

① 近年来即使是电话诈骗、短信诈骗也都会使用钓鱼网站、木马病毒等互联网手段，因此目前所说的网络诈骗是包括传统的电信诈骗的。

② 绝大多数网络诈骗都是跨地域作案，这大大增加了公安机关调查取证等工作的难度。网络诈骗呈现出作案成本低、破案成本高的特点。

③ 早期的网络诈骗在选择诈骗对象时往往是随机的，但目前更多的网络诈骗会结合收集、窃取或买到的信息，甚至结合社会工程学手段，为诈骗对象量身定制骗局，诈骗专业度越来越高，骗术设计日趋完美。

④ 受媒体宣传的影响，很多人认为中老年妇女是最容易受骗的人群。但据相关平台对近年来网络诈骗受害者的统计，16～30 岁的年轻人才是被骗人数最多的人群，并且网络诈骗造成的人均经济损失在逐年增长。

⑤ 网络诈骗活动不是单纯的个体行为，需要多人配合才能完成。近年来网络诈骗产业链逐步完善，图 2-16 给出了网络诈骗产业链的基本构成要素。

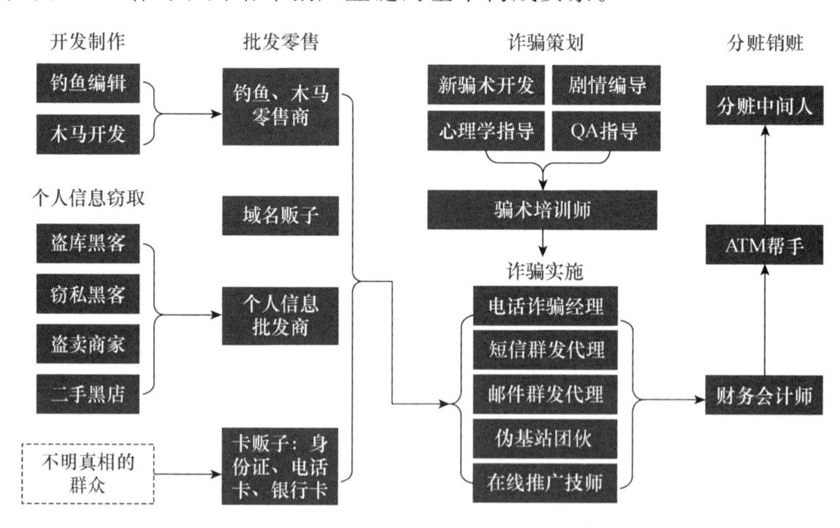

图 2-16 网络诈骗产业链的基本构成要素

2. 网络诈骗的主要手段

(1) 仿冒身份欺诈。

此类网络诈骗主要是伪装成领导、亲友、特殊机构等进行欺诈，典型手段主要有以下几种。

① 利用木马程序盗取网络通信工具账号，截取相关资料后，冒充该账号主人对其亲友实施诈骗。

② 通过打入企业内部通信群，了解企业高管及员工之间信息交流情况，再通过一系列伪装，冒充企业高管向员工发送转账汇款指令。

③ 冒充教育、民政、残联等工作人员，联系残疾人员、学生或其家长，谎称可以领取补助

金、救助金、助学金等，要其提供银行卡号等信息或登录特定网站。

④ 冒充公检法工作人员以事主身份信息被盗用、涉嫌洗钱、贩毒等为由，要求其汇款或登录特定网站以实施诈骗。

⑤ 联系诈骗目标，让其"猜猜我是谁"，随后冒充熟人身份，向诈骗目标借钱，有些人没有仔细核实就会把钱打入犯罪分子提供的银行账户。

(2) 购物类欺诈。

此类网络诈骗主要以虚假优惠信息、客服退款、虚假网店实施欺诈，典型手段主要有以下几种。

① 假冒正规微商，以优惠、打折、海外代购等为诱饵，待买家付款后，又以"商品被海关扣下，要加缴关税"等为由要求买家加付款项。

② 冒充淘宝等公司客服，谎称买家拍下的货品缺货，需要退款，引诱事主提供银行卡卡号、密码等信息。

③ 开设虚假购物网站或网店，在买家下单后，便称系统故障需重新激活。后通过 QQ、微信等发送虚假激活网址，让买家填写个人信息以实施诈骗。

④ 发布二手车、二手电脑、海关没收物品等转让信息，如买家与其联系，则以缴纳定金、交易税、手续费等方式骗取钱财。

⑤ 将虚构的寻人、扶困帖子以"爱心传递"方式在网络发布，引起网民转发，帖内所留联系电话实际是诈骗电话。

⑥ 冒充商家发布"点赞有奖"信息，要求参与者将姓名、电话等个人资料发至社交工具平台，套取足够的个人信息后，以获奖需缴纳保证金等形式实施诈骗。

(3) 利诱类欺诈。

此类网络诈骗主要以各种诱惑性的中奖信息、高额薪资等吸引用户，典型手段主要有以下几种。

① 以热播栏目节目组的名义群发短消息，称其已被抽选为幸运观众，将获得巨额奖品，之后以需交保证金或个人所得税等各种借口实施诈骗。

② 以电话、短信等方式谎称事主手机积分或其他积分可以兑换，诱骗事主访问钓鱼网站以实施诈骗。

③ 以降价、奖励为诱饵，要求事主扫描二维码加入会员，二维码中实则带有木马链接，一旦扫描木马就会被下载安装以盗取事主的银行账号、密码等个人隐私信息。

④ 设置虚假理财网站，以超高收益诱骗投资者进行投资以实施诈骗。

(4) 虚构险情欺诈。

此类网络诈骗主要通过捏造各种意外不测以实施欺诈，典型手段主要有以下几种。

① 以事主亲属或朋友遭遇车祸需要紧急处理交通事故、突发疾病需紧急手术等为由，要求对方立即转账。

② 通过社交媒体发布病重、生活困难等虚假情况，博取同情，借此接受捐赠。

③ 收集事主信息及照片，利用技术手段合成淫秽图片，对事主进行恐吓以勒索钱财。

(5) 日常生活消费类欺诈。

此类网络诈骗主要针对日常生活各种缴费、消费实施欺诈，典型手段主要有以下几种。

① 冒充通信运营商工作人员，向事主拨打电话或直接播放电脑语音，以其电话欠费为

由，要求将欠费资金转到指定账户。

② 获取事主购买房产、汽车等信息后，以税收政策调整可办理退税为由，诱骗事主到ATM机上实施转账操作。

③ 冒充航空公司客服人员，以“航班取消、提供退票、改签服务”为由，诱骗购票人员多次进行汇款操作，实施连环诈骗。

④ 制作虚假网上订票网站，以较低票价引诱事主，随后以“订票不成功”等理由要求事主再次汇款以实施诈骗。

(6) 钓鱼、木马病毒类欺诈。

此类网络诈骗主要通过伪装成银行、电子商务等网站实施欺诈，典型手段主要有以下几种。

① 利用伪基站发送网银升级、10086移动商城兑换现金的虚假链接，一旦事主点击后便在其手机上植入获取银行账号，密码和手机号的木马，从而进一步实施犯罪。

② 以银行网银升级等为由，要求事主登录钓鱼网站，进而获取事主的银行账号、网银密码及手机交易码等信息以实施诈骗。

(7) 其他欺诈。

网络欺骗的方式层出不穷，常见的典型欺骗手段还有以下几种。

① 盗取商家社交平台账号后，发布“诚招网络兼职，帮助淘宝卖家刷信誉，可从中赚取佣金”的推送消息，之后要求事主多次购物刷信誉以实施诈骗。

② 在公共场合设置免费无线网络，当事主连接上这些免费网络后，即可盗取事主手机或笔记本电脑中的相关信息以实施诈骗。

③ 利用虚假的视频交友网站，引诱事主不断交费以获得更高级别的服务特权，实际上无论事主交多少钱，也得不到网站所承诺的特别服务。

2.5 个人信息泄露与不良信息泛滥

2.5.1 个人信息泄露

网络技术的飞速发展使得个人信息在网络空间中很容易被泄露。个人信息通常是指个人姓名、住址、出生日期、身份证号码、户籍、遗传特征、指纹、婚姻、家庭、教育、职业、健康、病历、财务情况、社会活动及其他可以识别个人的信息。个人信息泄露是指掌握个人信息的主体有意或者无意地将所掌握的个人信息泄露给第三方的现象。个人信息的泄露会给人们带来很多方面的困扰，轻则被垃圾短信和推销电话骚扰，严重的就有可能造成个人隐私被曝光而影响个人声誉，甚至被人视为欺诈的对象，带来财产和人身方面的威胁。

1. 个人信息的泄露源

个人信息的泄露途径很多，包括商家对个人信息的不合理收集、个人信息的无意泄露等。根据相关的研究报告，黑客和内鬼是目前我国个人信息地下产业链的主要数据源头。黑客主要利用技术非法入侵他人系统或相关数据库并盗取敏感信息。内鬼主要是指在履行职责或者提供服务过程中将获取的个人信息出售或非法提供给他人的工作人员。随着信息系统的广泛使用，政府部门、企事业单位和其他机构依据各自的工作职能大量收集和使用个人信息。这些部门和单位虽然也有关于个人信息保护的规定，但如果存在技术漏洞和监管漏洞，再加上个别工作人员法律意识不强，最终大量个人信息被出卖。根据公安机关的统计，目前被倒卖的个人信息来源已从传统的工商、银行、电信、交通、教育、医疗等部门蔓延到房产、物业、保险、邮政、快递等各行各业，内容涉及个人征信报告、信用卡消费记录、出入境记录、航班记录、护照信息、车辆信息、宾馆开房记录、个人房产登记情况、通话记录、手机定位等方面。

2. 个人信息的传播者

个人信息的传播者是指从内鬼、黑客或其他传播者买入个人信息，然后再卖给其他传播者或受传者，并从中非法牟利的"中间人"。个人信息的传播者可以是个人、组织甚至是合法注册的公司。传播者买卖个人信息有传统和网络两种方式，传统方式是利用短信、电话直接联系以购买所需的个人信息；网络方式则是利用个人信息的网络交换平台（如论坛或即时聊天群），采用网络虚拟身份进行个人信息的买卖。

3. 个人信息的受传者

个人信息的受传者是个人信息的最终消费者，其直接利用个人信息并从中牟利。例如，一些商业组织可能利用个人信息进行推销活动、实施恶意商业竞争等。又如，犯罪分子利用个人信息进行网络诈骗或身份盗窃等。

2.5.2　不良信息泛滥

Internet 的迅速发展与广泛应用，在推动信息交流和资源共享的同时，也给不良信息滋生和蔓延提供了土壤。不良信息的传播，不仅影响了青少年身心健康的发展，也扰乱了网络空间的秩序，甚至危害社会稳定和国家安全。

1. 不良信息的界定

在 Internet 发展的早期，网上不良信息以单纯的知识型信息为主，随着网络的不断发展，不良信息逐步向谋利型信息转变，而且手段多样，形式复杂。从不同的角度来看，不良信息有不同的界定和分类标准。多数国家把不良信息分为两类，一类是非法内容，即违反法律法规必须由警察和法律授权机构来处理的信息内容；另一类是有害信息，包括那些尽管法律不禁止但应该限制在一定范围传播的内容，以及可能对社会秩序和部分人群构成危害和不良影响的信息。

不良信息是指违背社会主义精神文明建设要求，违背中华民族优良传统以及习惯，以及其他违背社会公德的各类信息，包括文字、图片、音视频等。根据国务院《互联网信息服务管理办法》，互联网信息服务提供者不得制作、复制、发布、传播含有下列内容的信息：

① 反对宪法所确定的基本原则的；

② 危害国家安全，泄露国家秘密，颠覆国家政权，破坏国家统一的；

③ 损害国家荣誉和利益的；

④ 煽动民族仇恨、民族歧视，破坏民族团结的；

⑤ 破坏国家宗教政策，宣扬邪教和封建迷信的；

⑥ 散布谣言，扰乱社会秩序，破坏社会稳定的；

⑦ 散布淫秽、色情、赌博、暴力、凶杀、恐怖或者教唆犯罪的；

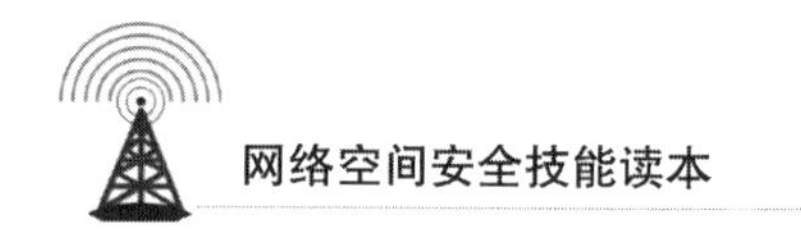

⑧ 侮辱或者诽谤他人,侵害他人合法权益的;

⑨ 含有法律、行政法规禁止的其他内容的。

2. 不良信息的危害

(1) 危害社会稳定。

国内外敌对势力出于不可告人的政治目的,会在网络空间对我国的人民群众进行渗透,这些反社会、反政府的信息无中生有,妄图扰乱民心,不利于我国的社会稳定。

(2) 扰乱市场经济秩序。

为了引起关注,达到谋取利益的目的,一些别有用心者会利用网络空间肆意传播虚假经济信息,误导公众,扰乱正常的市场经济秩序。例如,不法股民会发布对某股票前景的不利信息,引发其他股民的恐慌,使其抛售股票,而自己则趁机收购。

(3) 危害社会主义文化。

网络空间是文化传播的重要的、有效的平台。在我们吸收世界文化精华的同时,西方及其他国家文化价值、生活方式中的消极因素也渗透到网络空间,对我国的社会主义文化建设带来了冲击和腐蚀。

(4) 导致道德观念缺失。

网络空间最初发展中的匿名性和虚拟性,导致在网络上人们往往有意或无意地降低了对自己的道德要求,执行与现实社会相异的道德标准。在网络空间中经常会看到虚假信息、谩骂、恶毒的人身攻击、败坏他人名誉等现象,这都是道德弱化的表现。如果默许这种行为,就会无形地助长不良的社会风气,一旦形成固有观念,就会引发整个社会道德水准的下降。

(5) 引发犯罪倾向和行为。

网络空间中的色情、暴力等信息是诱发犯罪的重要因素。例如,很多网络游戏的设计者,为了吸引更多用户,会将场面设计得更血腥、更逼真,最大限度产生视觉上的冲击,满足游戏者感官上的刺激。对一些长期沉迷于暴力游戏不能自拔,自制力差的年轻人来说,当他们在现实生活中体验到类似的情感和环境时,往往就容易形成暴力倾向,引发犯罪。

(6) 危害青少年健康成长。

青少年处于世界观、人生观、价值观的形成阶段,是非辨认能力较弱,缺乏识别和抵制不良信息的能力。不良信息对于青少年健康成长危害很大,容易引起早恋、过度消费、网络借贷等,造成其学业荒废。在引起各高校及社会各界高度关注的非法"校园贷"中,不良信息起到了推波助澜的作用。

2.6 人肉搜索与网络暴力

2.6.1 人肉搜索

广义的人肉搜索泛指一切由信息"征集者"提出问题,由信息"应征者"回答问题的信息搜索与提供方式。狭义的人肉搜索是指以网络为平台,以网民为资源,逐渐获取某个人或某些人信息,然后整理分析这些的信息,最后找出这个人并确认其个人信息的过程。人肉搜索不同于网络搜索(如百度搜索),主要依靠网络社交平台由网民共同协作完成,在这个过程中会使用网络搜索。

人肉搜索自诞生之日起就备受争议，参与人肉搜索的网民常常祭出“知情权”的大旗，声称人肉搜索是正当的舆论监督。而更多的人则认为人肉搜索侵犯了个人隐私，让人丧失了基本的安全感。在人肉搜索案例中，很多当事人的个人情况、家庭情况包括亲人的信息资料等都被公之于众，其正当权益受到了侵犯。

2.6.2 网络暴力

网络暴力是指网民在网络上的暴力言行，是社会暴力在网络上的延伸。网络暴力不同于现实生活中拳脚相加的暴力行径，而是借助网络的虚拟空间，用语言、文字等形式对他人进行伤害、诋毁。这些在网上无端谩骂、猜忌甚至侮辱他人的做法，会严重影响当事人的精神状态，破坏当事人的生活秩序，甚至造成更为严重的后果。

1. 网络暴力的主要形式

(1) 道德绑架。

道德绑架式的网络暴力具有极强的散播性和传染力。如在微信朋友圈、QQ空间或微博，经常会在某些帖子结尾看到“不转不是中国人”等字句，这种带有明显强迫性的帖子，往往夸大其词，甚至是谎言、谣言的播种机。

(2) 舆论嘲讽。

舆论嘲讽式的网络暴力从本质上看是群体对个体、人数多的群体对人数少的群体的言论围剿，在网络上可表现为一种人格歧视。

(3) 虚假信息。

虚假信息常见的一种表现形式叫作“部分真实报道”，即新闻报道的内容和场景看起来是真实的，但由于只展现了事物的一部分，往往会使网民产生歧义，甚至挑起网民之间的争斗。

(4) 侵犯隐私。

侵犯隐私的典型案例一般涉及视频和照片的流传以及隐私的大量外泄。侵犯隐私往往会出现在人肉搜索中，因此人肉搜索在很多国家被当作一种非理性的搜索方式受到禁止。

2. 产生网络暴力的主要原因

产生网络暴力的主要原因是网民对网络暴力及其危害性缺乏足够的认识。首先，网络空间为人们提供了舆论表达的崭新渠道，在网络空间中没有身份、等级的差别，普通民众获得了与现实生活中不同的话语权、表达权，有人会把对现状的不满在网络空间中尽情地宣泄排解，很容易出现极端言论，从而形成网络暴力。其次，网络空间具有强大的消费娱乐导向，网民极易从大量的信息中追求感官刺激，缺乏深刻思考，容易忽视当事人的感受而一味追求娱乐的快感，从而挑战道德底线，冲破法律禁区。最后，我国网民中年轻人所占比例较高，很多网民对事物认识的深度不够，而从众心理又会使其丧失自己的理性判断，对网络上的言论会采取盲从的态度，这样一来，当某些“意见领袖”的声音成为主流并形成强大的舆论合力时，网络暴力事件的发生就在所难免了。另外，网络空间的虚拟性、匿名性等特点使相关法律法规在制定和具体实施上存在一定的困难，这在一定程度上也助长了某些网民法不责众的侥幸心理。

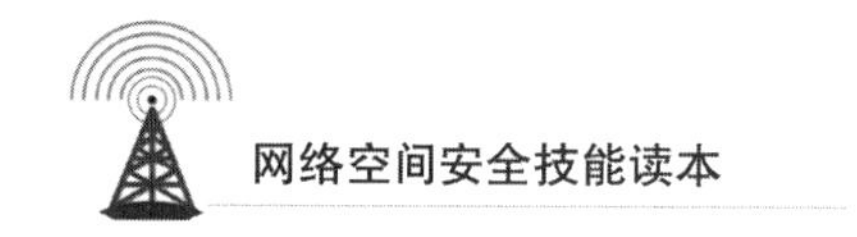

2.7 网络知识产权侵权

知识产权是一种无形财产权利。知识产权是基于人们对自己的智力活动创造的成果和经营管理活动中的标记、信誉依法享有的权利，其客体是人类在科学、技术、文化等知识形态领域所创造的精神产品。保护知识产权的目的是为了鼓励人们从事发明创造并公开发明创造的成果，从而推动整个社会的知识传播与科技进步。

网络知识产权是指由网络发展引起的或与其相关的各种知识产权。传统知识产权主要包括著作权、商标权和专利权。而网络知识产权除了传统知识产权的内容外，又包括了软件、数据库、多媒体、网络域名、数字化作品以及电子版权等。因此，我们在网络上随处可见的网站、帖子、软件、照片、图片、音乐、动画、视频等，都可能受到知识产权的保护。

传统的知识产权具有专有性、地域性、时间性等特点，而网络空间的虚拟性、开放性、无边界性等特点对网络知识产权的保护带来巨大的冲击。首先，网络空间的开放性使得作品极容易被复制传播，而网络空间的虚拟性又使得侵权人的真实身份较难确定，甚至经常会出现存在多个侵权人的情况，侵权人的侵权行为会更加大胆和肆意，而权利人维权的成本高、难度大。其次，如果发生知识产权侵权行为，大多以侵权行为实施地或侵权结果发生地确定管辖，而网络空间的无边界性使得网络知识产权的跨地域性特点突出，经常会出现很难确定具体的侵权行为实施地和侵权结果发生地的情况，即使最终能够确定，也可能出现有权管辖法院过多、同级法院相互推诿、诉讼成本过高等情况。最后，由于网络空间传播的高速度及表现形式的多样化，也使得侵权所造成的结果和赔偿金额难以确定。

网络知识产权侵权方式主要有以下几种。

1. 网上侵犯著作权的主要方式

(1) 未经许可擅自使用。

未经著作权人同意或许可，将著作权人尚未公开发表的作品擅自登载于网络上，这种行为侵犯的是著作权人的发表权和信息网络传播权。

(2) 转载侵权。

转载侵权主要是指将已经发表、但明确声明不得转载的作品在网络上予以转载；或者著作权人虽然没有声明不得在网络上转载，但转载时没有标明作者姓名、转载发表后也没有向相关的著作权人支付使用费的行为。这种侵权行为转载的内容可能来自其他网站，也可能是来自传统媒体，因具体行为的不同，可能侵害了著作权人的信息网络传播权，也可能侵害了著作权人的获得报酬权，即财产权。

(3) 网络抄袭与剽窃。

网络抄袭与剽窃主要是指单位或者个人抄袭或剽窃使用网络及其他媒体上已经发表的文字、图片、影音等资源用于非公益目的。这种侵权行为既侵犯了著作权人的署名权，也侵犯了著作权人的信息网络传播权和获得报酬权。

(4) 链接侵权。

链接侵权主要是指某些网络运营商利用网络的强大功能，随意链接其他网站的作品。这种侵权行为虽然没有直接转载作品内容，但也会侵犯著作权人的信息网络传播权和获得报酬权。

（5）下载侵权。

下载侵权主要指未经著作权人同意，私自下载、出版网络上的作品，获取利润的行为。这种侵权行为可以通过网络轻易实现，一般不会经过事先的许可，事后也不会支付使用费，而下载的内容既包括网络上登载的文字作品、语音作品、视频作品、图片作品、动漫作品等，也包括计算机软件、数据库等。

（6）网页设计侵权。

网页设计既包括原创性的文字、图像、动画以及音乐内容，也包括整体的版式设计。如果对网页设计进行抄袭和剽窃，就构成了网页设计侵权。目前，在很多网页的底端都有版权保护声明，版权的符号为©。

2. 网上侵犯商标权的主要方式

在网络交易中，人们了解商品的基本途径就是浏览网页，查看文字、图片和视频。将知名的注册商标置于网页的显著位置以进行广告宣传、销售假冒注册商标的商品等都是网上侵犯商标权的典型表现。需要注意的是，英文域名、中文域名、中文网址具有品牌商标标识功能，已被纳入国际知识产权体系，因此网络域名侵权也是常见的侵犯商标权方式。

3. 网上侵犯专利权的主要方式

网上侵犯专利权的主要方式包括：未经许可，在网络宣传中使用他人的专利号，使人将所涉及的商品或技术误认为是他人专利技术；伪造或者编造他人的专利证书、专利文件或者专利申请文件等。

第3章 如何让个人计算机更安全

【本章导读】

如果要给个人计算机增加一条安全防线，那么最简单、最常用的方法就是使用密码。对于Windows系统来说，无论用户把登录密码设置得多复杂，都是有可能被绕过去的。有的破解工具可以在计算机启动时暂时改变系统内核的引导处理，跳过本地安全数据库的检查，使得非法用户在登录界面输入任何字符均可登录，而在下一次正常登录系统时，用户原来的密码仍然有效，因为之前暂时的改变会被系统丢弃，就像什么事都没发生过。

对于个人计算机来说，即使不上网、不外借，也未必会处于绝对安全的状态，数据传输过程中传入危险文件、误操作导致系统数据损坏、配置不当造成安全隐患等都有可能让个人计算机处于危险的境地。

那么，如何能够让个人计算机更安全呢？

3.1 个人计算机的安全访问

3.1.1 BIOS与开机密码

BIOS(Basic Input Output System,基本输入输出系统)是一组固化到计算机主板上一个ROM芯片中的程序,包括基本输入输出程序、开机上电自检程序、系统启动自举程序、CMOS设置程序。其中,开机上电自检程序是个人计算机启动时首先运行的程序,用于检测包括CPU、内存等在内的硬件组件;系统启动自举程序通常在上电自检后运行,负责查找可能存在于硬盘、U盘、光盘或网络上的操作系统,并负责将操作系统导入内存以运行;CMOS设置程序主要用来对存放在CMOS芯片中的计算机基本启动信息(如日期、时间、操作系统查找顺序等)进行设置,这种设置也叫作BIOS设置或Setup设置。

在Setup设置中可以设置个人计算机的开机密码。在每次开机启动时应正确输入开机密码,否则将无法启动系统,更不用说查看系统中的文件了。不同的个人计算机进入Setup设置并设置开机密码的方法略有不同,在常用的Phoenix BIOS中设置开机密码的步骤如下。

(1) 在开机时按"F2"键,进入Setup设置界面(如图3-1所示)。进入Setup设置要在开机之后,导入操作系统之前,这段时间非常短,通常此时屏幕上会有诸如"Press F2 to enter Setup"的提示。

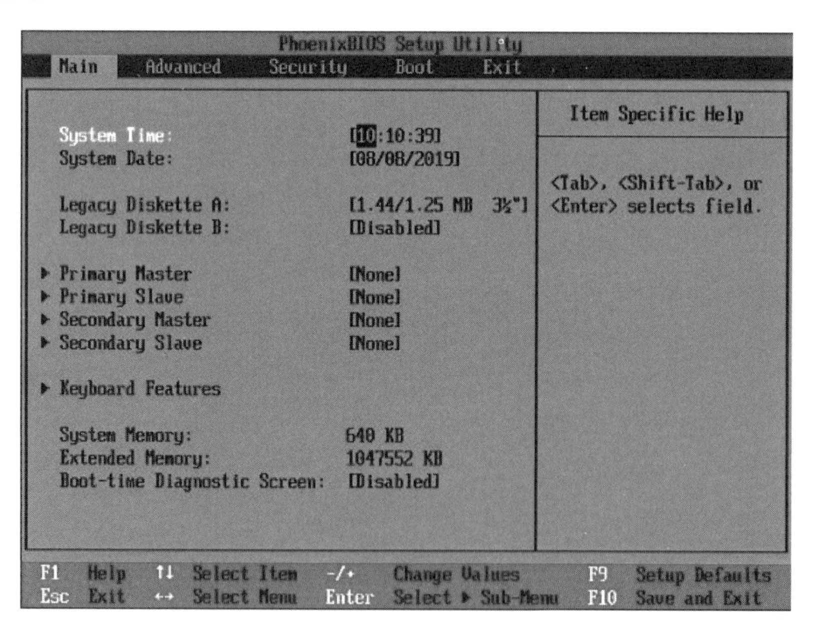

图3-1 Setup设置界面

(2) 在Setup设置界面中利用键盘上的左右方向键选择"Security"选项卡,在该选项卡中利用键盘上的上下方向键选择"Set Supervisor Password"选项,按"Enter"键,打开"Set Supervisor Password"设置界面(如图3-2所示)。

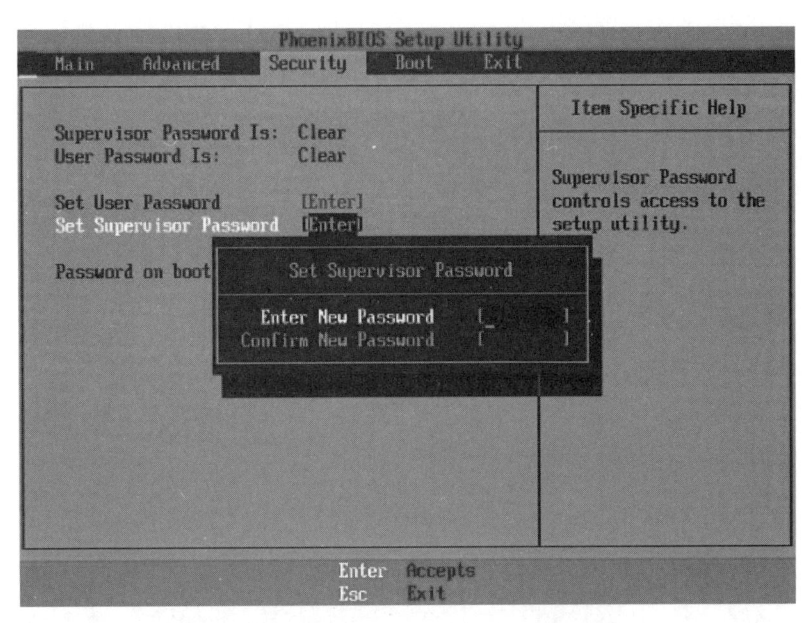

图 3-2　“Set Supervisor Password”设置界面

(3) 在“Set Supervisor Password”设置界面中设置并确认密码。也可以用相同的办法打开“Set User Password”设置界面并设置密码。“Supervisor Password”与“User Password”的不同在于，使用“User Password”进入 Setup 设置界面后，只能查看各选项而不能进行修改。

(4) 在“Security”选项卡选择“Password on boot”选项，按“Enter”键，在弹出的菜单中选择“Enabled”(如图 3-3 所示)。若“Password on boot”选项设置为“Disabled”，则“Supervisor Password”“User Password”只在进入 Setup 设置界面时生效。

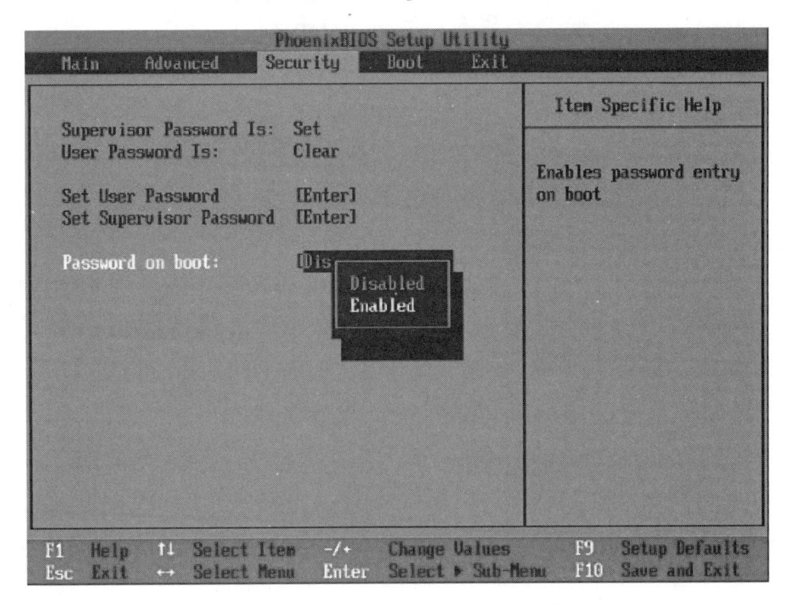

图 3-3　设置“Password on boot”

(5) 按"F10"键,保存设置并退出 Setup 设置界面,此时计算机将重新启动,启动时会提示输入开机密码(如图 3-4 所示)。

图 3-4 开机密码输入提示

3.1.2 Windows 系统的安全访问组件①

在个人计算机中常用的操作系统是 Windows 系统。Windows 系统的安全包括六个主要安全元素:Audit(审计),Administration(管理),Encryption(加密),Access Control(访问控制),User Authentication(用户认证),Corporate Security Policy(公共安全策略)。为了保证系统的安全访问,Windows 安全子系统包含以下关键组件。

1. 安全标识符(Security Identifiers)

安全标识符就是平常所说的 SID,当在 Windows 系统中创建了一个用户或组的时候,系统会分配给该用户或组一个唯一的 SID。SID 永远都是唯一的,由计算机名、当前时间、当前用户态线程的 CPU 耗费时间的总和这三个参数保证其唯一性。

2. 访问令牌(Access Tokens)

当用户通过系统验证后,登录进程会给用户一个访问令牌,该令牌相当于用户访问系统资源的票证。当用户试图访问系统资源时,需将访问令牌提供给 Windows 系统,系统检查用户试图访问对象的访问控制列表,如果用户被允许访问该对象,系统将会分配给用户适当的访问权限。

3. 安全描述符(Security Descriptors)

为了实现自身的安全特性,Windows 系统用对象表现所有的资源,包括文件、文件夹、打印机、I/O 设备、进程、内存等。Windows 系统中的任何对象的属性都有安全描述符这部分,以保存对象的安全配置。

① 本书内容以 Windows7 操作系统为例进行介绍,其他版本操作系统可参照操作。

4. 访问控制列表(Access Control Lists)

访问控制列表有任意访问控制列表和系统访问控制列表两种类型。任意访问控制列表包含了用户和组的列表,以及对相应的权限是允许还是拒绝。每一个用户或组在任意访问控制列表中都有特殊的权限。而系统访问控制列表是为审核服务的,包含了对象被访问的时间。

5. 访问控制项(Access Control Entries)

访问控制项包含了用户或组的SID以及对象的权限。访问控制项有两种:允许访问和拒绝访问。拒绝访问的级别高于允许访问。

3.1.3 安全设置Windows本地用户账户

用户账户定义了用户可以在Windows中执行的操作。在个人计算机上,用户账户存储在SAM(Security Accounts Manager,安全账户管理器)中,这种用户账户称为本地用户账户,只能登录到本地计算机。

1. 本地用户账户的类型

(1) 计算机管理员账户。

计算机管理员账户是专门为可以对计算机进行全系统更改、安装程序和访问计算机上所有文件的用户而设置的。在系统安装期间将自动创建名为"Administrator"的计算机管理员账户。计算机管理员账户具有以下特征。

① 可以创建和删除计算机上的用户账户。

② 可以更改其他用户账户的账户名、密码和账户类型。

③ 无法将自己的账户类型更改为受限制账户类型,除非在该计算机上有其他的计算机管理员账户,这样可以确保计算机上总是至少有一个计算机管理员账户。

(2) 受限制账户。

如果需要禁止某些用户更改大多数计算机设置和删除重要文件,则需要为其设置受限制账户。受限制账户具有以下特征。

① 无法安装软件或硬件,但可以访问已经安装在计算机上的程序。

② 可以创建、更改或删除本账户的密码。

③ 无法更改其账户名或者账户类型。

④ 对于使用受限制账户的用户,某些程序可能无法正常工作。

(3) 来宾账户。

来宾账户供那些在计算机上没有用户账户的用户使用。系统安装时会自动创建名为"Guest"的来宾账户,并将其设置为禁用。来宾账户具有以下特征。

① 无法安装软件或硬件,但可以访问已经安装在计算机上的程序。

② 无法更改来宾账户类型。

2. 创建本地用户账户

创建本地用户账户的操作步骤如下。

(1) 依次选择"控制面板"→"系统和安全"→"管理工具",双击"计算机管理"图标,打开"计算机管理"窗口。

(2) 在"计算机管理"窗口依次选择"本地用户和组"→"用户",就可以看到当前计算机已经创建的本地用户(如图 3-5 所示)。

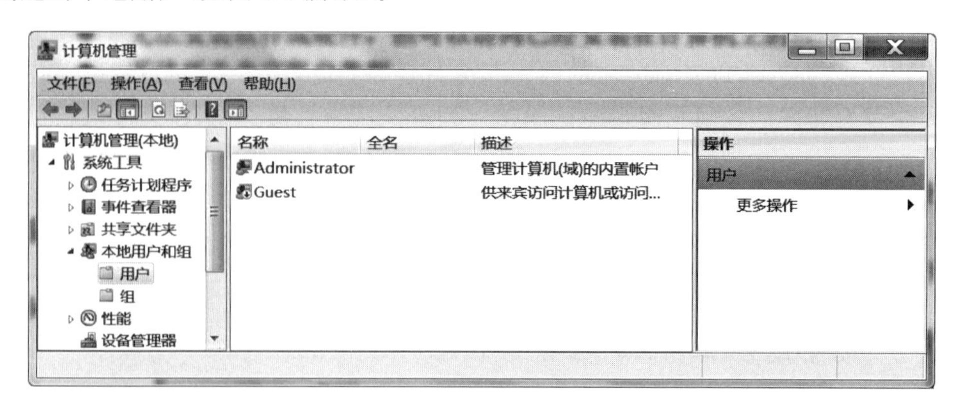

图 3-5 “计算机管理”窗口

(3) 在“计算机管理”窗口右击“用户”,在弹出的菜单中选择“新用户”,打开“新用户”对话框(如图 3-6 所示)。

图 3-6 “新用户”对话框

(4) 在“新用户”对话框中输入用户名、描述、密码等相关信息,密码相关选项的描述如表 3-1 所示。单击“创建”按钮,即可完成对本地用户账户的创建。

表 3-1 密码相关选项的描述

选项	描述
用户下次登录时须更改密码	要求用户下次登录计算机时必须修改该密码
用户不能更改密码	不允许用户修改密码,通常用于多个用户共同使用一个用户账户的情况,如 Guest 账户
密码永不过期	密码永久有效,通常用于系统的服务账户或应用程序所使用的用户账户
账户已禁用	禁用用户账户

3. 用户基本权限的分配

用户基本权限的分配可通过内置组实现。内置组是在系统安装过程中自动创建的，不同的内置组会有不同的默认访问权限。表 3-2 列出了 Windows 系统的部分内置组。一般来说，如果用户需要对计算机进行大多数的操作，建议给其 Users 权限；而对于那些只是偶尔使用的用户，应给其 Guests 权限。新建用户在默认情况下将加入 Users 组，若要让其只具有 Guests 组的权限，则操作步骤如下。

表 3-2　Windows 系统的部分内置组

组名	描述信息
Administrators	具有完全控制权限，并且可以向其他用户分配用户权利和访问控制权限
Backup Operators	加入该组的成员可以备份和还原服务器上的所有文件
Guests	拥有一个在登录时创建的临时配置文件，在注销时该配置文件将被删除
Network Configuration Operators	可以执行常规的网络配置功能，如更改 TCP/IP 设置等，但不可以更改驱动程序和服务，不可以配置网络服务器
Power Users	拥有有限的管理权限
Remote Desktop Users	可以从远程计算机使用远程桌面连接来登录
Users	可以执行常见任务，如运行应用程序、使用本地和网络打印机以及锁定服务器等，不能共享目录或创建本地打印机

（1）在“计算机管理”窗口的左侧窗格中，依次选择“本地用户和组”→“用户”。在中间窗格中双击要设置的用户，打开用户属性对话框。

（2）在用户属性对话框中，单击“隶属于”选项卡（如图 3-7 所示）。可以看到该用户默认属于 Users 组，若要让其只具有 Guests 组的权限，应先选中 Users 组，单击“删除”按钮将该组删除；然后单击“添加”按钮，打开“选择组”对话框（如图 3-8 所示）。在“输入对象名称来选择（示例）”文本框中输入“Guests”。如果不希望手动输入组名称，也可以单击“高级”按钮，再单击“立即查找”按钮，在“搜索结果”列表中选择要加入的组。

图 3-7　“隶属于”选项卡

图 3-8　“选择组”对话框

4. 用户权限分配

如果要单独设置某用户的一些具体权限，可以通过用户权限分配进行设置。例如，属于Guests组的用户没有修改系统时间的权限，如果要让Guests组的某用户具有该权限，则操作步骤如下。

（1）依次选择“控制面板”→“系统和安全”→“管理工具”，双击“本地安全策略”图标，打开“本地安全策略”窗口。在“本地安全策略”窗口的左侧窗格中，依次选择“本地策略”→“用户权限分配”（如图3-9所示）。

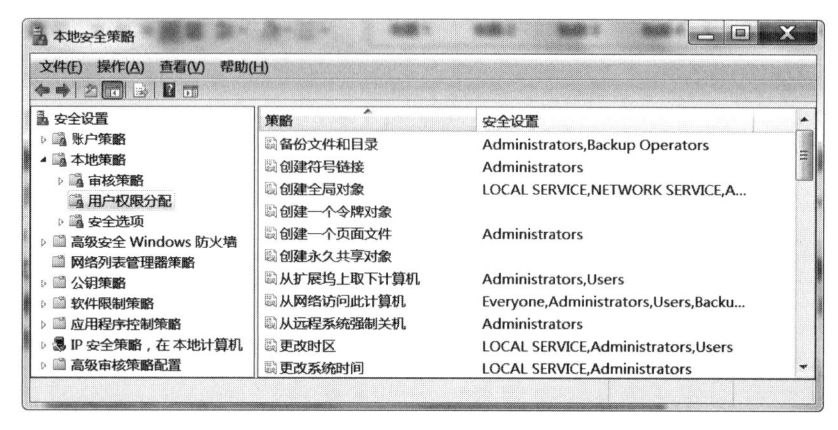

图3-9 本地安全策略中的用户权限分配

（2）在右侧窗格中双击“更改系统时间”策略，打开“更改系统时间属性”对话框（如图3-10所示）。在“更改系统时间属性”对话框中，单击“添加用户或组”按钮，将相应用户添加到列表框中。

图3-10 “更改系统时间属性”对话框

(3) 依次选择“开始”→“运行”,在“运行”对话框中输入“gpupdate”命令,刷新本地安全策略(也可重启计算机),使策略设置生效。

5. 保证用户账户密码安全

安全的用户账户密码是保证系统安全的基础,Windows 系统的本地安全策略中提供了若干密码策略,通过设置这些策略可以强制用户使用安全的密码,防止密码攻击。在“本地安全策略”窗口的左侧窗格中,依次选择“账户策略”→“密码策略”,此时可以在右侧窗格中看到多项与用户密码有关的策略(如图 3-11 所示)。设置密码策略的步骤非常简单,例如,如果要将用户密码长度设置为不能小于 8 个字符,则操作步骤如下。

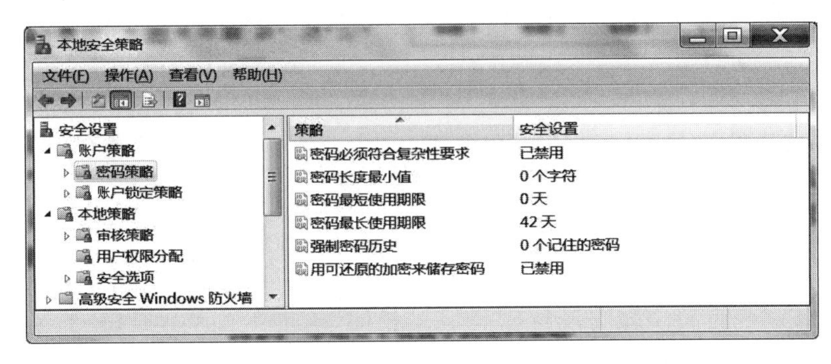

图 3-11 本地安全设置中的密码策略

(1) 在“本地安全策略”窗口右侧窗格中双击“密码长度最小值”策略,打开“密码长度最小值属性”对话框(如图 3-12 所示)。

图 3-12 “密码长度最小值属性”对话框

（2）在“密码长度最小值属性”对话框中设置密码必须至少是8个字符，单击“确定”按钮，完成策略设置。

在“本地安全策略”窗口左侧窗格中依次选择“账户策略”→“账户锁定策略”，此时可以在右侧窗格中看到多项与账户锁定有关的策略（如图3-13所示）。账户锁定是指当非法用户输入的错误密码次数达到设定值的时候，系统将自动锁定该账户。

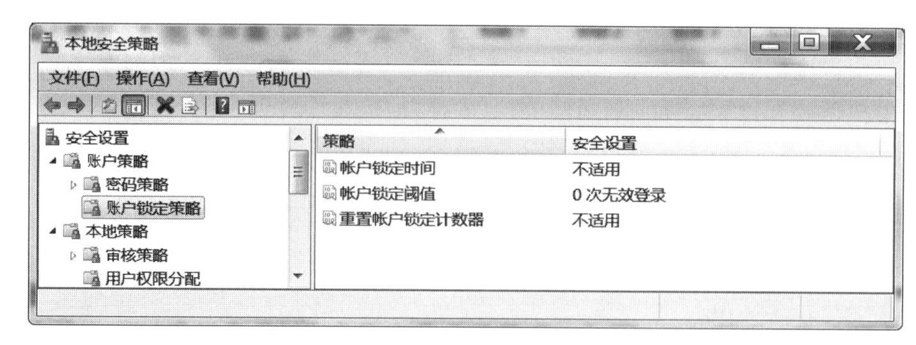

图3-13　本地安全策略中的账户锁定策略

账户锁定策略的设置步骤与设置密码策略相同，这里不再赘述。通常，在Windows系统中可设置表3-3所示的账户策略。

表3-3　Windows系统账户策略推荐设置

功能	推荐设置	优点
密码符合复杂性	启用	用户设置复杂密码，防止密码被轻易破解
密码长度最小值	6～8个字符	使得设置的密码不易被猜出
密码最长期限	30～90天	强迫用户定期更换密码
强制密码历史（口令唯一性）	5个口令	防止用户总使用同一个密码
最短密码期限（寿命）	3天	防止用户立即将密码改为原有的值
锁定时间	50分钟	
账户锁定阈值	5次失败登录	强迫用户等待，防止密码被破解
复位账户锁定计数器	50分钟	

6. 常用安全设置技巧

为了保证Windows系统用户账户的安全，通常可以采用以下技巧。

（1）一般应禁用Guest账户，为了保险起见，最好为其设置一个复杂的密码。

（2）限制不必要的用户，经常检查系统的用户，删除已经不再使用的用户。

（3）将系统自动创建的“Administrator”计算机管理员用户改名。

（4）创建陷阱用户，即新建一个名为“Administrator”的本地用户，将其权限设置成最低，并设置一个超过10位的复杂密码。

（5）通常应使用普通用户（User组成员）登录系统处理日常事务。如果需要以计算机管理员身份打开管理工具，可在以普通用户身份登录的同时，右击相应管理工具选择“以管理员身份运行”来执行特定管理性任务。

（6）不让系统显示上次登录的用户名。在默认情况下，Windows系统会显示上次登录的用户名，这使得攻击者很容易进行口令猜测。可以在“本地安全设置”窗口左侧窗格中依次选择“本地策略”→“安全选项”，在右侧窗格中双击“交互式登录：不显示最后用户名”策略，将该策略设为启用。

3.1.4　注销、锁定与设置带密码的屏幕保护

很多时候人们在工作和学习过程中需要暂时离开计算机，这时很可能会担心计算机被其他人偷看或使用，在这种情况下可采用以下措施。

1. 注销

注销用户时，当前系统中凡是与该用户相关的操作都会终止，如果需重新登录系统，则要重新输入用户密码。注销用户的操作方法很多，最简单的操作是依次选择“开始”菜单“关机”选项中的“注销”命令(如图 3-14 所示)。另外，也可依次选择“开始”→“所有程序”→“附件”→“命令提示符”，在“命令提示符”窗口中输入“shutdown/l”或“logoff”命令后按“Enter”键。

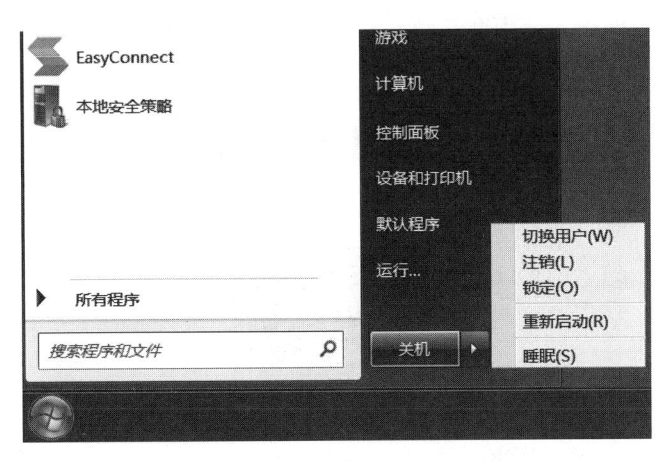

图 3-14　“开始”菜单中的“注销”命令

如果需要让系统在指定的时间自动注销，则可以在“命令提示符”窗口中输入“shutdown/l/t xxx”命令，其中“xxx”为注销前的时间，以秒为单位。如果希望系统在某个具体时间点(如 17 点 30 分)自动注销，则可以在“命令提示符”窗口中使用“at”命令(如图 3-15 所示)。需要注意的是，上述命令的运行要先开启“Task scheduler”服务，另外在高版本的 Windows 系统中，“at”命令已被“schtasks”命令替代。

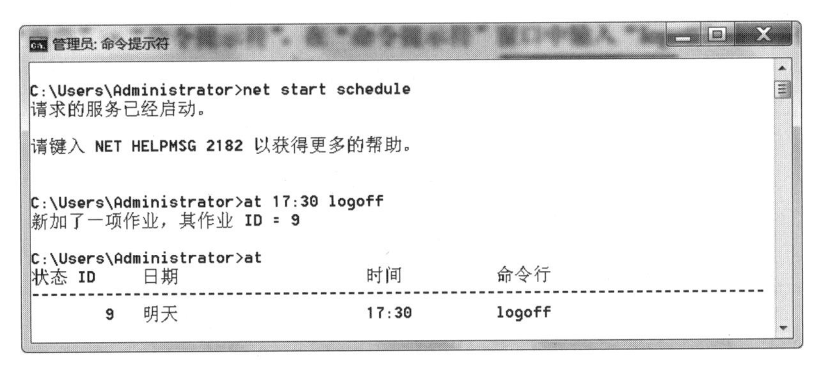

图 3-15　使用“at”命令

2. 锁定

注销用户意味着当前用户的所有操作都会被停止，一些正在进行的工作会被强制中断。如果不想中断当前正在进行的工作，则可以选择锁定，即将屏幕锁定。如需解锁，则需要输入当前用户的密码。锁定的操作很简单，既可以选择“开始”菜单“关机”选项中的“锁定”命令；也可以直接按下键盘上的“Win＋L”组合键；还可以同时按下键盘上的“Ctrl＋Alt＋Delete”组合键，在弹出的窗口中选择“锁定该计算机”命令。

3. 设置带密码的屏幕保护

锁定屏幕后系统会显示登录界面，如果只是短时间离开又不想屏幕始终显示登录界面，则可以选择设置带密码的屏幕保护。依次选择“控制面板”→“外观和个性化”→“更改屏幕保护程序”，打开“屏幕保护程序设置”窗口，在该窗口中选择屏幕保护程序，并选中“在恢复时显示登录屏幕”复选框(如图 3-16 所示)。当屏幕保护程序被触发后，如果有人试图使用键盘和鼠标，则系统会回到登录屏幕，只有正确输入相应密码才能恢复屏幕保护之前的状态。带密码的屏幕保护既不会中断系统正在进行的相关操作，其界面也更加友好，但是屏幕保护程序的最短等待时间是 1 分钟，若达不到等待时间，则屏幕保护无效。

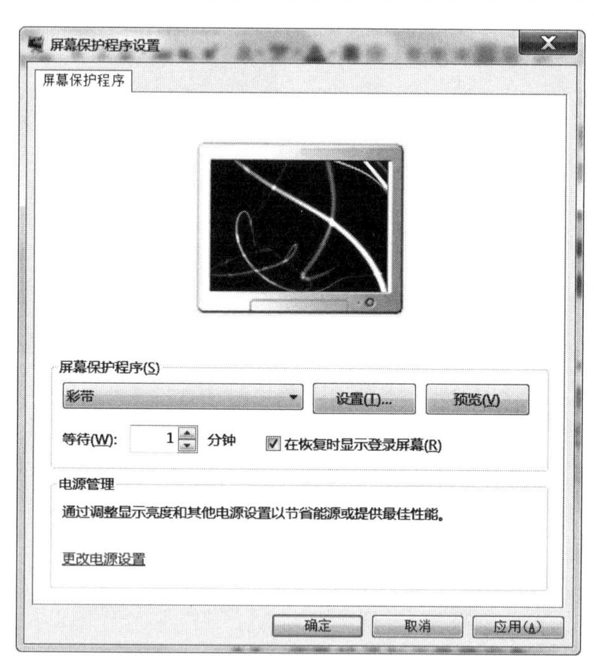

图 3-16 “屏幕保护程序设置”窗口

3.2 操作系统安全加固

3.2.1 系统漏洞检测

系统漏洞是指操作系统或应用软件在逻辑设计上的缺陷或在编写时产生的错误，这些缺陷或错误可以被网络攻击者利用。目前，有很多专用软件可以对系统中的软硬件漏洞进

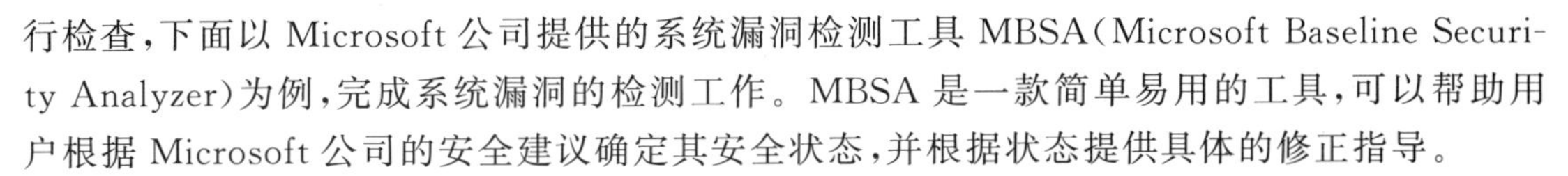

行检查，下面以 Microsoft 公司提供的系统漏洞检测工具 MBSA(Microsoft Baseline Security Analyzer)为例，完成系统漏洞的检测工作。MBSA 是一款简单易用的工具，可以帮助用户根据 Microsoft 公司的安全建议确定其安全状态，并根据状态提供具体的修正指导。

1. 安装 MBSA

MBSA 是一款免费的工具软件，可以到 Microsoft 公司的官方网站直接下载。MBSA 的安装步骤与 Microsoft 公司的其他应用软件产品基本相同，这里不再赘述。

2. 使用 MBSA 检测系统漏洞

利用 MBSA 可以对一台计算机进行系统漏洞检测，也可以对一组计算机进行系统漏洞检测。对一台计算机进行系统漏洞检测的基本操作步骤如下。

(1) 依次选择“开始”→“所有程序”→“Microsoft Baseline Security Analyzer”，打开 MBSA 主界面(如图 3-17 所示)。

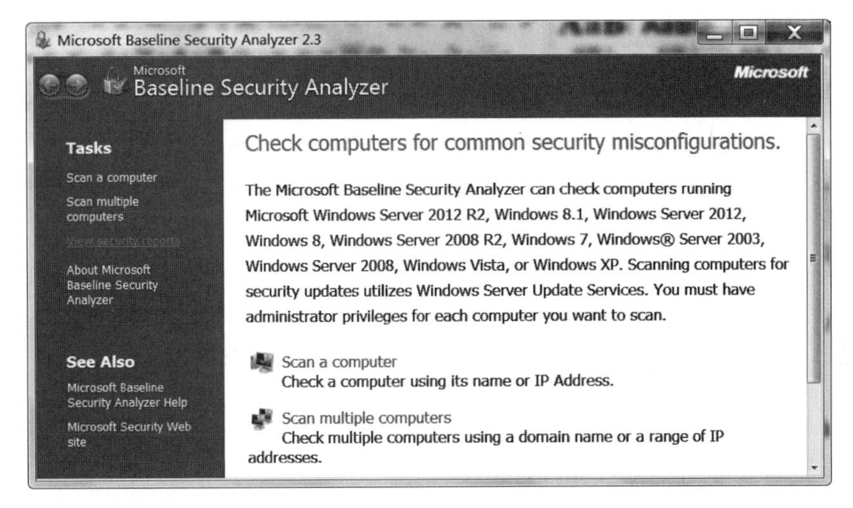

图 3-17　MBSA 主界面

(2) 在 MBSA 主界面中，单击“Scan a computer”选项，打开“Which computer do you want to scan?”窗口(如图 3-18 所示)。

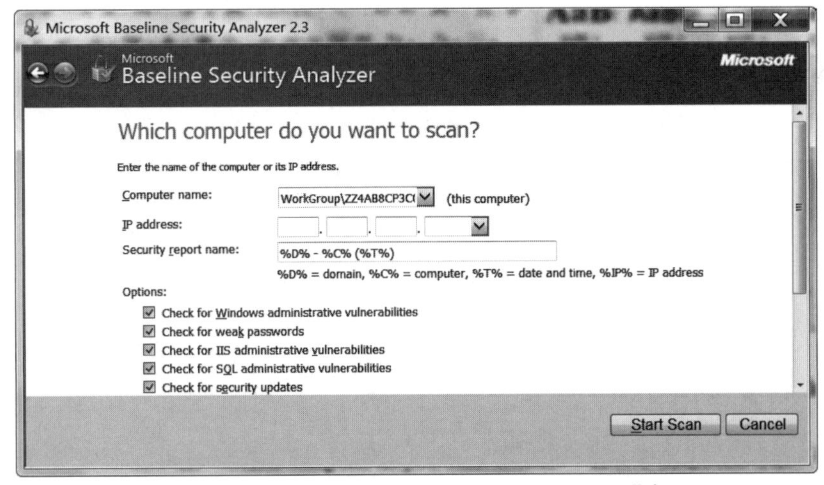

图 3-18　“Which computer do you want to scan?”窗口

(3) 在“Which computer do you want to scan?”窗口中设定扫描对象，可在“Computer name”文本框中输入计算机的名称，格式为“工作组名\计算机名”(默认为当前计算机的名称)；也可以在“IP address”文本框中输入计算机的IP地址(只能输入与本机同一网段的IP地址)。

(4) 在“Which computer do you want to scan?”窗口中设定安全报告的名称格式。MBSA提供两种默认的名称格式“%D%-%C%(%T%)”[域名-计算机名(日期时间)]和“%D%-%IP%(%T%)”[域名-IP地址(日期时间)]。用户可以在“Security report name”文本框自行定义安全报告的名称格式。

(5) 在“Which computer do you want to scan?”窗口中设定要检测的项目。MBSA允许用户自主选择检测项目，只要用户选中“Options”中某项目的复选框，MBSA就将对该项目进行检测。用户可以自主选择的项目主要包括：

① Check for Windows administrative vulnerabilities(检查Windows的漏洞)；

② Check for weak passwords(检查弱口令)；

③ Check for IIS administrative vulnerabilities(检查IIS的漏洞)；

④ Check for SQL administrative vulnerabilities(检查SQL Server的漏洞)。

(6) 在“Which computer do you want to scan?”窗口中设定安全漏洞清单的下载途径。MBSA的基本工作方式是以一份包含了所有已发现漏洞详细信息的清单为蓝本，与对计算机的扫描结果进行对比，以发现漏洞并生成安全报告。可以在“Check for security updates”中对下载途径进行设定，默认情况下MBSA将通过Internet下载最新的安全漏洞清单。

(7) 设定完毕后，在“Which computer do you want to scan?”窗口单击“Start Scan”按钮，对计算机进行扫描，扫描结束后将得到安全报告(如图3-19所示)。可以根据该报告对系统漏洞进行修复。

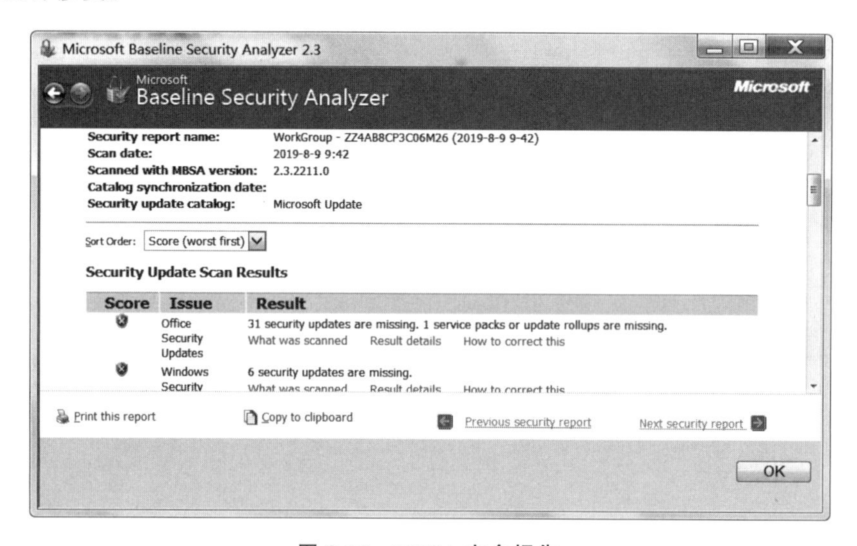

图3-19　MBSA安全报告

3.2.2　设置系统自动更新

补丁程序是指针对操作系统和应用程序在使用过程中出现的问题而发布的解决问题的小程序。补丁程序一般是由软件的原作者编写的，通常可以到其网站下载。

① 按照对象，可以把补丁程序分为系统补丁和软件补丁。系统补丁是针对操作系统的补丁程序，软件补丁是针对应用软件的补丁程序。

② 按照安装方式，可以把补丁程序分为自动更新的补丁和手动更新的补丁。自动更新的补丁只需要在系统连接网络后，即可自动安装。手动更新的补丁则需要先到相关网站下载后，再由用户自行在本机安装。

③ 按照重要性，可以把补丁程序分为高危漏洞补丁、功能更新补丁和不推荐补丁。高危漏洞补丁是用户必须安装的补丁程序，否则会危及系统安全。功能更新补丁是用户可以选择安装的补丁程序。不推荐补丁是用户需要认真考虑是否安装的补丁程序。

由于 Windows 系统本身具有自动更新功能，因此只要该功能被启用并且系统连接到了 Internet，就可以即时下载 Microsoft 公司提供的补丁程序，以修补系统漏洞。设置系统自动更新的操作步骤为：依次选择"控制面板"→"系统和安全"→"Windows Updata"→"更改设置"，在打开的"选择 Windows 安装更新的方法"窗口中按照需要选择设置即可(如图 3-20 所示)。另外，一些常用的系统安全软件，如 360 安全卫士、瑞星等也提供了系统漏洞扫描的功能，并可以通过自动下载补丁程序对漏洞进行修复。

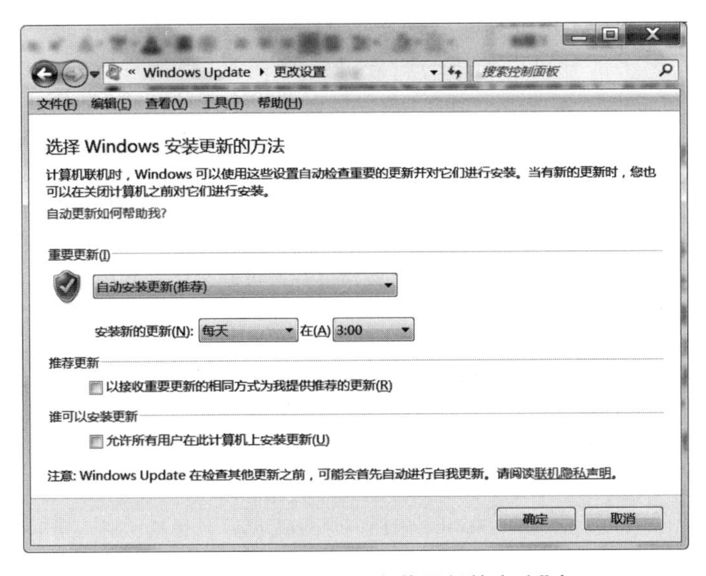

图 3-20　"选择 Windows 安装更新的方法"窗口

3.2.3　关闭不必要的服务和端口

在 Windows 系统运行过程中，会启动很多网络服务，这些服务会使用系统分配的默认端口。这些开启的服务和端口会成为网络攻击的目标，为了保证系统安全，有必要关闭不必要的服务和端口。

1. 查看端口的使用情况

在 Windows 系统中，可以使用 netstat 命令查看端口的使用情况。基本操作方法为：在"命令提示符"窗口中输入"netstat -a -n"命令，可以看到系统正在开放的端口及其状态(如图 3-21 所示)；在"命令提示符"窗口中输入"netstat -a -n -b"命令，可以看到系统端口的状态，以及每个连接是由哪些程序创建的。

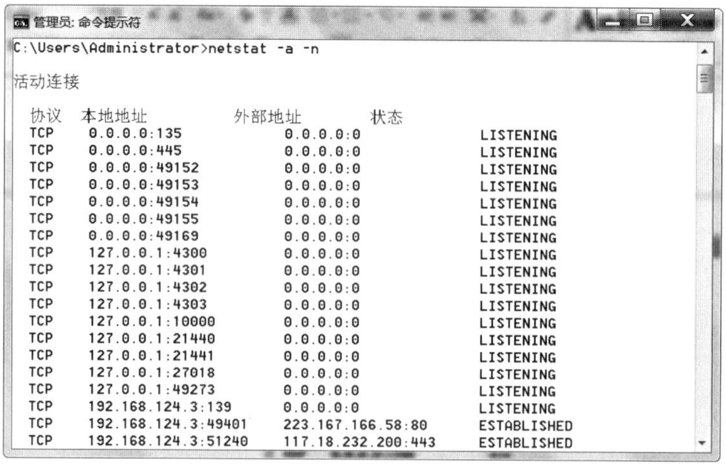

```
管理员: 命令提示符
C:\Users\Administrator>netstat -a -n

活动连接

  协议  本地地址              外部地址          状态
  TCP    0.0.0.0:135            0.0.0.0:0              LISTENING
  TCP    0.0.0.0:445            0.0.0.0:0              LISTENING
  TCP    0.0.0.0:49152          0.0.0.0:0              LISTENING
  TCP    0.0.0.0:49153          0.0.0.0:0              LISTENING
  TCP    0.0.0.0:49154          0.0.0.0:0              LISTENING
  TCP    0.0.0.0:49155          0.0.0.0:0              LISTENING
  TCP    0.0.0.0:49169          0.0.0.0:0              LISTENING
  TCP    127.0.0.1:4300         0.0.0.0:0              LISTENING
  TCP    127.0.0.1:4301         0.0.0.0:0              LISTENING
  TCP    127.0.0.1:4302         0.0.0.0:0              LISTENING
  TCP    127.0.0.1:4303         0.0.0.0:0              LISTENING
  TCP    127.0.0.1:10000        0.0.0.0:0              LISTENING
  TCP    127.0.0.1:21440        0.0.0.0:0              LISTENING
  TCP    127.0.0.1:21441        0.0.0.0:0              LISTENING
  TCP    127.0.0.1:27018        0.0.0.0:0              LISTENING
  TCP    127.0.0.1:49273        0.0.0.0:0              LISTENING
  TCP    192.168.124.3:139      0.0.0.0:0              LISTENING
  TCP    192.168.124.3:49401    223.167.166.58:80      ESTABLISHED
  TCP    192.168.124.3:51240    117.18.232.200:443     ESTABLISHED
```

图 3-21 "netstat -a -n"命令

2. 关闭服务

在 Windows 系统中，并非所有默认开启的服务都是系统所必需的，可以将某些服务停止并禁用，表 3-4 列出了部分可以禁用的服务。关闭服务后，其对应的端口也会被关闭。关闭服务的操作步骤为：依次选择"控制面板"→"系统和安全"→"管理工具"→"服务"命令，打开"服务"窗口(如图 3-22 所示)。在"服务"窗口中，可以看到系统提供的服务及状态，要停止某一服务，只需选中该服务，单击窗口上方的"停止"按钮即可。例如，UDP123 端口会被蠕虫用来入侵系统，如果要关闭该端口，则可将该端口对应的服务"Windows Time"停止。

表 3-4 Windows 系统中部分可以禁用的服务

服务名称	功能说明
Alerter	通知选定的用户和计算机有关系统管理警报
Application Layer Gateway Service	为 ICS 和系统防火墙提供第三方协议插件支持。若未启用 ICS 和系统防火墙，则可禁止该服务
Automatic Updates	自动更新补丁程序
Background Intelligent Transfer Service	利用空闲的网络带宽在后台传输文件。若被停用，Windows Update 和 MSN Explorer 等将无法自动下载程序和其他信息
Computer Browser	维护网络上计算机的更新列表，并将该列表提供给指定程序
Help and Support	启用在此计算机上的运行帮助和支持中心
Messenger	传输客户端和服务器之间的 NET SEND 和警报器服务消息
NetMeeting Remote Desktop Sharing	允许经过授权的用户用 NetMeeting 远程访问计算机
Print Spooler	管理所有本地和网络打印队列及控制所有打印工作
Remote Registry	使远程用户能修改此计算机上的注册表设置
Task Scheduler	使用户能在此计算机上配置和计划自动任务
TCP/IP NetBIOS Helper	提供 TCP/IP 服务上的 NetBIOS 和网络上客户端的 NetBIOS 名称解析的支持，从而使用户能够共享文件、打印和登录到网络
Telnet	允许远程用户登录到此计算机并运行程序
Workstation	创建和维护到远程服务的客户端网络连接

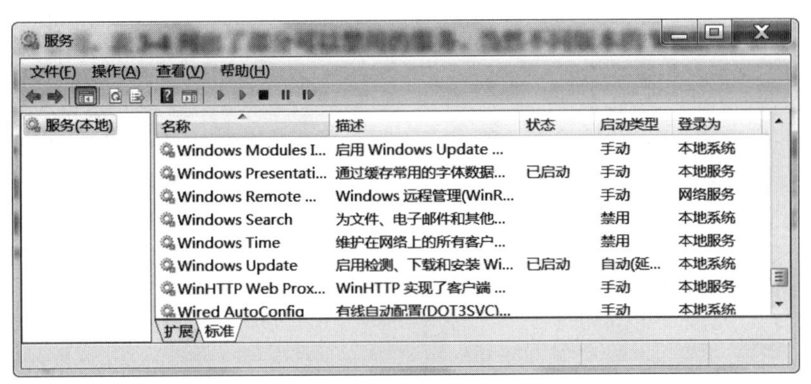

图 3-22　“服务”窗口

3. 关闭端口

关闭端口有很多种方法，可以通过设置 IP 安全策略直接关闭，也可以通过关闭相应服务来实现，还可以通过设置 Windows 防火墙来实现。IP 安全策略是对通信进行分析的策略：将通信内容与设定好的规则进行比较，从而判断是否允许该通信的进行。很多网络扫描攻击工具会通过 TCP 139 端口尝试获取账户名称和密码，因此可以通过 IP 安全策略关闭 TCP 139 端口，具体操作步骤如下。

(1) 在“本地安全设置”窗口的左侧窗格中选中“IP 安全策略，在本地计算机”，依次选择菜单栏中的“操作”→“创建 IP 安全策略”，打开“欢迎使用 IP 安全策略向导”对话框。

(2) 在“欢迎使用 IP 安全策略向导”对话框中单击“下一步”按钮，打开“IP 安全策略名称”对话框(如图 3-23 所示)。

(3) 在“IP 安全策略名称”对话框中输入名称和描述后，单击“下一步”按钮，打开“安全通讯请求”对话框。

(4) 在“安全通讯请求”对话框中取消对“激活默认响应规则”复选框的选择，单击“下一步”按钮，打开“正在完成 IP 安全策略向导”对话框。

(5) 在“正在完成 IP 安全策略向导”对话框中取消对“编辑属性”复选框的选择，单击“完成”按钮，就创建了一个新的 IP 安全策略(如图 3-24 所示)。

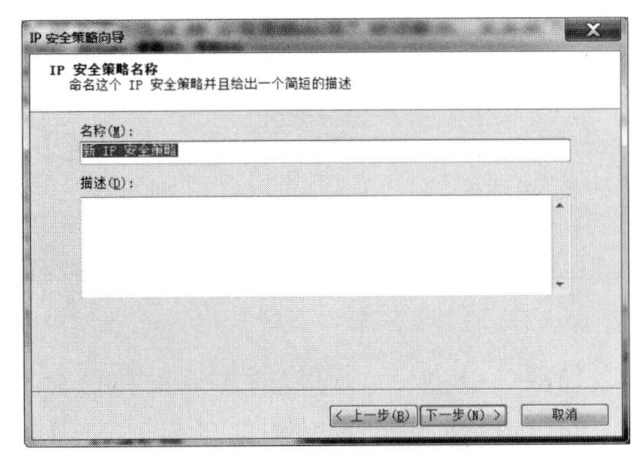

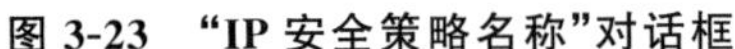
图 3-23　“IP 安全策略名称”对话框

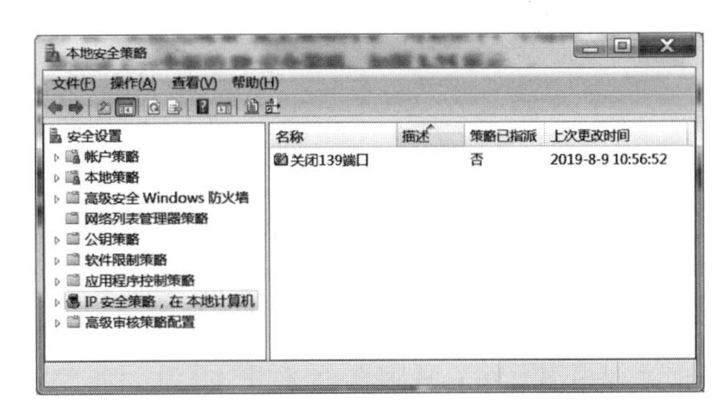

图 3-24　创建的新 IP 安全策略

(6) 双击该 IP 安全策略，打开其属性对话框(如图 3-25 所示)。

(7) 在 IP 安全策略属性对话框中取消对“使用添加向导”复选框的选择，单击“添加”按钮，打开“新规则属性”对话框（如图 3-26 所示）。

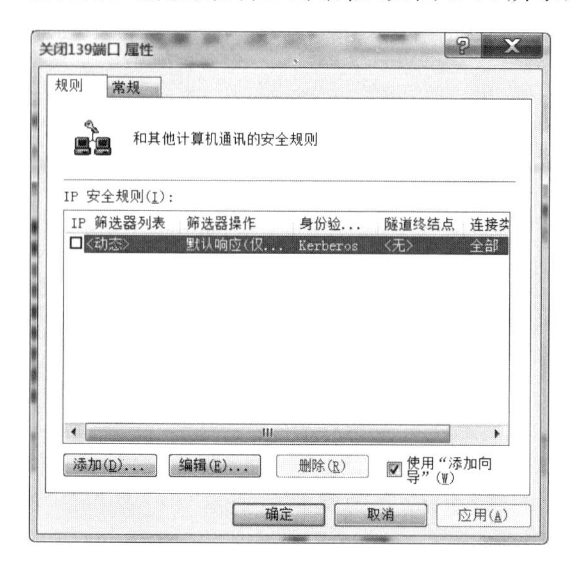

图 3-25　IP 安全策略属性对话框

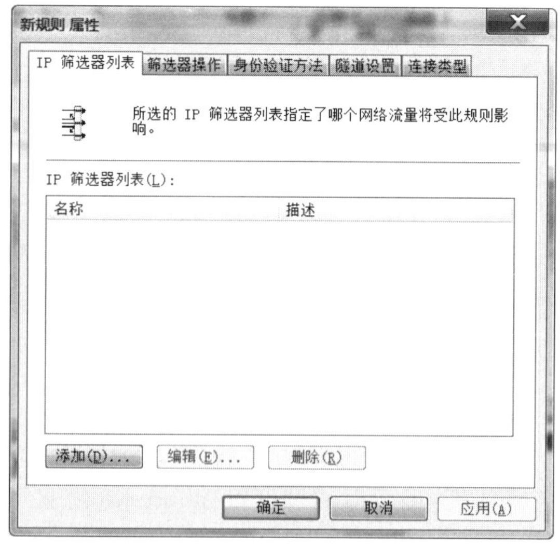

图 3-26　“新规则属性”对话框

（8）在“新规则属性”对话框中单击“添加”按钮，打开“IP 筛选器列表”对话框（如图 3-27 所示）。

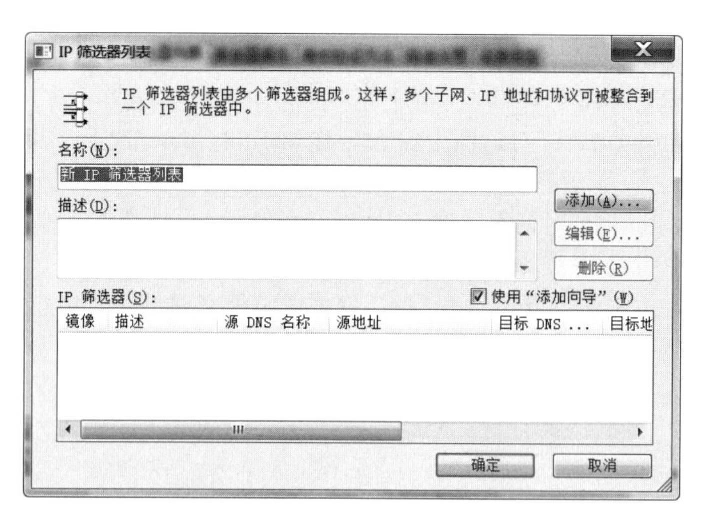

图 3-27　“IP 筛选器列表”对话框

（9）在“IP 筛选器列表”对话框中取消对“使用添加向导”复选框的选择，单击“添加”按钮，打开“筛选器属性”对话框。

（10）在“筛选器属性”对话框的“寻址”选项卡（如图 3-28 所示），可以对源地址和目标地址进行设置，由于要限制对本机 TCP 139 端口的访问，所以在源地址中选择“任何 IP 地址”，在目标地址中选择“我的 IP 地址”。

（11）打开“筛选器属性”对话框的“协议”选项卡（如图 3-29 所示），在“选择协议类型”下拉列表中选择“TCP”，在“设置 IP 协议端口”中选中“从任意端口”和“到此端口”单选按钮，在“到此端口”下的文本框中输入“139”，单击“确定”按钮，返回“IP 筛选器列表”对话框，可以看到在“筛选器”列表框中添加了一个屏蔽目的端口 TCP 139 的筛选器。

图 3-28　“寻址”选项卡

图 3-29　“协议”选项卡

(12) 单击“确定”按钮,返回“新规则属性”对话框,可以看到在“IP 筛选器列表”中已经添加了“新 IP 筛选器列表”,选中其左边的圆圈,表示已经激活。然后,单击“筛选器操作”选项卡(如图 3-30 所示)。

(13) 在“筛选器操作”选项卡中取消对“使用添加向导”复选框的选择,单击“添加”按钮,打开“新筛选器操作属性”对话框。

(14) 在“新筛选器操作属性”对话框中选中“阻止”单选按钮(如图 3-31 所示)。单击“确定”按钮,返回“筛选器操作”选项卡,可以看到在“筛选器操作”增加了“新筛选器操作”,选中其左边的圆圈,单击“应用”按钮,返回 IP 安全策略属性对话框,可以看到在“IP 安全规则”中,增加了相应的规则。

图 3-30　“筛选器操作”选项卡

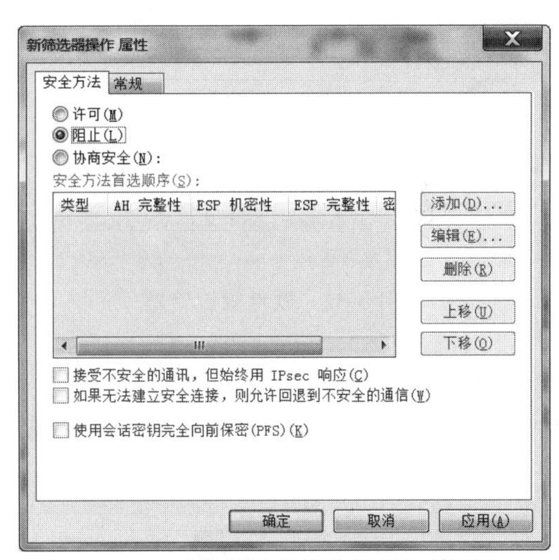

图 3-31　“新筛选器操作属性”对话框

(15) 单击“应用”按钮,关闭 IP 安全策略属性对话框。在“本地安全设置”控制台的右侧窗格中右击所创建的 IP 安全策略,在弹出的快捷菜单中选择“分配”命令。

(16) 重新启动计算机，使策略生效。

IP 筛选器可以针对协议类型、发送端口和接收端口、发送端和接收端的 IP 地址对 IP 数据包进行筛选，可以通过设定筛选器操作来决定系统对筛选出的数据包的操作。由此可见，设置 IP 安全策略实际上可以起到系统防火墙的功能。

3.2.4 设置本地安全策略

本地安全策略包括账户策略、本地策略、公钥策略、软件限制策略、IP 安全策略等，其中账户策略、本地策略和 IP 安全策略的操作在前面已经做过介绍，下面主要介绍软件限制策略的设置。

利用软件限制策略，可以方便地限制用户能够使用的软件。例如，如果不想用户使用 Internet Explorer，则操作步骤如下。

(1) 在“本地安全策略”窗口的左侧窗格中右击“软件限制策略”，在弹出的菜单中选择“创建软件限制策略”（如图 3-32 所示）。由图可知，系统默认的安全级别是所有软件都是“不受限的”，只要用户对要运行的软件拥有访问权限，就可以运行该软件。

(2) 在“本地安全策略”窗口的左侧窗格中选中“软件限制策略”中的“其他规则”，依次选择菜单栏中的“操作”→“新路径规则”命令，打开“新路径规则”对话框（如图 3-33 所示），单击“浏览”按钮，设定限制用户访问的软件可执行文件的路径，设置安全级别为“不允许”，单击“确定”按钮，完成设置。

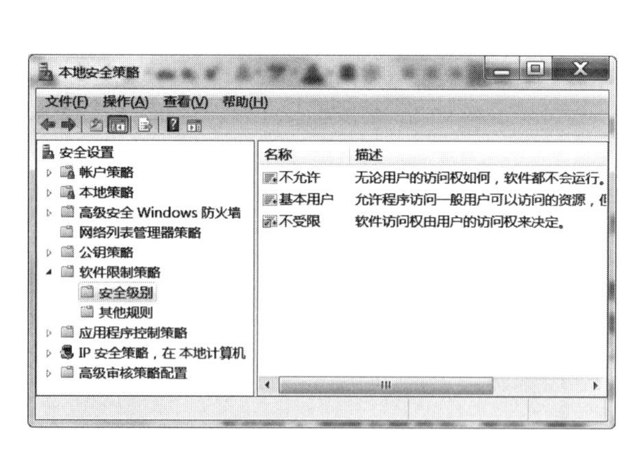

图 3-32 软件限制策略

图 3-33 “新路径规则”对话框

此时，如果在策略生效后运行被限制的软件，则会出现如图 3-34 所示的提示框。若要重新允许用户运行该软件，则将所创建的路径规则删除即可。

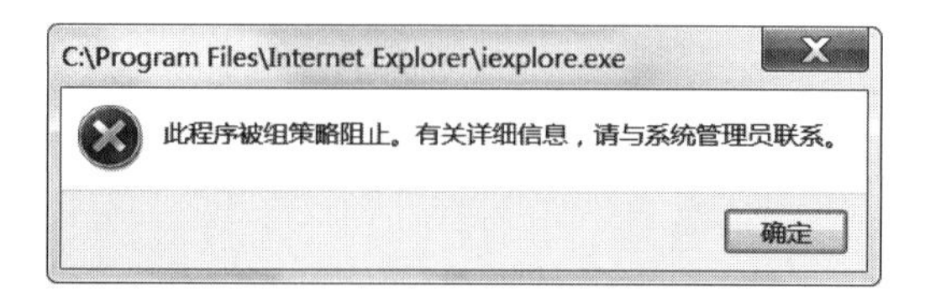

图 3-34 禁止运行受限软件

在对软件进行限制时，除通过路径规则外，还可以通过证书规则、散列（哈希）规则和Internet区域规则实现。在设定路径规则时，除设定文件路径外，也可以通过注册表路径来识别软件。

3.2.5　设置组策略

组策略是将系统重要的配置功能汇集成各种配置模块，以Windows管理单元的形式存在，可以针对整个计算机或特定用户来设置多种配置，从而达到方便管理系统的目的。组策略主要提供了以下功能。

（1）账户策略的设定。例如设定用户密码的长度、密码使用期限、账户锁定等。

（2）本地策略的设定。例如设定审核策略、用户权限分配、设定安全选项等。

（3）脚本的设定。例如设定登录/注销、启动/关机脚本。

（4）用户工作环境的设定。例如隐藏用户桌面上的图标、在“开始”菜单中添加或删除某些功能等。

（5）软件的安装与删除。用户登录或系统启动时，自动安装应用软件、自动修复应用软件或自动删除应用软件。

（6）限制软件的运行。通过各种不同的软件限制规则，限制用户只能运行某些软件。

（7）文件夹转移。例如改变“文档”“收藏夹”等的存储位置。

（8）其他系统设定。例如让系统自动信任指定的CA（Certificate Authority，认证机构）。

1. 打开组策略编辑器

在“运行”窗口中，输入“gpedit. msc”命令，可以直接打开“本地组策略编辑器”窗口（如图3-35所示），在左侧窗格中依次选择“本地计算机策略”→“计算机配置”→“Windows设置”→“安全设置”，可以看到这一部分实际上就是本地安全策略的内容，也就是说，在组策略中可以完成本地安全策略里的全部设置。

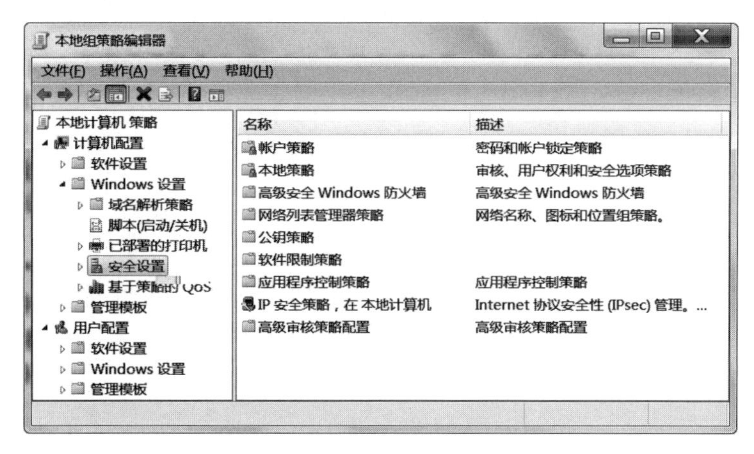

图3-35　“本地组策略编辑器”窗口

2. 组策略典型设置示例

组策略的设置内容涉及Windows系统的各个方面，很多策略与系统的底层工作原理相关。另外，组策略并不只应用于本地计算机，它是域模式网络中实现用户和计算机安全管理设置的重要工具。限于篇幅，下面简单介绍几个组策略的典型设置。

(1) 禁止运行指定程序。

利用组策略可以禁止用户运行指定的应用程序,以提供系统的安全性,操作步骤如下。

① 在“本地组策略编辑器”窗口的左侧窗格中依次选择“本地计算机策略”→“用户配置”→“管理模板”→“系统”。在右侧窗格中双击“不要运行指定的 Windows 应用程序”策略,打开“不要运行指定的 Windows 应用程序”对话框(如图 3-36 所示)。

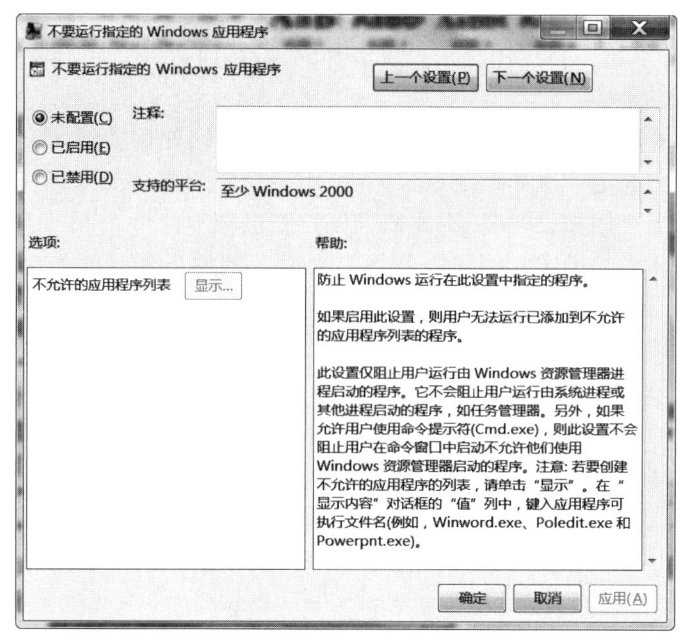

图 3-36 “不要运行指定的 Windows 应用程序”对话框

② 在“不要运行指定的 Windows 应用程序”对话框中,选中“已启用”单选按钮,单击“选项”框中的“显示”按钮,打开“显示内容”对话框(如图 3-37 所示)。

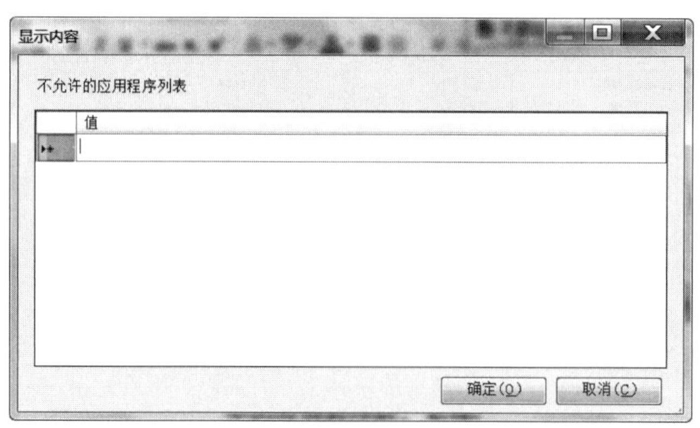

图 3-37 “显示内容”对话框

③ 在“显示内容”对话框中,添加要阻止的应用程序可执行文件的名称,如 QQ. exe。单击“确定”按钮,关闭对话框。在“运行”对话框中输入“gpupdate”命令或者重启计算机,使策略生效。此时,当用户试图运行包含在不允许运行程序列表中的应用程序时,系统会禁止操作并弹出警告信息。

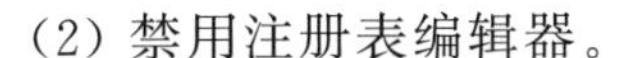

（2）禁用注册表编辑器。

注册表编辑器是系统设置的重要工具，为了保证系统安全，可以将注册表编辑器予以禁用，具体操作步骤如下。

① 在“本地组策略编辑器”窗口的左侧窗格中依次选择“本地计算机策略”→“用户配置”→“管理模板”→“系统”。在右侧窗格中双击“阻止访问注册表编辑工具”策略，打开“阻止访问注册表编辑工具”对话框（如图3-38所示）。

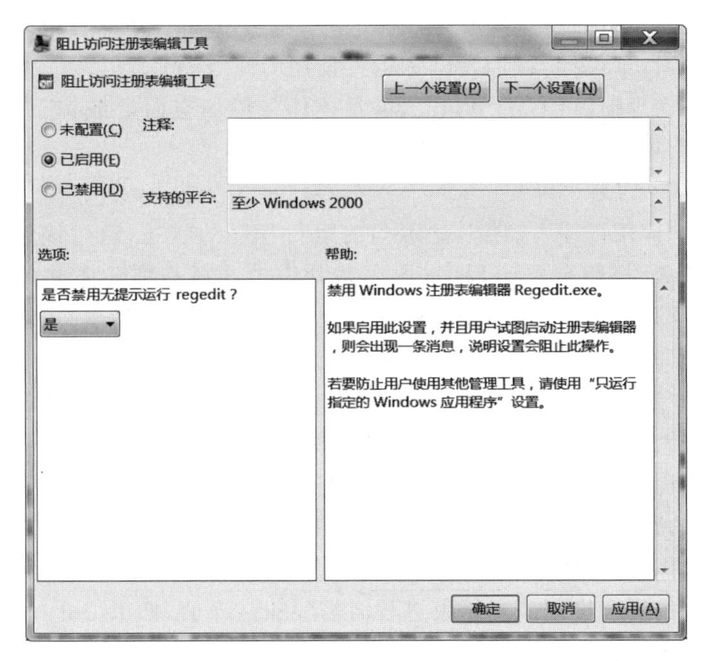

图 3-38　“阻止访问注册表编辑工具”对话框

② 在“阻止访问注册表编辑工具”对话框中选中“已启用”单选按钮，在“选项”框中的“是否禁用无提示运行 regedit?”选择“是”，单击“确定”按钮完成设置。在“运行”对话框中输入“gpupdate”命令或者重启计算机，使策略生效。当用户试图启动注册表编辑器时，系统会禁止操作并弹出警告消息。当然，由于大部分软件需要向注册表添加信息，因此启用该策略有可能导致部分软件不能正常使用。

3. 禁止用户使用可移动存储设备

可移动存储设备是恶意代码传播的重要途径，如果要禁止用户在个人计算机上使用可移动存储设备，操作步骤为：在“本地组策略编辑器”窗口的左侧窗格中依次选择“本地计算机策略”→“用户配置”→“管理模板”→“系统”→“可移动存储访问”；在右侧窗格中双击“所有可移动存储类：拒绝所有权限”策略，将其属性设为“已启用”，单击“确定”按钮完成设置；在“运行”对话框中输入“gpupdate”命令或者重启计算机，使策略生效。

4. 防止用户访问所选驱动器

若要防止用户使用“我的电脑”访问所选驱动器的内容，操作步骤为：在“本地组策略编辑器”窗口的左侧窗格中依次选择“本地计算机策略”→“用户配置”→“管理模板”→“Windows 组件”→“Windows 资源管理器”；在右侧窗格中双击“防止从我的电脑访问驱动器”策略，将其属性设为“已启用”，并在“选项”框下拉列表中选择一个驱动器或几个驱动器，单击

“确定”按钮完成设置。如果启用此设置，用户可以浏览 Windows 资源管理器中所选驱动器的目录结构，但是无法打开文件夹或访问其中的内容，也无法使用“运行”对话框或“映射网络驱动器”对话框来查看这些驱动器上的目录。

3.2.6 使用任务管理器

任务管理器提供了计算机性能信息和运行在计算机上的程序及进程信息。使用任务管理器可快速查看正在运行的程序的状态、关闭没有响应的程序并查看包含计算机性能关键指示器的动态显示窗口(包括当前 CPU 和内存使用的曲线图)。

若要打开任务管理器，可右击 Windows 系统任务栏的空白处或按下“Ctrl＋Alt＋Del”组合键，在弹出的菜单中选择“启动任务管理器”命令。

1. 使用“应用程序”选项卡

任务管理器的“应用程序”选项卡显示当前运行程序的状态，通过该选项卡可启动新程序(通过单击“新任务”按钮)、关闭程序(通过从列表中选择一项任务并单击“结束任务”按钮)或切换到另一个程序(通过从列表中选择一项任务并单击“切换至”按钮)。

2. 使用“进程”选项卡

任务管理器的“进程”选项卡显示当前运行进程的信息，包括当前进程使用 CPU 和内存的情况(如图 3-39 所示)。通常，可以利用其查看当前计算机有无危险进程在运行；可以通过单击栏标题对进程列表进行排序；也可以在“查看”菜单中单击“选择列”，在“选择列”对话框中，选择要显示的其他计数器。在“进程”选项卡上，可选中一个进程并单击“结束进程”按钮中止该进程；也可右击需要中止的进程，从弹出的菜单上选择“结束进程树”，以终止该进程直接或间接创建的所有进程。在结束进程时需要非常谨慎，如果终止了一个应用程序，就会丢失未保存的数据；如果终止了一个系统服务，系统的部分功能就可能无法正常实现。

3. 使用“性能”选项卡

任务管理器的“性能”选项卡可显示计算机性能的动态总貌，该选项卡包括 CPU 和内存使用曲线图，计算机上运行的句柄数、线程数和进程数总计，以及物理内存、核心内存和认可用量的总计等(如图 3-40 所示)。

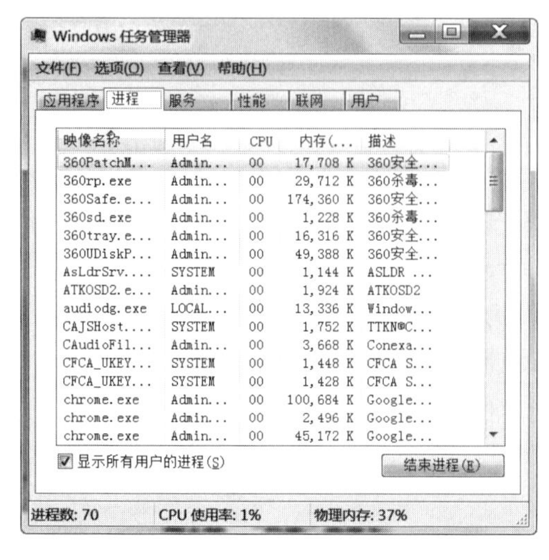

图 3-39 “进程”选项卡

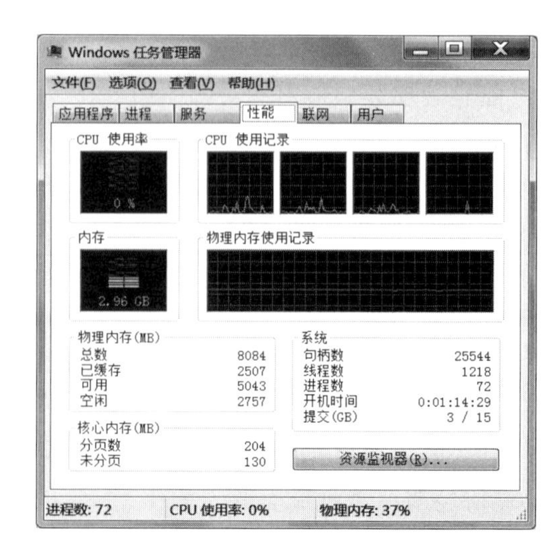

图 3-40 “性能”选项卡

在计算机术语中,程序是一个静态的概念,而进程是动态的概念。例如,“记事本”程序是一个保存在硬盘上的文件,当用户运行该程序时就会产生一个“记事本”进程,如果多次运行“记事本”程序就会产生多个“记事本”进程。进程可以分为系统进程和用户进程,凡是用于完成操作系统各种功能的进程就是系统进程。表3-5列出了Windows系统的部分常见进程。

表3-5　Windows系统的部分常见进程

进程名称	功能描述
Conime. exe	Windows系统输入法编辑器程序,处理控制台输入法配置
Csrss. exe	微软客户端和服务端运行进程,用以控制Windows图形相关任务
Ctfmon. exe	微软Office套装程序,用于加载文字输入程序和微软语言条
Explorer. exe	Windows资源管理器,用于管理图形用户界面
Lsass. exe	Windows系统本地安全权限服务,用以控制Windows安全机制
MDM. exe	Windows系统机器调试管理服务程序,针对应用软件进行纠错
Services. exe	管理Windows服务
Smss. exe	Windows系统进程,调用对话管理子系统,负责操作系统对话
Spoolsv. exe	Windows系统打印后台处理程序进程,管理打印机队列及打印工作
Svchost. exe	Windows系统进程,加载并执行系统服务指定的动态链接库文件
System	Microsoft Windows系统进程
System Idle Process	Windows页面内存管理进程,其资源占用率越大,表示可供分配的资源越多
Taskmgr. exe	Windows任务管理器进程
Winlogon. exe	Windows NT用户登录管理器,处理系统的登录和登录过程

3.2.7　关闭远程协助和远程桌面

Windows系统支持远程协助和远程桌面。远程协助是指将本地计算机的桌面同步传输给网络中的远程主机,对方可以根据需要通过其鼠标、键盘对本地计算机进行控制。远程桌面是指用户利用远程主机通过网络登录到本地计算机,此时本应显示在本地计算机的桌面将会显示到远程主机上,用户可以通过远程主机的鼠标、键盘对本地计算机进行控制,而本地计算机将会处于自动锁定的状态。利用远程协助、远程桌面可以方便地实现系统的远程管理,但也带来了巨大的安全隐患。关闭远程协助和远程桌面的操作步骤为:依次选择“控制面板”→“系统和安全”→“系统”→“允许远程访问”命令,打开“系统属性”对话框的“远程”选项卡(如图3-41所示),在该选项卡的“远程协助”中取消对“允许远程协助连接这台计算机”复选框的选择,在“远程桌面”中选中“不允许连接到这台计算机”单选按钮。

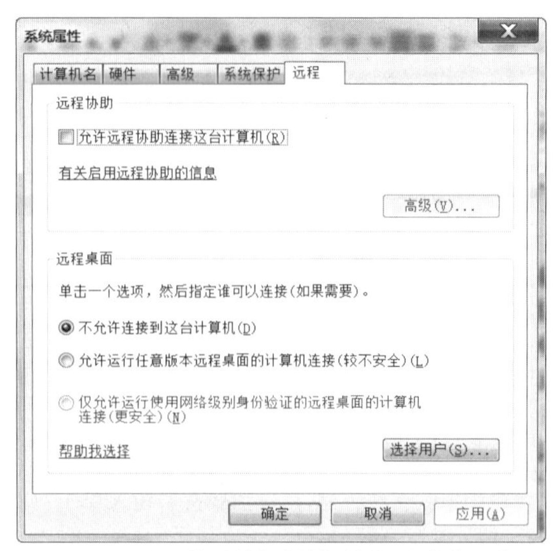

图 3-41 “系统属性”对话框的“远程”选项卡

除 Windows 外，一些应用软件(如 QQ)也有远程协助或远程桌面的功能，在使用时也应注意其安全性。

3.2.8 使用安全审计

1. Windows 系统的审核

Windows 系统的审核是跟踪计算机上用户活动和系统活动的过程。可以通过审核来指定系统将一个事件记录到安全日志中。安全日志中的审核项包含下列信息。

① 所执行的操作。

② 执行操作的用户。

③ 事件的成功或失败以及事件发生的时间。

审核是默认关闭的，在确定对计算机进行审核后，还必须规划审核内容。可以审核的事件类型主要包括以下几种。

① 审核策略更改：审核用户安全选项、用户权限或审核策略所做的更改。

② 审核登录事件：审核用户登录或注销，或者用户建立或取消与计算机的网络连接。

③ 审核对象访问：审核用户对文件、文件夹或打印机进行的访问。

④ 审核进程追踪：审核事件的详细跟踪信息，该信息通常只对那些需要跟踪程序执行详细资料的编程人员有用。

⑤ 审核目录服务访问：审核用户对 Active Directory 对象的访问。

⑥ 审核特权使用：审核用户对用户权利改变所做的每一个事件，如更改系统时间等，但不包括与登录和注销相关的权利。

⑦ 审核系统事件：审核对系统安全或安全日志有影响的事件，如重新启动计算机。

⑧ 审核账户登录事件：审核在本地计算机上发生的登录或注销事件。

⑨ 审核账户管理：审核计算机上的账户管理事件，如创建、更改或删除用户或组，用户账户被重命名、禁用或启用，设置或更改用户口令等。

在确定了要审核的事件类型后，就必须确定是审核成功事件、失败事件，还是两者都审核。跟踪成功事件可了解 Windows 系统用户或服务对特定文件、打印机或其他对象的访问频率,该信息可用于资源规划。跟踪失败事件可及早发现潜在的安全隐患。例如,如果注意到某个用户多次登录失败,那么就可能有未授权用户在尝试进入系统。

2. 设置审核策略

默认情况下审核是关闭的,要进行审核,则必须设置审核策略。设置审核策略的操作步骤为:打开"本地安全策略"窗口;在左侧窗格中依次选择"本地策略"→"审核策略";在右侧窗格中,双击要审核的事件类型,如"审核登录事件",打开该策略的属性对话框;在策略对话框中,选择要审核的操作,单击"应用"按钮,启用该策略(如图 3-42 所示)。

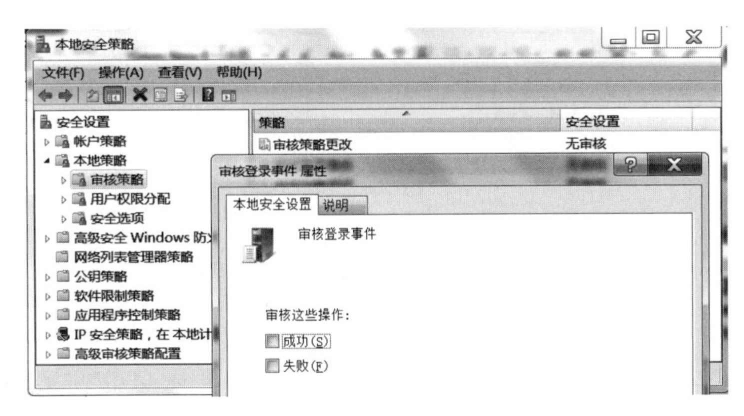

图 3-42　设置审核策略

如果要审核用户对文件、文件夹进行的访问,除启用"审核对象访问"策略外,还需要对文件和文件夹进行设置,操作步骤如下。

(1) 在"本地安全设置"窗口"审核策略"中,对"审核对象访问"策略进行设置。

(2) 在资源管理器中,右击要审核的文件或文件夹(只有在 NTFS 卷上的文件和文件夹才能设置审核),在弹出的快捷菜单中选择"属性"命令,打开其属性对话框。

(3) 在属性对话框的"安全"选项卡中单击"高级"按钮,打开高级安全设置对话框,选择"审核"选项卡,单击"编辑"按钮(如图 3-43 所示)。

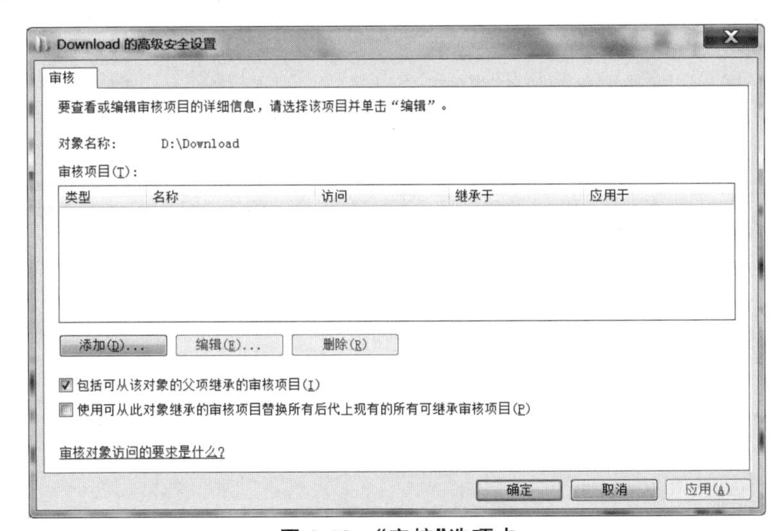

图 3-43　"审核"选项卡

(4) 在“审核”选项卡中单击“添加”按钮，打开“选择用户和组”对话框，输入要审核的用户或组，单击“确定”按钮，打开审核项目对话框(如图 3-44 所示)。

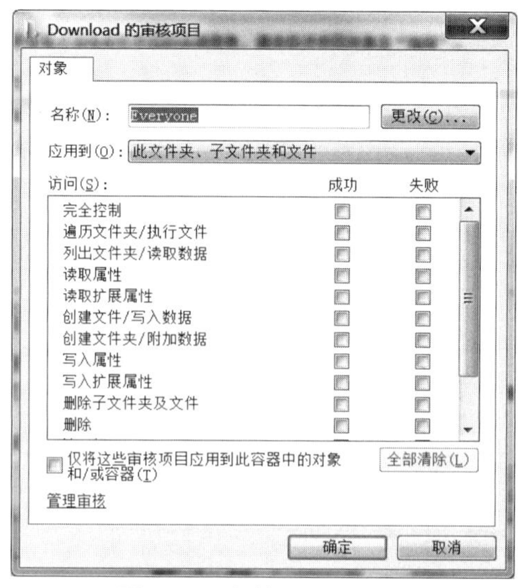

图 3-44　审核项目对话框

(5) 在审核项目对话框中选择要审核的用户操作和审核范围，单击“确定”按钮，完成设置。

3. 使用事件查看器

当 Windows 系统出现运行错误、用户登录/注销的行为或者应用程序发出错误信息等情况时，会将这些事件记录到“事件日志文件”中。管理员可以利用“事件查看器”检查这些日志，以便做进一步的处理。在“控制面板”的“管理工具”中双击“事件查看器”图标，可以打开“事件查看器”窗口(如图 3-45 所示)。

图 3-45　“事件查看器”窗口

由图 3-45 可知，该窗口的中间窗格列出了计算机的系统日志，图中每一行代表了一个事件。它提供了以下信息：

① 级别：此事件的类型，例如错误、警告、信息等。

② 日期与时间：此事件被记录的日期与时间。

③ 来源：记录此事件的程序名称。

④ 事件：每个事件都会被赋予唯一的号码。

⑤ 任务类别：产生此事件的程序可能会将其信息分类，并显示在此处。

在每个事件之前都有一个代表事件类型的图标，现将这些图标说明如下：

① 信息：描述应用程序、驱动程序或服务的成功操作。

② 警告：表示目前不严重，但是未来可能会造成系统无法正常工作的问题。例如，硬盘容量所剩不多时，就会被记录为"警告"类型的事件。

③ 错误：表示比较严重，已经造成数据丢失或功能故障的事件，如网卡故障、计算机名与其他计算机相同、IP 地址与其他计算机相同、某系统服务无法正常启动等。

④ 审核成功：表示所审核的事件为成功的安全访问事件。

⑤ 审核失败：表示所审核的事件为失败的安全访问事件。

由审核而产生的事件日志存放在安全日志中。如果要查看事件的详细内容，可直接双击该事件，打开"事件属性"对话框(如图 3-46 所示)。

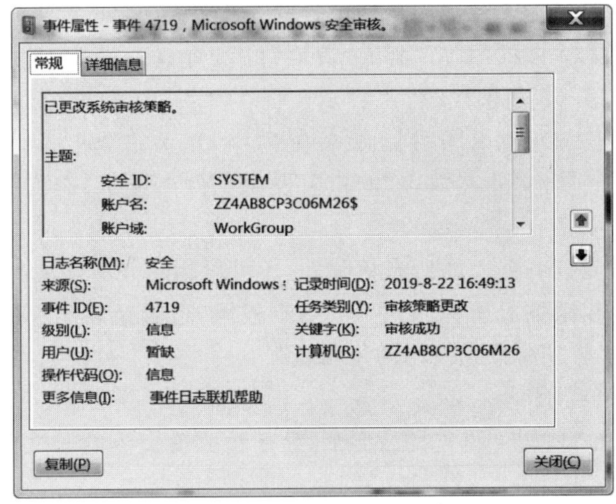

图 3-46　"事件属性"对话框

3.3　文件夹与文件的安全

3.3.1　利用 Windows 系统的 NTFS 权限

操作系统中负责管理和存储文件信息的机构称为文件系统。从系统角度来看，文件系统是对存储器空间(卷)进行组织和分配，负责文件的存储并对存入的文件进行保护和检索的系统。Windows 系统主要支持三种文件系统：NTFS、FAT 和 FAT32。通常推荐使用 NTFS 文件系统，它可以提供设置权限、加密、压缩、磁盘配额等功能。

1. NTFS 权限

当以 NTFS 文件系统格式化卷时就创建了 NTFS 卷，NTFS 卷上的每个文件和文件夹

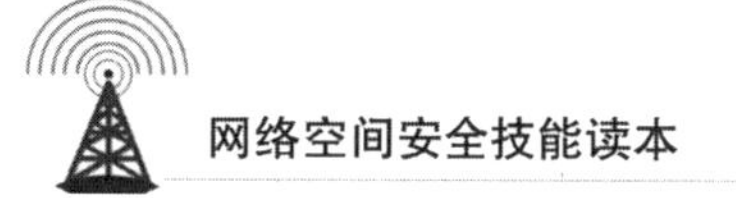

都有一个列表，称为ACL，该表记录了用户和组对该资源的访问权限。NTFS权限可以针对文件、文件夹、注册表键值、打印机等进行设置。

(1) 标准NTFS文件权限的类型。

标准NTFS文件权限主要包括以下类型。

① 读取：该权限可以读取文件内容、查看文件属性与权限等。

② 写入：该权限可以修改文件内容、在文件后面添加数据或修改文件属性等。除了“写入”权限之外，用户还必须至少拥有“读取”的权限才可以修改文件内容。

③ 读取和执行：该权限除拥有“读取”的所有权限外，还具有运行应用程序的权限。

④ 修改：该权限除了拥有“读取”“写入”与“读取和执行”的所有权限外，还可以删除文件。

⑤ 完全控制：该权限拥有所有NTFS文件的权限，也就是除了拥有前述的所有权限之外，还拥有“更改权限”与“取得所有权”的特殊权限。

(2) 标准NTFS文件夹权限的类型。

标准NTFS文件夹权限主要包括以下类型。

① 读取：该权限可查看文件夹内的文件名与子文件夹名、查看文件夹属性与权限等。

② 写入：该权限可以在文件夹内新建文件与子文件夹、改变文件夹属性等。

③ 列出文件夹内容：该权限除了拥有“读取”的所有权限之外，它还具有“遍历文件夹”的权限，也就是可以打开或关闭此文件夹。

④ 读取和执行：该权限拥有与“列出文件夹内容”几乎完全相同的权限，只是在权限的继承方面有所不同。“列出文件夹内容”的权限仅由文件夹继承，而“读取和执行”会由文件夹与文件同时继承。

⑤ 修改：该权限除拥有前面的所有权限外，还可以删除该文件夹。

⑥ 完全控制：该权限拥有所有NTFS文件夹权限，也就是除了拥有前述的所有权限之外，还拥有“更改权限”与“取得所有权”的特殊权限。

(3) NTFS权限的继承。

默认情况下，当用户设置文件夹的权限后，位于该文件夹下的子文件夹与文件会自动继承该文件夹的权限。

(4) 用户的有效NTFS权限。

如果用户同时属于多个组，而每个组分别对某个资源拥有不同的访问权限，此时用户的有效权限将遵循以下规则。

① NTFS权限具有累加性：用户对某个资源的有效权限是其所有权限来源的总和，例如，若用户A属于Managers组，而某文件的NTFS权限分别为用户A具有“写入”权限、组Managers具有“读取和执行”权限，则用户A的有效权限为这两个权限的和，也就是“写入＋读取和执行”。

② “拒绝”权限会覆盖其他权限：虽然用户对某个资源的有效权限是其所有权限来源的总和，但是只要其中有一个权限被设为拒绝访问，则用户将无法访问该资源。例如，若用户A属于Managers组，而某文件的NTFS权限分别为用户A具有“读取”权限、组Managers具有“拒绝访问”权限，则用户A的有效权限为“拒绝访问”，也就是无权访问该资源。

(5) 文件复制或移动后NTFS权限的变化。

NTFS卷中的文件或文件夹在复制或移动后，其NTFS权限的变化将遵循以下规则。

① 复制文件和文件夹时，继承目的文件夹的权限设置。

② 在同一 NTFS 卷移动文件或文件夹时，权限不变。

③ 在不同 NTFS 卷移动文件或文件夹时，继承目的文件夹的权限设置。

2. 获得 NTFS 文件系统

如果要把使用 FAT 或 FAT32 文件系统的卷转换为 NTFS 卷，通常可以采用以下方法。

(1) 对卷进行格式化。

具体操作步骤为：在“计算机”窗口中，右击要转换的卷，在弹出的菜单中选择“格式化”命令，打开格式化卷对话框；在“文件系统”列表框中选择“NTFS”，单击“开始”按钮，即可获得 NTFS 卷。

(2) 利用“convert”命令。

若要在不丢失卷上原有文件的前提下进行转换，可依次选择“开始”→“命令提示符”命令，在打开的“命令提示符”窗口中输入“convert e:/fs:ntfs”命令(e:为要转换的卷的驱动器号)即可完成文件系统的转换。

3. 设置 NTFS 权限

对于新的 NTFS 卷，系统会自动设置其默认的权限，其中部分权限会被卷中的文件夹、子文件夹或文件继承。用户可以更改这些默认设置。只有 Administrators 组内的成员、文件/文件夹的所有者和具备完全控制权限的用户，才有权为文件或文件夹设置 NTFS 权限。

(1) 指派文件夹或文件的权限。

要给用户指派文件夹或文件的 NTFS 权限时，可右击该文件夹或文件(如文件夹 E:\test)，打开“属性”对话框。在打开的“属性”对话框中，选择“安全”选项卡(如图 3-47 所示)。由图 3-47 可知，该文件夹已经有了默认的权限设置，而且这些权限右方的“允许”或“拒绝”是灰色的，说明这是该文件夹从其父文件夹(也就是 E:\)继承来的权限。如果要更改权限，可单击“编辑”按钮，打开文件夹的权限对话框(如图 3-48 所示)，只需选中相应权限右方的“允许”或“拒绝”复选框即可。不过，虽然可以更改从父文件夹继承来的权限，例如添加权限，或者通过选中“拒绝”复选框删除权限，但不能直接将灰色的对钩取消。

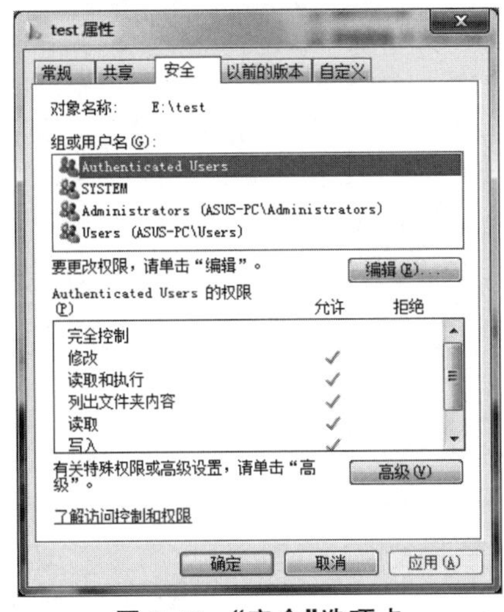

图 3-47　“安全”选项卡

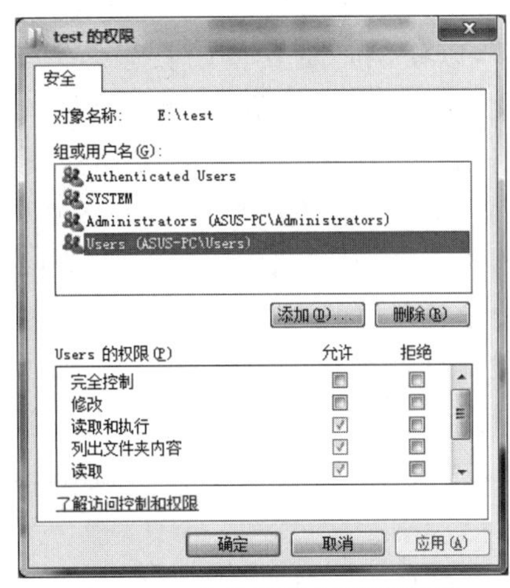

图 3-48　文件夹的权限对话框

如果要指派其他的用户权限,可在“文件夹的权限”对话框中,单击“添加”按钮,打开“选择用户、计算机或组”对话框,选择要指派 NTFS 权限的用户或组。完成后,单击“确定”按钮。此时在文件夹的“安全”选项卡中已经添加了该用户,而且该用户的权限已不再有灰色的复选框,其所有权限设置都是可以直接修改的。

(2) 不继承父文件夹的权限。

如果不想继承父文件夹的权限,可在文件或文件夹的“安全”选项卡中单击“高级”按钮,打开高级安全设置对话框,单击“更改权限”按钮,在打开的文件或文件夹的高级安全设置对话框中取消对“包括可从该对象的父项继承的权限”复选框的选择(如图 3-49 所示),此时会打开“Windows 安全”警告框,单击“删除”按钮即可将继承权限删除。

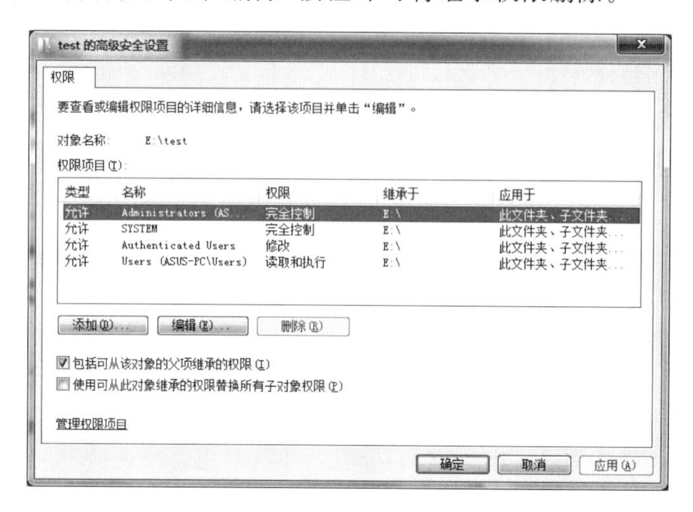

图 3-49　文件或文件夹的高级安全设置对话框

如果选择文件或文件夹的高级安全设置对话框中的“使用可从此对象继承的权限替换所有子对象权限”复选框,文件夹内所有子对象的权限将被文件夹权限替代。可以在文件夹的高级安全设置对话框中单击“权限项目”选项卡查看用户和组的最终有效权限。

(3) 指派特殊权限。

用户可以利用 NTFS 特殊权限更精确地指派权限,以便满足更具体的权限需求。设置文件或文件夹的特殊权限,可在其“安全”选项卡中单击“高级”按钮,打开“高级安全设置”对话框;单击“更改权限”按钮,在打开的文件或文件夹的高级安全设置对话框的“权限项目”列表框选中要设置权限的用户,单击“编辑”按钮,打开文件或文件夹的权限项目对话框(如图 3-50 所示)。可在“应用于”列表框中设置权限的应用范围,在“权限”列表框中更精确地设置用户权限。

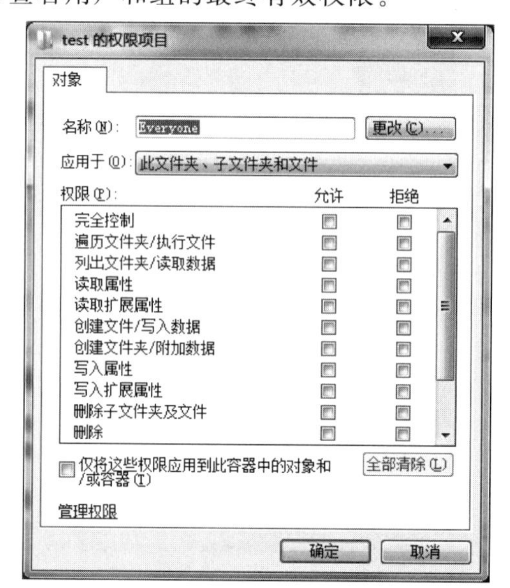

图 3-50　文件或文件夹的权限项目对话框

(4) 查看文件与文件夹所有者。

在 NTFS 卷中,每个文件与文件夹都有其

“所有者”。默认情况下，创建文件或文件夹的用户，就是该文件或文件夹的所有者，具有更改该文件或文件夹权限的能力。要查看文件或文件夹的所有者，可在其“安全”选项卡中单击“高级”按钮，打开“高级安全设置”对话框，选中“所有者”选项卡，此时可以看到文件或文件夹的所有者。

3.3.2　使用EFS加密文件

加密是指通过特定算法和密钥，将明文（初始普通文本）转换为密文（密码文本）；解密是指使用密钥将密文恢复至明文，是加密的相反过程（如图3-51所示）。加密、解密算法其实就是一种数学函数，用来完成加密和解密运算。密钥由数字、字符组成，可以实现对明文的加密或对密文的解密。加密的安全性取决于加密算法的强度和密钥的保密性。加密的用途是保障隐私，避免资料外泄给第三方，即使对方取得，也不能阅读已加密的资料。

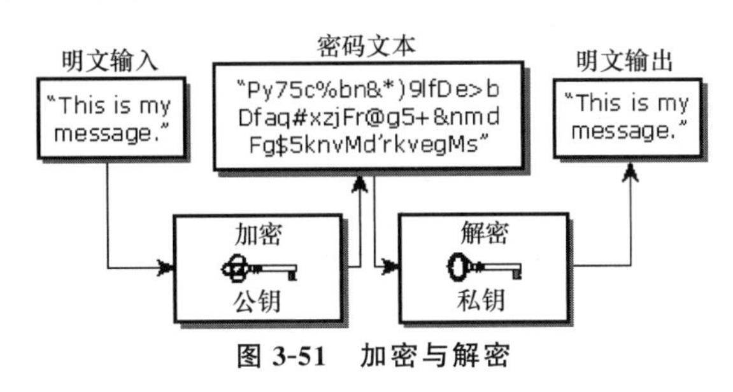

图3-51　加密与解密

Windows系统利用加密文件系统（Encrypting File System，EFS）提供文件加密的功能。文件夹或文件经过加密后，只有当初加密的用户或者经过授权的用户能够读取，因此可以增强文件的安全性。只有NTFS卷内的文件、文件夹才可以进行EFS加密，如果将加密文件复制或移动到非NTFS卷内，则该文件将会被解密。另外，文件加密系统和NTFS卷的文件压缩不能同时设置。如果要对已经压缩的文件加密，则该文件会自动解压缩。如果要对已加密的文件压缩，则该文件会自动解密。授权用户或应用程序在读取加密文件时，系统会将文件由磁盘读出，自动解密后提供给用户或应用程序使用，而存储在磁盘内的文件仍然处于加密的状态。当授权用户或应用程序要将文件写入磁盘时，系统也会将其自动加密后再写入磁盘。也就是说，对用户来讲，加密和解密过程是完全透明的，用户并不需要参与这个过程。

如果要对NTFS卷上的某文件夹进行加密，其基本操作步骤如下。

(1) 右击该文件夹，在弹出的菜单中选择“属性”，打开其属性对话框，单击“高级”按钮，打开“高级属性”对话框（如图3-52所示）。

(2) 在“高级属性”对话框中，选中“加密内容以便保护数据”复选框，单击“确定”按钮，返回文件夹属性对话框。

(3) 单击“应用”按钮，打开“确认属性更改”对话框（如图3-53所示）。如果选择“仅将更改应用于此文件夹”，则以后在该文件夹内所添加的文件、子文件夹与子文件夹内的文件都会自动加密，但是并不会影响该文件夹内现有的文件与文件夹；如果选择“将更改应用于此文件夹、子文件夹和文件”，则不但以后在该文件夹内添加的文件、子文件夹与子文件夹内的文件都会自动加密。而且该文件夹内的现有文件、子文件夹与子文件夹内的现有文件也会被加密；单击“确定”按钮，完成对文件夹的加密。

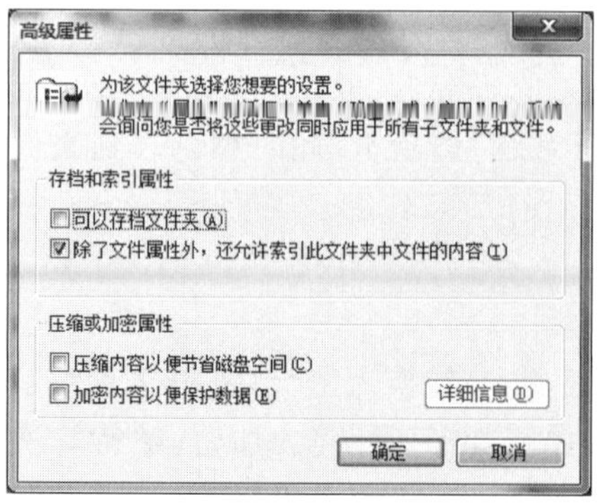

图 3-52 “高级属性”对话框

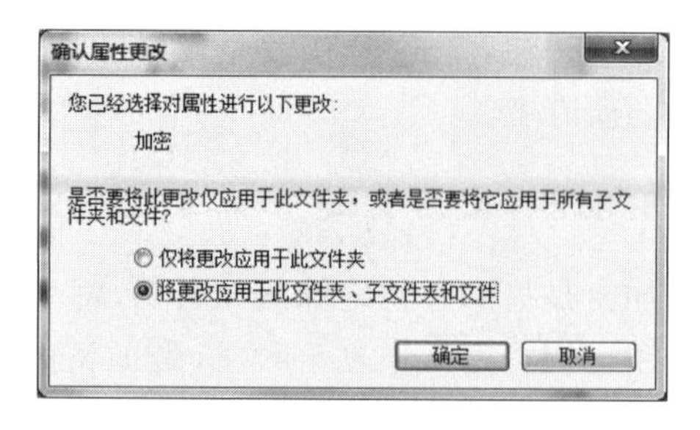

图 3-53 “确认属性更改”对话框

在默认情况下，加密文件夹或文件在资源管理器中会用绿色字体表示。如果不希望使用彩色字体，可以在资源管理器的菜单栏依次选择“工具”→“文件夹选项”，在“文件夹选项”对话框中单击“查看”选项卡，在“高级设置”中，不选择“用彩色显示加密或压缩的 NTFS 文件”即可。设置 EFS 加密后，当用户将一个未加密的文件移动或复制到加密文件夹时，该文件会自动加密，将一个加密的文件移动或复制到非加密文件夹时，该文件仍然会保持其加密状态。另外，利用 EFS 加密的文件，只有存储在磁盘内才会被加密，通过网络发送时是不加密的。

3.3.3 Office 文档的密码保护

很多文件是可以通过应用程序设置密码保护的，当使用该程序打开文件时，程序会提示用户输入密码，只有正确地输入密码，程序才能打开文件或对文件进行修改，而且通常这种密码保护在文件存储和通过网络传输时都是生效的。在 Word、Excel、PowerPoint 等 Office 的常用组件中，都可以为相关文档设置密码以控制用户对文档的访问。如果要为 Word 文档设置密码保护，其基本操作步骤如下。

(1) 打开需要进行密码保护的文档，单击“文件”菜单，单击“信息”菜单项，单击“保护文档”图标(如图 3-54 所示)，在弹出的菜单中选择“用密码进行加密”，打开“加密文档”对话框(如图 3-55 所示)。

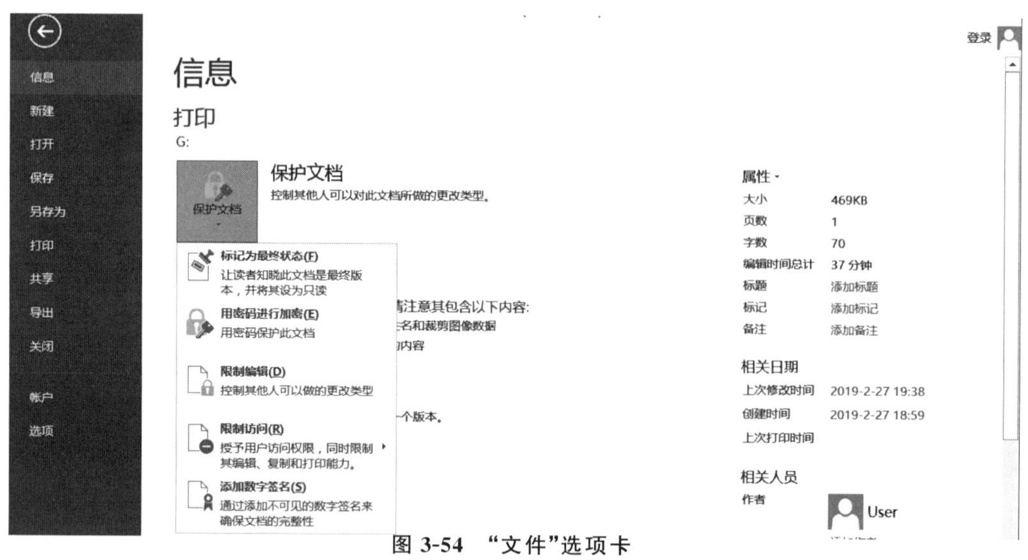

图 3-54 “文件”选项卡

(2) 在“加密文档”对话框中输入要设置的密码,单击“确定”按钮打开“确认密码”对话框。

(3) 在“确认密码”对话框中再次输入密码,单击“确定”按钮完成设置,此时再打开该文档时,会出现如图3-56所示的“密码”对话框,只有正确输入密码方能打开该文档。

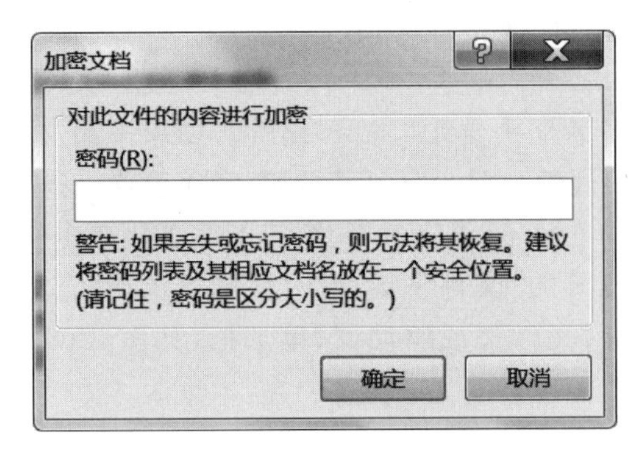

图3-55　“加密文档”对话框

图3-56　“密码”对话框

3.3.4　压缩文件的密码保护

常用的压缩软件如WinZip、WinRAR、360压缩等都提供了设置密码的功能,以控制用户对压缩文件的访问。如果要利用360压缩创建带密码保护的压缩文件,则基本操作步骤如下。

(1) 在“Windows资源管理器”中右击要压缩的文件或文件夹,在弹出的菜单中选择“添加到压缩文件”命令,打开“您将创建一个压缩文件”对话框(如图3-57所示)。

(2) 在“您将创建一个压缩文件”对话框中输入要创建的压缩文件的文件名,单击“添加密码”,打开“添加密码”对话框(如图3-58所示)。

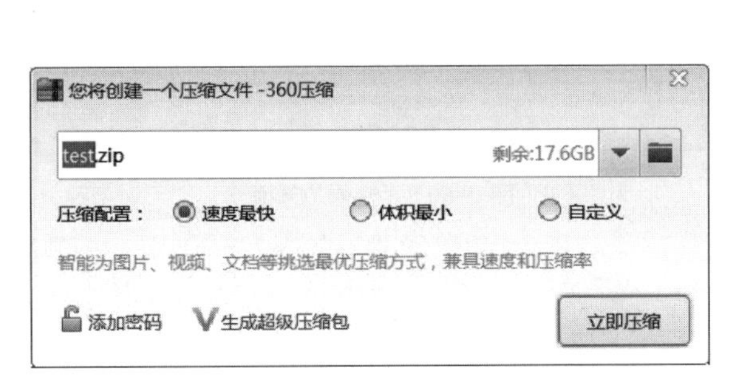

图3-57　“您将创建一个压缩文件”对话框

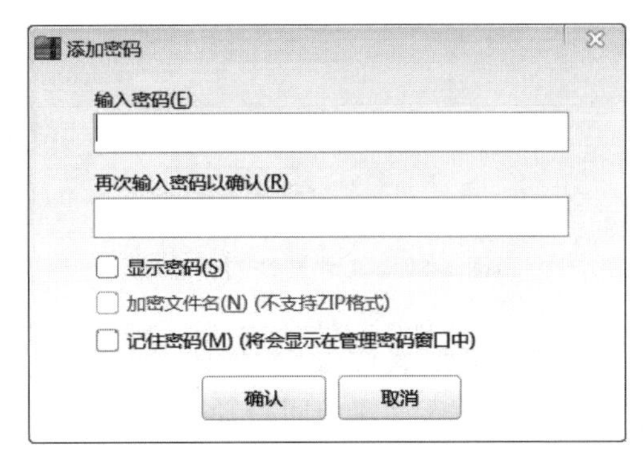

图3-58　“添加密码”对话框

(3) 在“添加密码”对话框中输入并确认密码,单击“确认”按钮,回到“您将创建一个压缩文件”对话框。

(4) 在“您将创建一个压缩文件”对话框中,单击“立即压缩”按钮,完成压缩文件的创建。在打开该压缩文件时会出现“输入密码”对话框,只有正确输入密码方能打开该压缩文件。

3.3.5 安全存放文件

如果有些文件或文件夹不想被他人看到或修改，那么可将其设置为“隐藏”或“只读”属性，具体操作方法如下。

(1) 在“Windows 资源管理器”中右击相应的文件或文件夹，在弹出的菜单中选择“属性”命令，打开其属性对话框(如图 3-59 所示)。

(2) 如果要隐藏文件或文件夹，则在其属性对话框中选中“隐藏”属性。如果不想文件或文件夹被修改，则在其属性对话框中选中“只读”属性。单击“应用”按钮，完成设置。

(3) 如果要隐藏文件或文件夹，还需要在“Windows 资源管理器”窗口的菜单栏单击“工具”，在弹出的菜单中选择“文件夹选项”命令，在打开的“文件夹选项”对话框中选择“查看”选项卡，在其高级设置中选中“不显示隐藏的文件、文件夹或驱动器”单选框(如图 3-60 所示)。

图 3-59 文件属性对话框

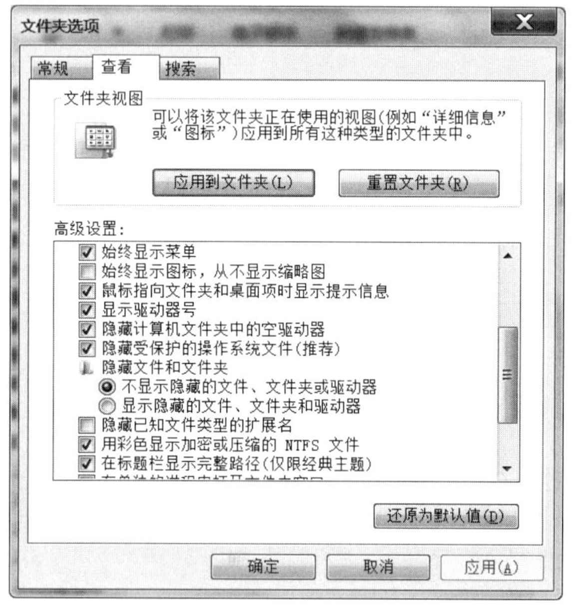

图 3-60 “查看”选项卡

设置“隐藏”属性后，文件或文件夹在“Windows 资源管理器”中将不被直接显示，需要通过在地址栏输入具体访问路径才能访问。设置“只读”属性后，如果对文件进行修改，则相关修改不能保存到原文件中，系统会提示另存为其他文件。

另外，在“文件夹选项”对话框“查看”选项卡的高级设置中，如果不选中“隐藏已知文件类型的扩展名”复选框，则在“Windows 资源管理器”中将显示文件的扩展名并可对其进行修改。在 Windows 系统中，将根据文件的扩展名为文件配置相应的图标并确定打开文件的对应程序。例如，Word 文件的扩展名通常为“.doc”或“.docx”，如果将某 Word 文件的扩展名修改为“.bmp”，则系统会误认为该文件是一个图片文件，其图标和打开文件的对应程序都会随之发生变化。因此，通过修改文件的扩展名使其他用户无法辨识文件的类型，也能够变相地保护文件。

3.3.6 文件的删除、恢复和粉碎

1. 文件的删除和恢复

在 Windows 系统中通常可以采用两种方法删除文件,一种方法是在“Windows 资源管理器”中选择相应的文件,右击鼠标,在弹出的菜单中直接选择“删除”命令,此时文件将会被放入“回收站”中;另一种方法是在选择“删除”命令时同时按下键盘上的“Shift”键,此时系统会提示永久性地删除文件。实际上,无论使用哪种方法,被删除的文件都是可以被恢复的。

在 Windows 系统中存放文件的磁盘分区或卷首先要进行格式化,在格式化的过程中磁盘分区或卷将被分成几个部分用于存放文件。例如,在使用 FAT 文件系统进行格式化时,磁盘分区将被分为引导扇区、文件目录表、文件分配表、文件数据区等部分。其中,文件数据区会被等分为若干个数据块,每个文件会占用其中几个完整的数据块来存储自身真实数据;文件分配表主要用来记录文件数据区各数据块的使用情况,并为每个文件建立链表以保存其所占数据块的序号和顺序;文件目录表主要用来记录每个文件的文件名、大小、属性、起始数据块等信息。系统在读取文件时,会先在文件目录表中查找相应的目录项,然后按照文件分配表中的链表,读取文件数据区中相应数据块的内容。系统在删除文件时,为了加快删除速度,会在文件分配表中设置文件所占用数据块为空,并在文件目录表中删除相应的目录项,而不会删除文件数据区中各数据块的数据。因此,只要被删除文件所占的数据块没有被新文件覆盖,就可以通过对文件数据区扫描来恢复该文件。

如果要恢复被放入“回收站”中的文件,可以在“回收站”窗口中选择要恢复的文件,右击鼠标,在弹出的菜单中选择“还原”命令(如图 3-61 所示);也可以在文件原目录下,右击鼠标,在弹出的菜单中选择“撤销删除”命令。

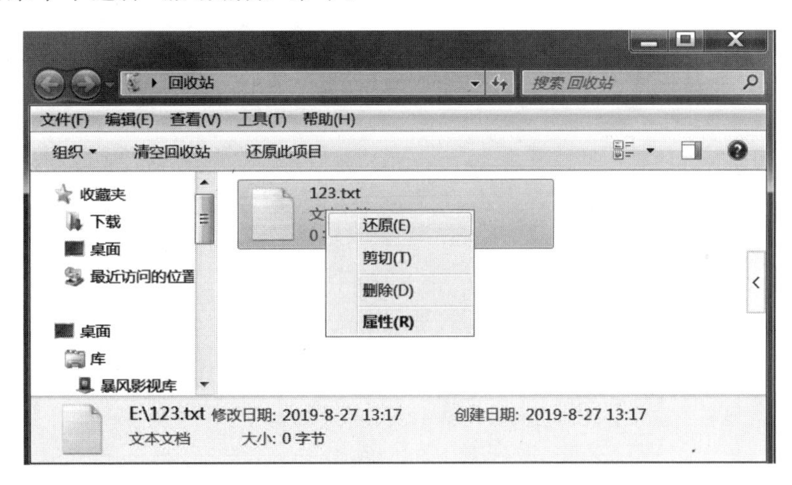

图 3-61 恢复被放入“回收站”中的文件

如果要恢复被永久性删除的文件,通常应使用专门的文件恢复软件。常用的文件恢复软件很多,利用 360 文件恢复工具实现文件恢复的操作方法为:打开 360 安全卫士,在“功能大全”选项卡的左侧菜单中选择“数据安全”,在相应的工具列表中选择添加“文件恢复”工具,打开“360 文件恢复”窗口(如图 3-62 所示)。在“360 文件恢复”窗口中选择要恢复文件所在的驱动器,单击“开始扫描”按钮扫描出该驱动器被删除的文件,选中需要恢复的文件,单击右下角的“恢复选中的文件”按钮即可恢复被删除的文件。

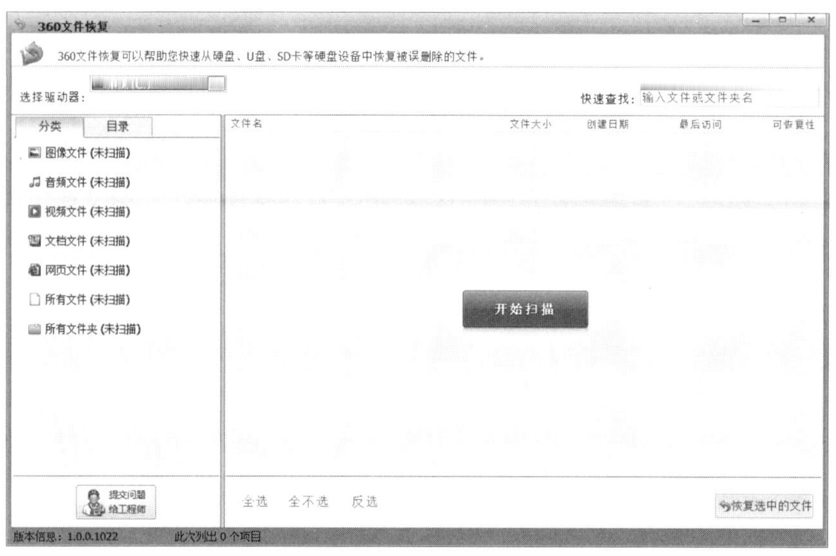

图 3-62 “360 文件恢复”窗口

2. 文件的粉碎

对于一些对安全要求比较高的文件，在删除时应防止他人通过文件恢复来获取其内容，此时可以利用相关工具对其进行粉碎。目前，绝大部分的安全软件都提供了文件粉碎的功能，利用 360 安全卫士进行文件粉碎的操作步骤为：在“Windows 资源管理器”中选择相应的文件，右击鼠标，在弹出的菜单中选择“使用 360 强力删除”命令，打开“文件粉碎机”窗口(如图 3-63 所示)，选中该窗口下方的“防止恢复”复选框，单击“粉碎文件”按钮，此时所选的文件将被彻底删除，并且不可恢复。

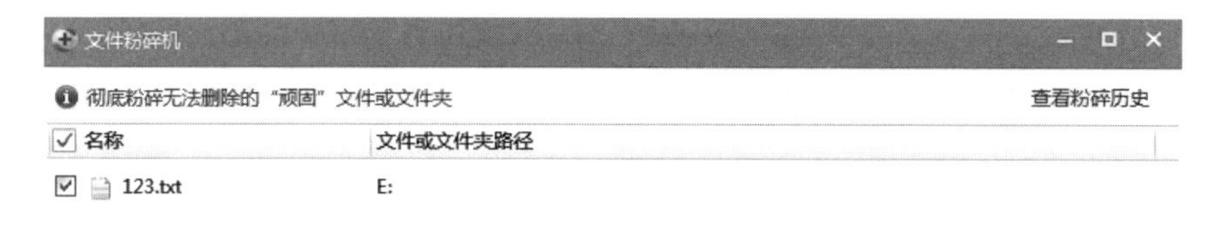

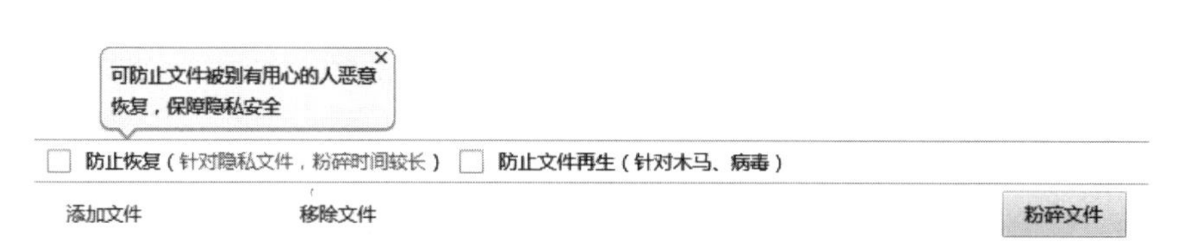

图 3-63 “文件粉碎机”窗口

如果不方便使用专门的粉碎工具，也可以使用手工的方式粉碎文件，其基本思路是将存储被删除文件的所有数据块清空或覆盖。例如，如果要删除的文件是 Word 文档，可以先对该文档进行编辑，将该文档的原有内容删除再重新写入大量垃圾数据，保存修改后再删除该文件。另外，也可以在删除文件后，立刻使用大量的垃圾文件对被删除文件的驱动器进行覆盖。当然在使用上述办法时，最好同时使用文件恢复软件查看文件是否真的不可恢复。

3.4　安装和使用安全工具

对于普通用户，通常应在其个人计算机上安装安全防护软件和杀毒软件，其中安全防护软件主要用于减少系统的漏洞，提高系统的运行效率，保障系统不被破坏；而杀毒软件主要用于病毒、蠕虫等恶意代码的查杀。

3.4.1　安装和使用安全防护软件

安全防护软件通常都具有修复系统漏洞、清理插件、系统优化等功能，常用的安全防护软件有360安全卫士、金山卫士、腾讯电脑管家等。下面主要介绍安装和使用360安全卫士的基本方法。

1. 360安全卫士的安装

360安全卫士的安装文件可以到360公司网站下载，其在Windows操作系统中的安装方法与其他软件基本相同，这里不再赘述。360安全卫士安装完成后会在桌面添加快捷方式，并会随系统启动，在系统托盘区可以看到其对应的图标。

2. 进行系统整体检测

利用360安全卫士的“电脑体检”功能可以对当前系统是否存在故障、是否有垃圾、是否存在安全隐患、运行速度是否可以提升等方面进行检测并进行修复，从而全面解决潜在的安全风险，提高系统运行速度。基本操作步骤如下。

(1) 双击桌面上的“360安全卫士”图标，打开“360安全卫士”窗口(如图3-64所示)。

图3-64　“360安全卫士”窗口

(2) 在“360 安全卫士”窗口,打开“我的电脑”选项卡,单击“立即体检”按钮,此时 360 安全卫士将对系统进行检测,检测完成后将给出评测分数及发现的问题,如图 3-65 所示。

图 3-65 “电脑体检”结果

(3) 检测完成后可以选择单击“一键修复”按钮,此时 360 安全卫士将对检测中发现的所有问题进行自动修复;也可以单击具体的问题,对其进行逐项查看和修复。

3. 查杀木马

利用 360 安全卫士的“木马查杀”功能可以对当前系统中是否存在木马程序进行检测,基本操作方法为:在“360 安全卫士”窗口中单击“木马查杀”选项卡,在打开的“木马查杀”窗口中可以根据需要选择“快速查杀”“全盘查杀”和“按位置查杀”(如图 3-66 所示)。其中,“快速查杀”是指对系统内存、启动对象等关键位置进行查杀,速度较快;“全盘查杀”是指扫描系统内存、启动对象及全部磁盘;“按位置查杀”是指根据用户选择的范围进行查杀。查杀完成后,用户只需根据相应的提示进行处理即可。

图 3-66 “木马查杀”窗口

4. 系统清理

垃圾文件主要是指系统或应用程序工作时所过滤加载出的剩余数据文件。虽然每个垃圾文件所占系统资源并不多,但如果长时间不清理,垃圾文件会越来越多,从而影响系统的性能。

插件主要是指会随着浏览器的启动而自动执行的程序,其本意是帮助用户更方便地浏览网络资源或调用相关辅助功能,但有些插件可能会与其他程序发生冲突从而影响系统的正常运行,也有以监视用户上网行为、投放广告、盗取账号密码等为主要目的的恶意插件,对插件进行清理可以提高浏览器的速度,保障系统的安全性。

痕迹主要是指用户在使用个人计算机过程中留下的个人信息和操作记录,对痕迹进行清理可以保护用户的隐私。

利用360安全卫士的"电脑清理"功能可以对系统中的垃圾、插件、痕迹等进行清理以释放更多的空间,基本操作步骤为:在"360安全卫士"窗口中单击"电脑清理"选项卡,在打开的"电脑清理"窗口中可以根据需要选择"全面清理"和"单项清理"(如图3-67所示)。其中"全面清理"是指对系统的垃圾、插件、注册表、Cookies信息、痕迹信息、软件垃圾进行全面清理,而"单项清理"则是指由用户选择对某一特定的部分进行清理。

图3-67　"电脑清理"窗口

5. 系统修复

利用360安全卫士的"系统修复"功能可以修复浏览器主页、桌面图标被篡改等系统异常,查找系统漏洞,及时更新补丁和驱动程序,基本操作步骤为:在"360安全卫士"窗口中单击"系统修复"选项卡,在打开的"系统修复"窗口中可以根据需要选择"全面修复"和"单项修复"(如图3-68所示)。其中"全面修复"是指对系统、漏洞、软件、驱动程序等进行全面修复,而"单项修复"则是指由用户选择对某一特定的部分进行修复。

图 3-68 “系统修复”窗口

6. 优化加速

利用 360 安全卫士的“优化加速”功能可以根据实际情况设置哪些程序可以开机启动，优化网络配置和硬盘传输效率，提升系统开机和运行的速度，基本操作步骤为：在“360 安全卫士”窗口中单击“优化加速”选项卡，在打开的“优化加速”窗口中可以根据需要选择“全面加速”和“单项加速”(如图 3-69 所示)。其中“全面加速”是指对系统、开机、网络、硬盘等进行全面优化加速，而“单项加速”则是指由用户选择对某一特定的部分进行修复。另外，单击“优化加速”窗口左下角的“启动项”按钮，在打开的“启动项”窗口中可以对当前系统的启动项目、计划任务、自启动插件等进行查看和设置(如图 3-70 所示)。

图 3-69 “优化加速”窗口

图 3-70　“启动项”窗口

除上述功能外，360 安全卫士的“软件管家”功能可以帮助用户下载、升级和卸载各种应用软件，“功能大全”提供了很多安全和优化工具。另外，360 安全卫士运行后也会对系统的运行情况进行实时监控，在发现安全隐患和系统故障时会通过弹窗的方式提示用户并让其进行相应处理。

3.4.2　安装和使用杀毒软件

常用的杀毒软件有 360 杀毒、金山毒霸、瑞星杀毒软件等。下面主要介绍安装和使用 360 杀毒的基本方法。

1. 360 杀毒的安装

360 杀毒是 360 公司出品的一款免费的云安全杀毒软件，其安装文件可以到 360 公司网站下载，在 Windows 操作系统中的安装方法与其他软件基本相同，这里不再赘述。360 杀毒安装完成后会在桌面添加快捷方式，并会随系统启动，在系统托盘区可以看到其对应的图标。

2. 360 杀毒的使用

360 杀毒具有实时病毒防护和手动扫描功能。实时防护功能可以实现在程序运行或文件被访问时对其进行扫描，及时拦截活动的病毒，并通过弹窗提醒用户。手动扫描功能可以使用户根据需要对系统内存、磁盘、U 盘等进行病毒查杀，基本操作步骤为：双击桌面上的 360 杀毒图标，在打开的“360 杀毒”窗口中可以选择“全盘扫描”“快速扫描”“自定义扫描”“宏病毒扫描”和“弹窗过滤”等(如图 3-71 所示)。其中，“全盘扫描”是指对系统内存、开机启动项以及所有磁盘文件进行扫描；“快速扫描”是指对系统内存、开机启动项、Windows 安装文件夹等系统关键位置进行扫描；“自定义扫描”是指由用户选择对相应的驱动器、文件夹或文件进行扫描；“宏病毒扫描”是指对 Office 文件中的宏病毒进行扫描；“弹窗过滤”是指对各类弹窗进行过滤，以防止干扰。如果要扫描所有文件，则可在“360 杀毒”窗口中单击“全盘扫描”按钮，扫描完成后的结果如图 3-72 所示。单击右上角的“立即处理”按钮即可对相应的风险项和异常项进行处理，如果能确定扫描到的风险项或异常项是正常的，也可选择“暂不处理”或单击相应项后的“信任”链接。

图 3-71 “360 杀毒”窗口

图 3-72 “全盘扫描”后的结果

3．360 杀毒的升级

由于杀毒软件的病毒库会实时更新，因此通常应开启 360 杀毒的自动升级功能，设置步骤为：单击“360 杀毒”窗口右上方的“设置”链接，在打开的“360 杀毒—设置”窗口中单击左侧菜单栏的“升级设置”选项卡，在“自动升级设置”中选中“自动升级病毒特征库及程序”单选按钮

(如图 3-73 所示)。如果想手动进行升级,则可在“360 杀毒”窗口中单击下方的“检查更新”链接,升级程序会连接服务器检查是否有可用更新,如果有更新,则会下载并安装升级文件。

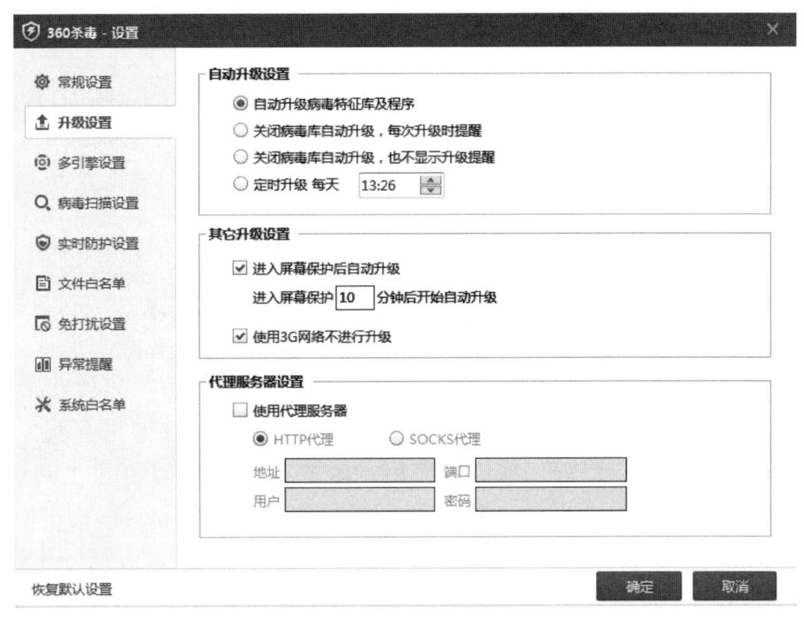

图 3-73　设置自动升级

4. 360 杀毒的白名单设置

在杀毒软件中,加入白名单的文件或文件夹将被信任,在病毒扫描和实时防护过程中会跳过检查。在“360 杀毒—设置”窗口中可以单击左侧菜单栏的“文件白名单”选项卡,在该窗口中可以对文件或文件夹是否加入白名单进行管理(如图 3-74 所示)。另外,还可以在“系统白名单”中对系统修复项目是否加入白名单进行管理。

图 3-74　设置文件白名单

3.5 安全使用公用个人计算机

在生活、学习和工作中，经常会遇到使用公用个人计算机的情况，比如在学校机房、在图书馆、在网吧、在酒店等。另外，也有可能遇到借用同学、同事等其他人的个人计算机的情况。不管出于什么原因，在使用公用个人计算机时都有可能暴露个人信息和隐私，为了减少风险，通常在使用公用个人计算机时应注意以下几个方面。

1. 检查公用个人计算机的当前状态

① 在使用公用个人计算机之前，应检查其当前状态，如果其正在运行，则通常应将其重新启动并在启动后查看任务管理器中是否存在可疑的进程，若要坚持使用也应先查看系统中正在运行哪些程序。② 应注意检查该计算机是否安装有安全防护软件和杀毒软件，利用安全工具不但可以清除个人信息和隐私，也可以防止键盘记录软件等恶意软件的运行，对于未安装任何安全工具的个人计算机，应谨慎使用。③ 应注意检查计算机上是否安装有可疑的存储设备或其他外设，话筒和摄像头是否处于开启的状态。④ 应注意周围的环境，比如周围是否有监控摄像记录键盘或显示器的使用过程。

2. 不保存登录信息和文件

在使用公用个人计算机时，最好不要在本地磁盘保存文件，如果涉及文件的传输和处理，则应利用自己的 U 盘来存储文件。默认情况下，浏览器、游戏客户端、QQ 等程序都会记录用户的登录状态，一般会记录用户名，有时也会记录密码，为了确保安全，应注意设置不保存登录信息或将登录信息删除，不同的应用程序具体操作方法各不相同，举例如下。

(1) 如果不希望 Internet Explorer 记录登录网站的用户名和密码，则可单击“Internet Explorer”窗口右上方的“设置”按钮，在弹出的菜单中选择“Internet 选项”，在打开的“Internet 选项”对话框中选择“内容”选项卡（如图 3-75 所示），单击“自动完成”中的“设置”按钮，在打开的“自动完成设置”对话框中不选中“表单上的用户和密码”复选框（如图 3-76 所示），单击“确定”按钮完成设置。

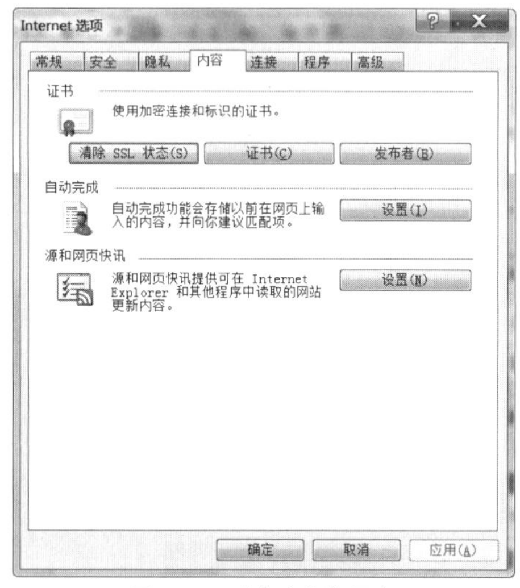

图 3-75 “内容”选项卡

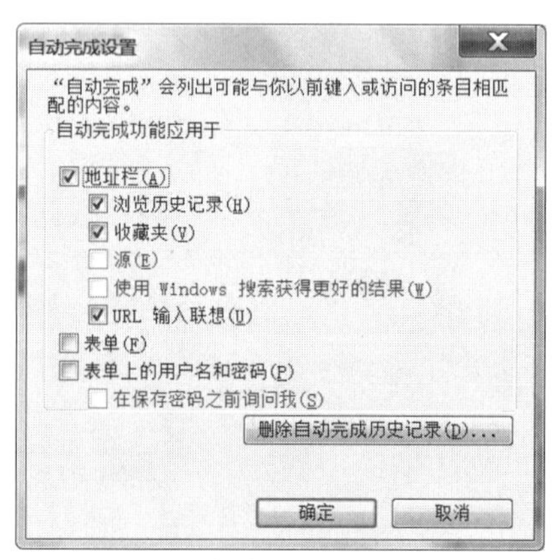

图 3-76 “自动完成设置”对话框

（2）在登录某些邮箱、网站或客户端时，会默认选择“自动登录”复选框（如图3-77所示），此时系统会记录登录的用户名和密码以便于下次登录。在使用公用个人计算机时，应注意不选中“自动登录”复选框。另外，在很多情况下登录用户名的右侧会有“×”记号，单击该记号可将登录的用户名删除。

图3-77　默认选择“自动登录”

由于各种安全隐患的存在，很多情况下在公用个人计算机上很难确保个人登录信息和文件的安全，因此应尽量避免使用公用个人计算机进行登录网上银行、在线购物、处理重要文件等涉及重要个人信息的行为。

3. 删除文件及清理痕迹

如果在使用公用个人计算机的过程中在其本地磁盘存放了文件，则在使用完毕后应将相关的文件删除，从安全的角度删除文件时应将其粉碎以防止被恢复，粉碎文件的方法这里不再赘述。另外，在离开公用个人计算机前应将其重新启动，通过重启可以清除部分临时文件和操作记录，但不能完全清除操作痕迹，因此在重启前应利用安全防护软件对痕迹进行清理，具体操作方法这里也不再赘述。如果未安装安全防护软件，则可以采用以下方法对痕迹进行清理。

（1）删除网页浏览记录。

在浏览网页时，浏览器会保存浏览过的网址和相关页面的代码、图片等，目前常用的浏览器都提供了清除浏览记录的功能，清除Internet Explorer浏览记录的操作步骤为：打开“Internet选项”对话框，在如图3-78所示的“常规”选项卡中单击“浏览历史记录”中的“删除”按钮，打开“删除浏览历史记录”对话框（如图3-79所示），在该对话框中选择要清除的历史记录，单击“删除”按钮即可完成操作。另外，可以在“Internet选项”对话框的“常规”选项卡中选中“退出时删除浏览历史记录”复选框，则在退出Internet Explorer时自动删除相关历史记录。

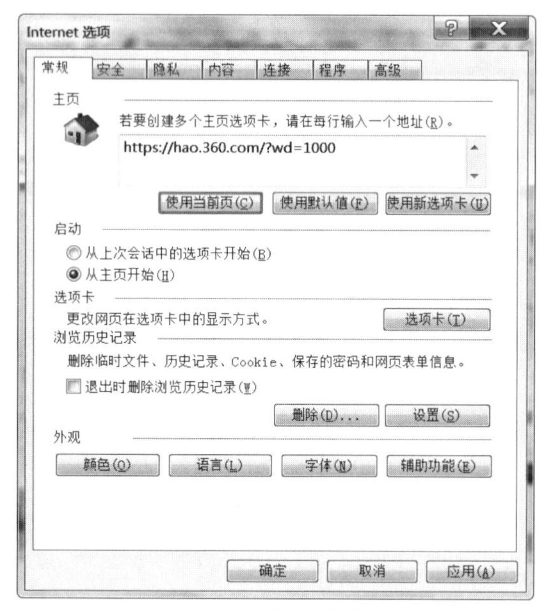

图 3-78 “常规”选项卡

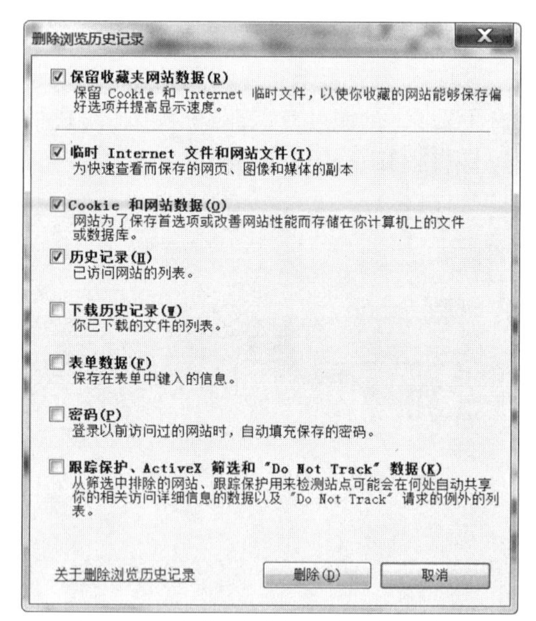

图 3-79 “删除浏览历史记录”对话框

（2）删除 Windows 使用痕迹。

在 Windows 系统中，可以通过“收藏夹”中的“最近访问的位置”查看曾经访问过的文件夹（如图 3-80 所示）。如果要清除痕迹，可以将该部分的相关快捷方式删除。另外，在 Windows 系统的开始菜单中会显示最近打开的应用程序，如果要清除痕迹，可以右击“开始”按钮，选择“属性”，在打开的“任务栏和开始菜单属性”对话框中单击“自定义”按钮，打开自定义开始菜单对话框，在自定义开始菜单对话框中将“要显示的最近打开过的程序的数目”和“要显示在跳转列表中的最近使用的项目数”都设置为 0（如图 3-81 所示）。

图 3-80 “最近访问的位置”文件夹

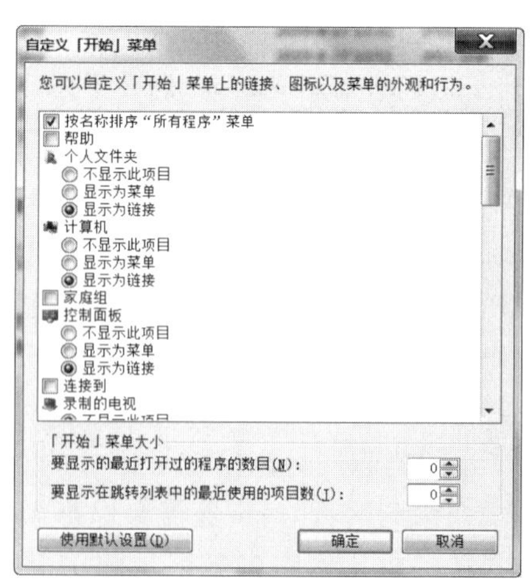

图 3-81 自定义开始菜单对话框

（3）删除临时文件。

临时文件是在用户使用应用程序的时候产生的。例如，在使用 Word 编辑文档的时候，Word 会同时创建临时文件以防止文件丢失等特殊情况的发生。一般认为，临时文件在系统关闭或重启时会被自动删除,但实际情况往往不是这样的。如果要删除临时文件,可以在本地磁盘查找“*.tmp”“*.?? $”“*.~*”“*.?? ~”等扩展名的文件,找到后将其删除或粉碎即可。需要注意的是,很多临时文件在默认情况下是隐藏的,需要在“Windows资源管理器”的“文件夹选项”对话框中将隐藏文件设置为显示。比较稳妥的方式是在系统所在驱动器(通常为C:\)的属性对话框中单击“磁盘清理”按钮,利用磁盘清理工具完成对系统临时文件、Internet临时文件等的清理。

(4) 删除应用软件使用痕迹。

常用的应用软件通常都会保留最近打开过的文件的相关记录。如果要在Word中查看最近编辑和打开的文件列表,可单击“文件”菜单,在打开的“文件”菜单中单击左侧的“打开”菜单项,在中间窗格中选择“最近使用的文档”,在右侧窗格中即可看到相应的文件列表(如图3-82所示)。如果要清除痕迹,可在“最近使用的文档”列表中右击相应文档,在弹出的菜单中选择“在列表中删除”命令即可。如果不想让Word显示最近使用的文档,则可在“文件”菜单中单击左侧的“选项”菜单项,在打开的“Word选项”对话框的左侧窗格中选择“高级”菜单项,在右侧窗格中将“显示”中的“显示此数目的‘最近使用的文档’”设置为0(如图3-83所示),设置完成后Word将不再显示新使用的文档。其他常用的应用软件查看和删除最近打开文件相关记录的方法与Word基本相同,这里不再赘述。

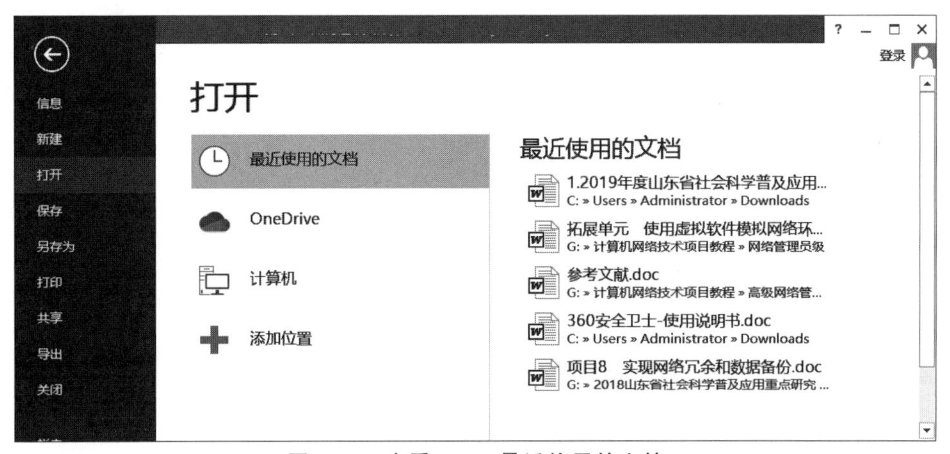

图3-82 查看Word最近使用的文档

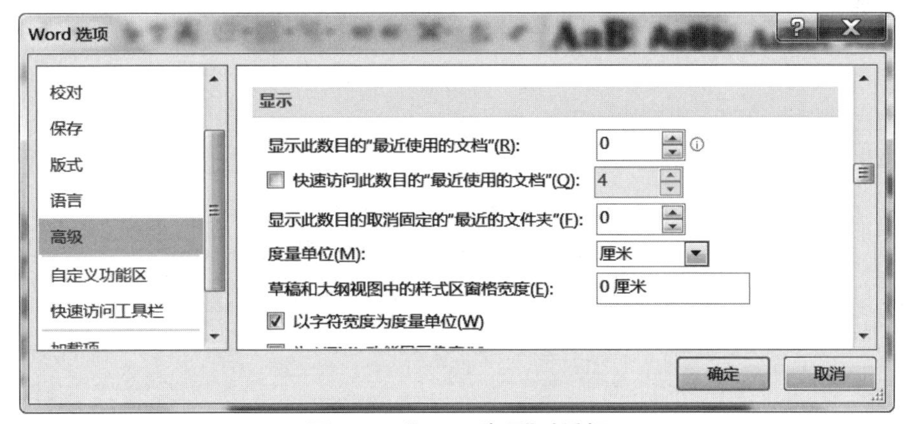

图3-83 “Word选项”对话框

第 4 章　如何让智能手机更安全

【本章导读】

随着移动互联网的迅猛发展，智能手机在承担越来越多生活服务功能的同时，也汇集了大量的个人信息，而 App 的过度索要授权是目前个人信息泄露的主要途径之一。在某一年央视“3 · 15”晚会上，一款名为“社保掌上通”的 App 被点名批评。这款 App 通过隐藏的用户条款窃取用户社保信息，并且未得到官方授权。同时在“3 · 15”晚会上曝光的“探针盒子”能通过 WiFi，在周围用户毫不知情的情况下，获取手机 MAC 地址并将其转换成用户手机号码，并能搜集婚姻、教育程度、收入等个人信息数据。

与个人计算机遇到的安全问题相比，智能手机与个人信息的关联更为紧密，其所涉及的用户群也更为广泛。信息泄露、恶意代码、垃圾短信、骚扰电话、风险 WiFi（Wireless Fidelity，无线保真）、网络诈骗等都是智能手机用户经常遇到的安全问题。

那么，如何能够让我们的智能手机更安全呢?

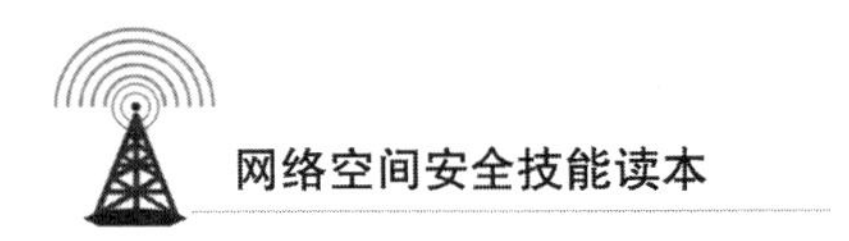

4.1 智能手机安全概述

4.1.1 智能手机的概念和组成

智能手机(Smartphone)是指像个人计算机一样,具有独立的操作系统和运行空间,可以由用户自行安装第三方服务商提供的应用软件,并能通过移动通信技术实现无线网络接入的手机的总称。智能手机的总体结构与个人计算机基本相同,也主要由硬件和软件组成。智能手机的硬件主要包括处理器、存储器、输入输出设备(键盘、显示屏、USB接口、耳机接口、摄像头等)及I/O通道等。智能手机通过空中接口协议(如GSM、CDMA等)和基站通信,既可以传输语音,也可以传输数据。操作系统是智能手机软件的核心,主流的操作系统主要有Google公司的Android(安卓)、苹果公司的iOS、Microsoft公司的Windows Phone等,不同操作系统支持的应用软件互不兼容。

1. Android

Android是一种基于Linux的自由及开放源代码的操作系统,主要使用于智能手机、平板电脑等移动设备。由于Android的源代码会向所有厂商开放,厂商可以任意修改其源代码以开发出个性化的产品,再加上Android在性能及其他方面也非常优秀,因此世界上大部分的智能手机都会采用Android。目前,我国智能手机厂商主要使用基于Android开发的个性化第三方操作系统,如华为的Emotion UI(EMUI)、小米的MIUI、vivo的Funtouch OS等。

2. iOS

iOS由苹果公司开发,其核心与Mac OS X的核心都源自Apple Darwin。由于iOS采用封闭源代码(闭源)的形式推出,因此只能应用于苹果公司自己的iPhone、iPod touch、iPad以及Apple TV等产品上。iOS也会被有限授权于第三方厂商使用,主要是用于应用软件的开发。iOS以其独特又极为人性化的操作界面和强大的功能深受很多用户的喜爱。

4.1.2 智能手机的发展趋势

智能手机的发展与无线通信、云计算、大数据等技术的发展密切相关,带来了移动互联服务和应用的更新换代。目前,智能手机已经彻底超越了通信工具的原始概念,已成为网络空间资源交换的枢纽,为用户提供全方位的应用服务。

1. 智能手机是社会生活服务应用的承载平台

智能手机的普及使得移动互联网快速地融入诸多实体产业并推动其迅速发展。目前,在金融、交通、餐饮、旅游、医疗等领域,线上与线下服务已高度融合,并通过智能手机提供给用户。智能手机应用服务的影响力也开始从终端服务环节向销售、生产环节延伸,对第一产业和第二产业也产生了深刻的影响。以大数据为基础的个性化定制优势也日趋凸显,“精准投放”的智能手机信息服务模式初步形成。智能手机已经逐步成为通信和网络服务、内容和信息服务、商业和生活服务等的承载平台,深刻地改变了人们传统的生活方式。

2. 智能手机是技术融合创新的主要窗口

随着技术的进步，智能手机的发展不再以单一提升性能指标为主线，而逐步转向以下几个方面：一是将多样化的通信协议融于一体，以实现多种网络融合及信息无缝流通；二是不断提升自身计算存储能力，强化在云计算、大数据后台支持下的建模、推理能力，以满足高度互联环境下海量数据实时处理的要求；三是以服务体验为目标，即技术发展的目的在于提供更多更好的应用服务，而不是片面追求高的技术指标。例如，随着传感器技术和嵌入式芯片计算能力的大幅提高，802.11ac标准、蓝牙低能耗技术、磁条安全传输技术等在智能手机中的广泛应用，使得智能手机可以作为各种智能设备的控制端、检测端或审计端，成为互联网、移动互联网、物联网、工业互联网等各网络融合和技术聚合的主要窗口。

3. 智能手机是个人社会身份的关键凭证

网络的发展使大量社交活动和应用服务由线下转移到线上，“手机信息＋验证码”的身份验证方式在社交通信类服务中得到广泛应用，“手机信息＋身份证/银行卡”的验证模式在安全要求更高的网络金融、医疗等服务中也大行其道。另外，身份证、银行卡、信用卡、社保信息、生物识别特征（面部识别、指纹、虹膜等）等大量个人核心隐私会存储在智能手机及其应用中，智能手机中的位置记录、上网记录、通话记录、短信记录、文件等也包含了大量的涉及个人隐私的信息。可以说，智能手机已经成为个人社会身份的关键凭证，这对智能手机的安全性也提出了更高的要求。

4.1.3 智能手机面临的安全威胁

1. 物理安全威胁

由于智能手机与个人信息密切相关，因此一旦其被恶意分子获取就可能产生极为不利的后果。例如，不法分子可能利用通讯录、通话记录等对用户的家人、朋友进行诈骗或骚扰；也可能通过手机信息认证的方式修改账户密码，从而盗取账户信息、资金或其他财产；还可能采用数据恢复、网页恢复等方式偷窥用户隐私信息或手机使用习惯，从而采取进一步威胁行为。

2. 信息泄露

信息泄露是智能手机面临的最主要的安全威胁。通过智能手机连接访问网络时可能出现信息泄露，典型的信息泄露方式有以下几种。

① 公共WiFi。曾有安全专家在北京、上海、广东等地的多类公共场所进行实地调查，发现很多公共WiFi环境都缺少安全防护措施，使网络攻击者可以对连接在同一WiFi网络的所有智能手机进行随意操控，从而窃取个人隐私。也有网络攻击者通过劫持无线路由器、伪造WiFi热点等与智能手机建立连接，达到盗取账户密码、身份信息等目的。另外，还有网络攻击者利用公共WiFi对智能手机植入木马病毒，从而对其中的个人信息进行监控。

② 未知链接和二维码。未知链接和二维码是攻击者发送手机木马的重要途径。攻击者会冒充朋友、公共服务人员等通过手机短信、微信、邮箱发送带有链接的消息，或者以购物促销、加入会员等名义吸引用户扫描二维码，用户一旦点击链接或扫描二维码，就有可能感染木马，从而造成个人信息的泄露。

③ 操作系统安全漏洞。Android的开放性引发了人们对于系统的深度研究，不同厂商

开发的第三方系统的安全级别也各不相同,攻击者可以通过篡改或假冒官方应用的方式来植入恶意代码。另外,用户对 iOS 的越狱、对 Android 的 Root 都会破坏系统原有的安全性能,给手机带来不安全因素。

④ 不良 App。智能手机因为缺乏强大的技术支持和完整的身份验证机制,无法保证应用程序的安全性,而第三方应用软件下载商店通常对手机应用程序也缺乏专业的管理和监督,这导致很多手机应用程序的安全性很差,也出现了大量的不良 App。这些 App 会通过权限调用方式,违规收集和使用智能手机用户的个人信息,强制捆绑流氓软件或推广无用的垃圾软件,从而造成用户个人信息的泄漏和财产的损失。

3. 资产损失

对智能手机用户资产的窃取是不法分子的重要目标。针对智能手机的资产盗取方式主要包括以下几种。

① 吸费软件。在用户没有上网或不知情的情况下,消耗手机流量及自动发送短信,从而造成用户资产的损失。

② 伪基站。伪基站是伪装成运营商的基站,冒用他人或运营商号码强行向用户手机发送诈骗、广告推销等短信。不法分子通常会将伪基站设备放置在汽车内,驾车缓慢行驶或将车停在银行、商场等人流密集的特定区域,然后以各种名义向一定范围内的手机发送诈骗短信。

③ 钓鱼网站。钓鱼网站通常以精心设计的虚假网页引诱用户上当,达到盗取银行账号、信用卡号码等目的。

④ 手机木马。目前短信拦截和窃取类的手机木马屡见不鲜,此类木马在运行后会监视智能手机的短信,将银行、支付平台等发来的短信拦截后上传或转发给攻击者。攻击者利用相关信息,可盗取用户的支付账户。

⑤ 社会工程学。以智能手机为媒介结合社会工程学的网络欺诈花样频出,是造成用户资产损失的重要方式。

4. 通信干扰

通信是智能手机的基本用途,不法分子通过干扰用户通话和窃听、拦截短信等,实施进一步威胁,也是智能手机面临的安全威胁,主要方式包括以下几种。

① 手机屏蔽。手机屏蔽器可以使智能手机不能检测从基站发出的正常数据,通常表现为手机无信号、无服务等现象。手机屏蔽一般会用于防考场作弊、会议保密等场景中,然而不法分子也可以利用手机屏蔽器,中断受控制范围内的移动通信,甚至通过分析手机信号,窃取手机号码并进行诈骗,由于信号不通,诈骗更容易得逞。

② 恶意应用软件。近年来,一些手机恶意软件会通过发布虚假"中毒提示"短信或伪装成正常手机应用软件,诱骗用户点击或下载安装,此类软件会通过频繁升级消耗大量的带宽,甚至会出现拒绝服务攻击,使得网络无法提供正常的通信功能。

③ 应用闪退崩溃。由于感染病毒或功能不完善,通话软件可能会出现通话闪退的现象。另外,有些手机恶意软件和病毒会强制设置锁屏密码,从而使用户如不按相关要求付费解锁则无法进行任何操作。

5. 手机僵尸网络

手机僵尸网络是指采用一种或多种传播手段,使得大量智能手机感染僵尸病毒程序,从

而在控制者和被感染智能手机之间形成一个一对多的控制网络，控制者可以利用其对相应的网络目标发起攻击。

6. 综合威胁

智能手机面临的安全威胁通常不是独立的，各种威胁是交织在一起的，不法分子可以通过各种组合给用户带来更大的安全威胁。

4.1.4　智能手机的安全机制

1. Android的安全机制

Android以Linux操作系统内核为基础，实现硬件设备驱动、进程和内存管理、网络协议、电源管理等核心系统功能。Android将安全设计贯穿于系统架构的各个层面，力求在开放的同时，也能够保护用户数据、应用程序和设备的安全。Android的安全机制主要包括以下几个方面。

① 进程沙箱隔离机制。Android应用程序在安装时会被赋予独特的用户标识并永久保持；不同的应用程序会运行于各自独立的沙箱(Linux进程空间)中，使用各自沙箱内的资源，互不干扰。

② 应用程序签名机制。Android应用程序的安装包(.apk文件)必须由其开发者进行数字签名。通过数字签名不仅可以识别程序的作者，检测应用程序是否被更改，还可以在应用程序之间建立信任关系，同一开发者可指定其开发的不同应用程序共享用户标识，从而运行于同一沙箱以共享资源。

③ 权限声明机制。Android中的权限可分为所有者权限、Root权限和应用程序权限。手机所有者权限与手机厂商相关。所有者权限即Android ROM开发权限。Root权限是Android的最高权限，可以对系统中的任何文件、数据、资源进行任意操作。对于应用程序权限，Android遵循“最小特权原则”，即所有Android应用程序都会被赋予最小权限，如果应用程序想访问其他资源，就需要开发者在AndroidManifest.xml文件中进行声明，并在程序安装时由用户授权，否则由于沙箱的保护，其将不能获得所期望的服务。

④ 访问控制机制。在Linux权限模型下，用户分为超级用户、系统伪用户和普通用户。超级用户具有最高权限；普通用户只具备有限的访问权限；系统伪用户是系统或服务正常运行所必需的用户，既不能登录也不能删除。每个文件属于一个用户和一个组，可以分别定义文件所有者、同组用户和其他用户对文件的读、写和执行权限。Android通过Linux的访问控制机制使系统文件与用户数据免受非法访问。

⑤ 内存管理机制。基于Linux的低内存管理机制，Android设计了低内存清理机制，即将进程按重要性分级，当内存不足时会自动清理最低级别进程所占用的内存空间。

2. iOS的安全机制

iOS的系统架构分为核心操作系统层、核心服务层、媒体层和可轻触层，其安全机制主要包括以下几个方面。

① 更小的受攻击面。由于iOS采用不开源框架，因此即使其代码中存在漏洞，攻击者也很难针对这些漏洞开展攻击。

② 精简的操作系统。iOS精简掉了若干应用，如不支持Java和Flash、没有shell、只解

析 PDF 文件格式的部分特性等，这也减少了攻击者进行漏洞攻击的可能。

③ 权限分离。iOS 使用了用户、组和其他传统的 UNIX 文件权限机制。用户可以直接访问浏览器、邮件等应用程序，而重要的系统进程则是以特权用户 Root 的权限身份运行的。所以，即使浏览器等应用程序被攻击者控制，其也会被限制为以普通用户的身份运行。

④ 代码签名机制。在 iOS 中，所有的二进制文件在被内核允许执行之前都必须经过受信任机构（如苹果公司）的签名。这意味着在默认设置下，用户无法从网络上下载和执行随机的文件，所有的应用都必须从其 App Store 下载。

⑤ 数据执行保护。iOS 会留出一部分内存专用于存放可执行代码，另一部分内存专用于存放数据，而用于存放数据的内存中的代码是不能被运行的。攻击者有可能利用漏洞等向系统或应用程序数据注入恶意代码，而数据执行保护则可以使数据中的恶意代码无法运行。

⑥ 地址空间布局随机化。在 iOS 中，二进制文件、库文件、动态链接文件、栈和堆内存地址的位置全部是随机的，这可以增加攻击者预测目的地址的难度，从而防止攻击者直接定位攻击代码的位置。

⑦ 沙箱机制。在 iOS 中，每个 App 都有独立的资源存储空间，且相互之间无法共享，从而保证了数据及代码之间的安全性。

4.2 智能手机的安全设置

为了保障用户和数据的安全，智能手机的操作系统都能够实现基本的安全设置，下面主要以华为公司基于 Android 开发的 EMUI 系统为例，介绍智能手机的安全设置方法。需要注意的是，由不同厂商基于 Android 开发的第三方操作系统以及同一操作系统的不同版本，其具体设置方法会有所不同。另外，iOS 的安全操作需求虽与 Android 类似，但具体操作方法有一定的差别。

4.2.1 智能手机认证保护

1. 查看和保存 IMEI

IMEI（International Mobile Equipment Identity，国际移动设备识别码）即通常所说的手机序列号，用于在移动通信网络中识别每一部独立的手机或其他移动通信设备，相当于移动通信设备的身份证。IMEI 为 15 或 17 位数字，一般会粘贴于手机机身和外包装上，同时也存于手机的存储器中。在每次通话之前，手机都要将其 IMEI 提供给运营商，运营商可以根据 IMEI 进行手机锁定、查询等操作。根据这一特性，如果用户的手机丢失，那么可以立即将其 IMEI 提供给运营商，让其帮助给手机上锁，由于锁住的是手机，因此即使拿到手机的人更换了 SIM（Subscriber Identification Module，用户识别模块）卡，该手机仍不能继续使用。查看手机 IMEI 最简单的方法是在手机拨号界面中输入“*#06#”，此时在弹出的对话框中就会显示当前手机的 IMEI（如图 4-1 所示）。另外，依次选择“设置”→“关于手机”→“状态消息”，也可以查看当前手机的 IMEI（如图 4-2 所示）。

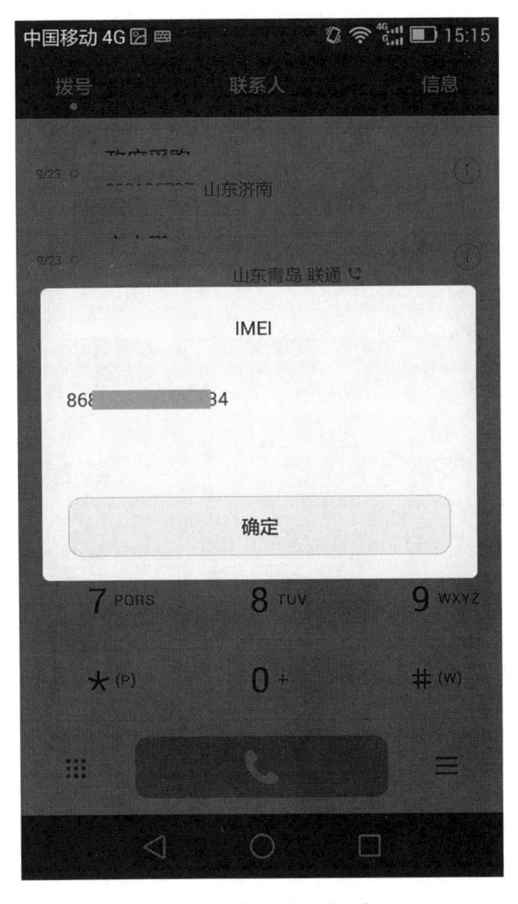

图 4-1　手机拨号界面查看 IMEI

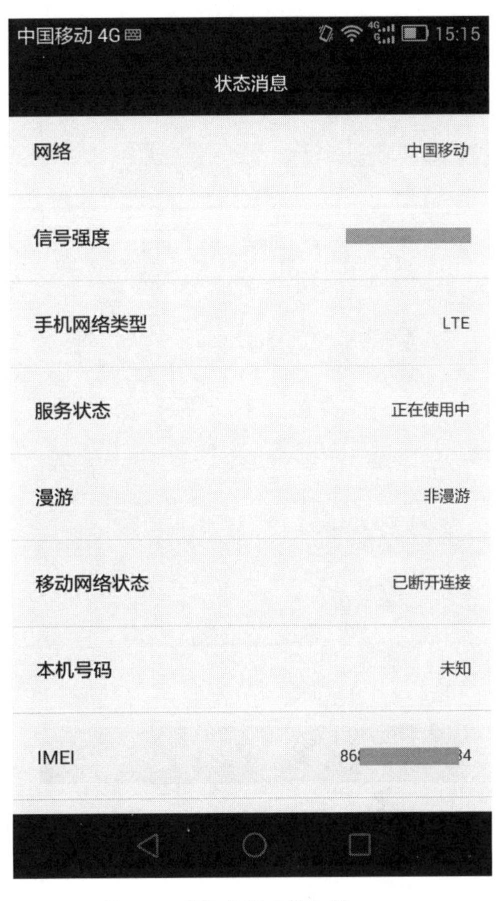

图 4-2　"状态消息"查看 IMEI

2. 设置 SIM 卡锁定

SIM 卡也称为用户身份识别卡、智能卡，存储了手机用户的信息、加密密钥、电话簿等内容。SIM 卡是移动通信网络用户的标识，可以插入任何一部手机中使用，从而实现用户和手机的分离，并能对用户通话时的语音信息进行加密。PIN(Personal Identification Number，个人标识码)是 SIM 卡的个人识别密码，如果设置了锁定 SIM 卡，那么在手机开机或更换手机时必须输入 PIN 码才能使用手机，如果 PIN 码连续输入三次出错，则手机会自动锁卡，需要通过运营商获取初始的 PUK(Personal Identification Number Unlock Key，个人标识码解锁键)方能解锁。因此，设置 SIM 卡锁定可以有效防止 SIM 卡被人盗用，即使对方更换手机也需要正确输入 PIN 码。设置 SIM 卡锁定的方法为：依次选择"设置"→"隐私和安全"→"安全"→"设置 SIM 卡锁定"，进入"SIM 卡锁定设置"界面(如图 4-3 所示)。将"锁定 SIM 卡"选项设为启用，此时需要输入 SIM 卡的 PIN 码(如图 4-4 所示)。输入 PIN 码后，"锁定 SIM 卡"选项将被启用，由于 SIM 卡的初始 PIN 码通常为"0000""1234"，因此应通过"更改 SIM 卡 PIN 码"选项将其设置为更复杂的形式。设置完成后，如果重新启动手机，系统就会要求输入 SIM 卡的 PIN 码。

图 4-3 “SIM 卡锁定设置”界面

图 4-4 输入 SIM 卡的 PIN 码

3. 设置锁屏密码

设置锁屏密码是智能手机最基本的安全保护措施，可以防止手机未经授权被他人访问。锁屏密码可以是图案、数字，也可以是字母、数字等字符的组合。如果智能手机支持指纹、人脸识别等功能，也可以使用指纹、人脸等生物特征作为锁屏密码，这样在解锁时会更方便。需要注意的是，使用生物特征并不一定比使用图案或字符更安全，虽然用于识别生物特征的数据在手机中会被保密存储，但一旦泄露，则会带来更大的安全风险。设置锁屏密码的操作步骤如下。

（1）依次选择“设置”→“隐私和安全”→“安全”→“解锁样式”，进入“选择解锁样式”界面（如图 4-5 所示）。

（2）如果要设置图案，则可在该界面中点击“图案”，进入“选择您的图案”界面（如图 4-6 所示）。

（3）在“选择您的图案”界面中绘制解锁图案，绘制完成后点击“继续”，在打开的“再次绘制图案进行确认”界面中再次绘制解锁图案并点击“确认”，进入“设置备用数字密码”界面（如图 4-7 所示）。

（4）在“设置备用数字密码”界面中，输入并确认数字密码，点击“确定”，完成解锁样式的设定。设置其他解锁样式的步骤基本相同，这里不再赘述。

（5）在“安全”界面中点击“自动锁定”，可以设置自动锁定手机的时间（如图 4-8 所示）。设置完成后，如果用户在设置的时间内没有对手机进行操作，则手机会自动锁定。要解锁手机需绘制设置的解锁图案，如果忘记了解锁图案，则可输入备用数字密码。

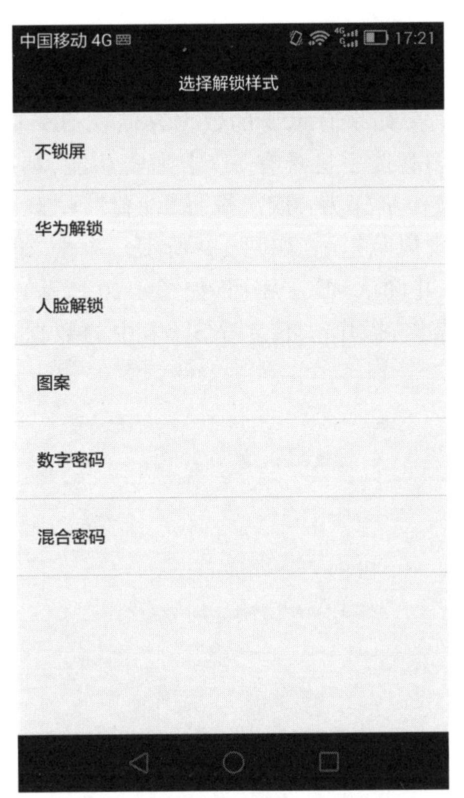

图 4-5　“选择解锁样式”界面

图 4-6　“选择您的图案”界面

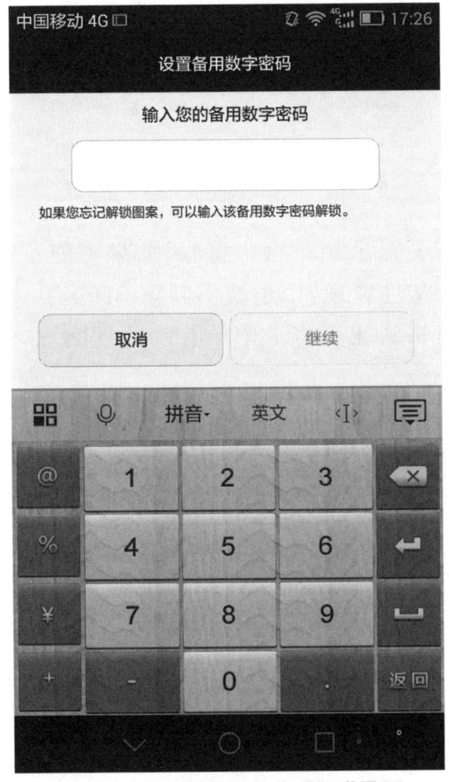

图 4-7　“设置备用数字密码”界面

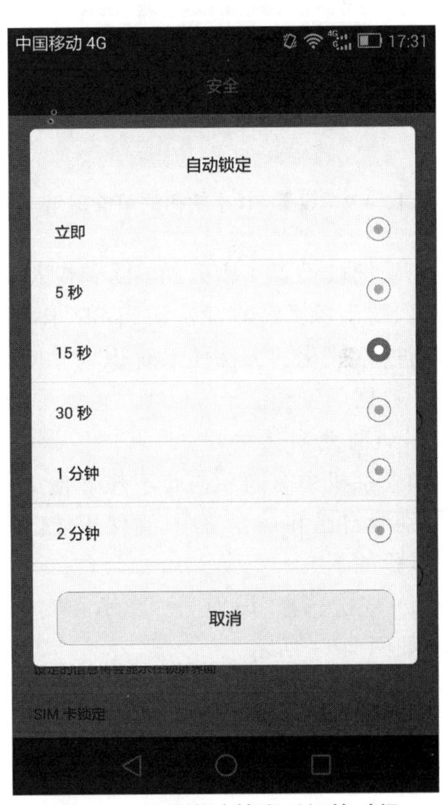

图 4-8　设置自动锁定手机的时间

4. 设置 SD 卡密码

随着对智能手机存储空间需求的不断越加，很多用户会选择使用外置的 SD 卡（Secure Digital Memory Card，安全数字存储卡）来存储数据。如果有重要的数据存储在 SD 卡里，那么一旦 SD 卡丢失就会带来极大的安全隐患。很多智能手机具有 SD 卡加密功能，利用该功能可以对存储在 SD 卡里的数据进行保护，具体操作步骤为：依次选择“设置”→“隐私和安全”→“安全”→“设置 SD 卡密码”，此时系统会出现风险提示（如图 4-9 所示）；单击“继续”进入“设置 SD 卡密码”界面，在该界面中按要求输入并确认 SD 卡密码（如图 4-10 所示）。完成设置后，还可以对 SD 卡密码进行修改和取消等操作，操作时不会对 SD 卡中的数据产生影响。

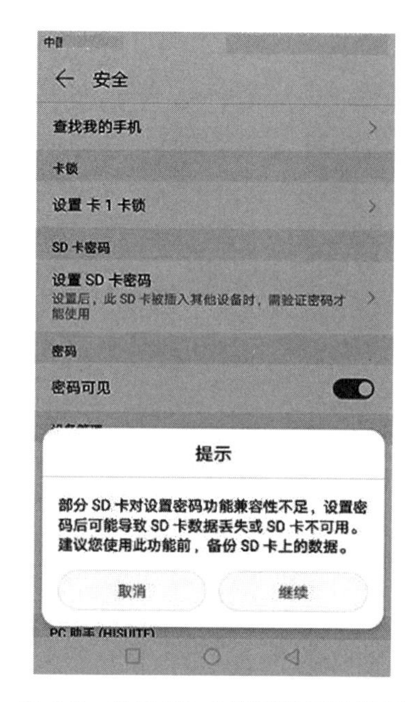

图 4-9　设置 SD 卡密码的风险提示

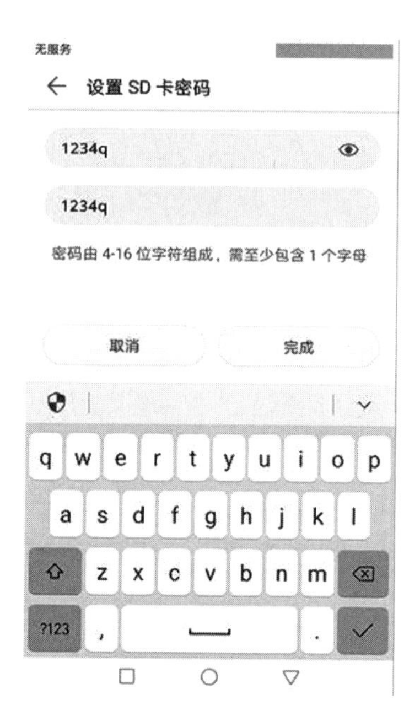

图 4-10　“设置 SD 卡密码”界面

如果把被设置了密码的 SD 卡装入其他手机，则会提示用户输入密码，如果不能正确输入密码，则手机系统将无法访问 SD 卡中的数据，在“文件管理”中也找不到该 SD 卡。当然，可以通过格式化的方法使系统识别并使用 SD 卡，但格式化会将卡中原有的数据删除，这也保护了数据的安全。

5. 设置隐私保护

如果手机中有隐私内容不想被他人看到，则可以利用“隐私保护”功能设置两套锁屏密码，分别给自己和访客使用，当使用访客密码解锁时，设置为隐私的内容将被无痕隐藏，具体操作步骤如下。

（1）依次选择“设置”→“隐私和安全”→“安全”→“隐私保护”，进入隐私信息隐秘保护界面（如图 4-11 所示）。

（2）在隐私信息隐秘保护界面点击“开始使用”，进入“机主密码”界面（如图 4-12 所示）。

（3）在“机主密码”界面中输入原来设定的锁屏密码，该锁屏密码将被作为机主密码，点击“下一步”，进入“访客密码”界面（如图 4-13 所示）。

（4）在“访客密码”界面中输入提供给访客使用的锁屏密码，点击“继续”，进入确认密码界面(如图 4-14 所示)。

(5) 在确认您的密码界面确认所设置的访客密码,点击“确定”,进入“隐私保护”界面(如图 4-15 所示)。

(6) 在“隐私保护”界面的“设置隐私信息”选项中,可以对要保护的联系人、相册和应用进行设置。例如,如果不想让访客打开并使用“微信”,则可点击“隐私应用”,在打开的“隐私应用”界面中将“微信”设置为隐私应用(如图 4-16 所示)。

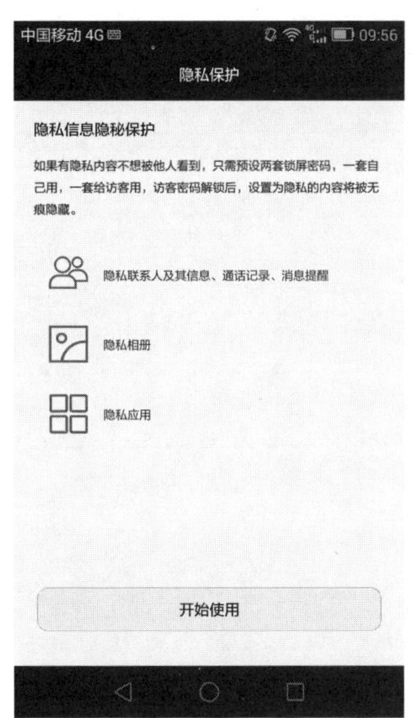

图 4-11　隐私信息隐秘保护界面

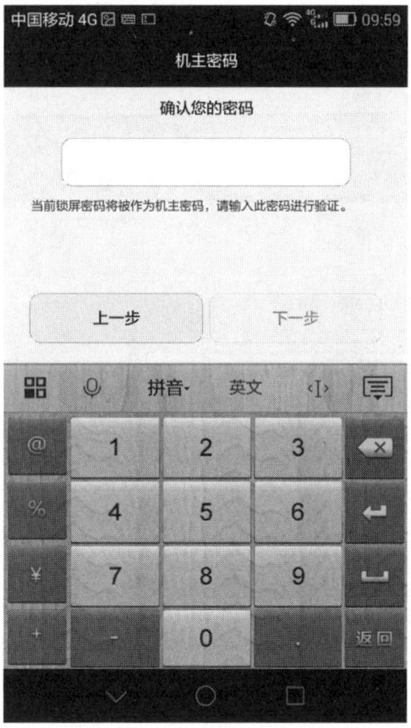

图 4-12　“机主密码”界面

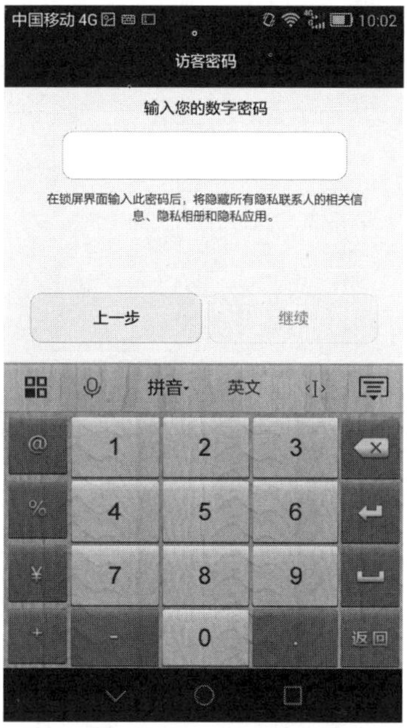

图 4-13　“访客密码”界面

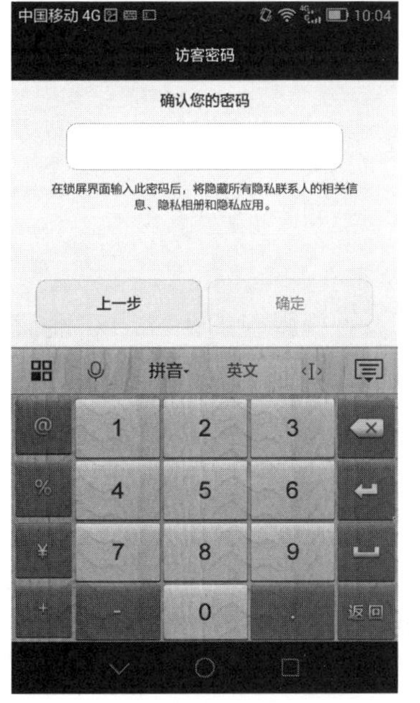

图 4-14　确认您的密码界面

图 4-15　“隐私保护”界面

图 4-16　“隐私应用”界面

4.2.2 智能手机应用软件安全

1. 限制应用软件来源

智能手机用户应从正规的应用市场下载应用软件，通过网上搜索、二维码扫描、网络链接分享、云盘等途径下载的应用软件会存在较大的安全隐患。利用“未知来源”功能可以从系统层面进行控制和提示，以防范安装到可能不安全的应用软件。具体操作步骤为：依次选择“设置”→“隐私和安全”→“安全”，在“安全”界面中将“未知来源”选项关闭，此时系统将不允许安装不是从正规应用市场获取的应用程序(如图 4-17 所示)。

图 4-17 “未知来源”选项

2. 限制应用软件的权限

应用软件在安装和运行时，需要获取一定的系统应用权限。

常见的系统应用权限包括以下几种。

① 信息与电话相关的权限：包括短信与彩信、电话与联系人等权限。如果应用软件拥有这些权限，将可以读取、发送、删除、修改短信、彩信记录，可以监听电话记录、自动拨打电话、编辑联系人信息等。

② 隐私相关的权限：包括定位、获取手机信息、读取应用列表、访问日历、访问手机账户、添加语音邮件、视频服务等权限。如果应用软件拥有这些权限，则可以获取手机当前位置、手机系统、手机安装的应用软件、手机系统账户等信息。

③ 多媒体相关的权限：包括使用相机、录音、读写手机存储等权限。如果应用软件拥有这些权限，将可以自动调用相机、录音机等软件进行拍照、拍摄视频、录音等操作，并可以读取手机中已有的照片、视频等信息。

④ 设置相关的权限：包括系统设置、开启 WiFi、开启蓝牙、锁屏显示、后台弹出界面、显示悬浮窗等权限。如果应用软件拥有这些权限，则可以自动开启 WiFi、蓝牙等并进行连接，还可以弹出提示框、显示悬浮窗，也可以进行相应的系统设置。

如果相关权限被应用软件恶意使用，就可能会泄露个人信息，产生极大的安全隐患，因此在授权时需要特别谨慎，严格遵循最小授权原则，除非确实需要，不要轻易允许应用程序请求的所有权限。通常在应用软件安装的过程中，会提示其需要获取的权限，用户可以根据相关提示进行授权。在应用软件安装后，可以针对每个应用软件进行权限设置，也可以针对某种具体权限对相关的应用软件进行设置，具体操作步骤为：依次选择“设置”→“隐私和安全”→“权限管理”，在“权限管理”界面的“权限”中可以看到具有某种权限的相关应用程序（如图 4-18 所示），在“权限管理”界面的“应用程序”选项卡中可以看到每个应用程序具有的权限（如图 4-19 所示）。如果要使“微信”不具有读取位置信息的权限，则可在“权限”选项卡中点击“读取位置信息”，在“读取位置信息”界面中选择“微信”选项，将其读取位置信息权限设为“禁止”（如图 4-20 所示）。

图 4-18　“权限”选项卡

图 4-19　“应用程序”选项卡

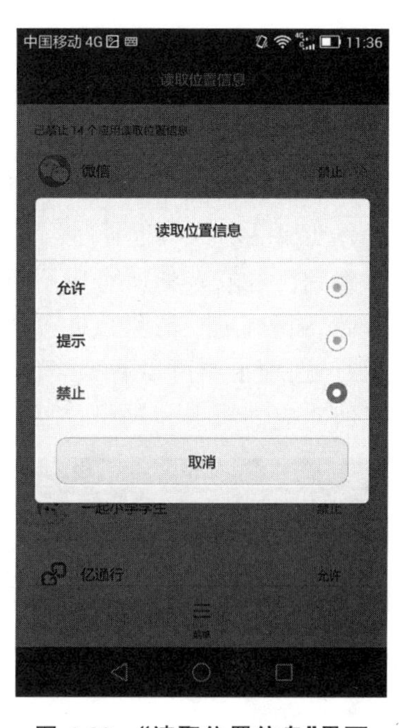

图 4-20　“读取位置信息”界面

3. 限制应用软件的开机自动启动

由于开机自动启动的应用程序会常驻内存，这样不但会占用内存空间，消耗手机资源和电量，而且也有可能会被恶意软件利用来监视手机的运行情况，因此通常应避免将应用软件设置为开机自动启动，具体操作方法为：依次选择“设置”→“隐私和安全”→“开机自动启动”，在打开的“开机自动启动”界面中可以对是否允许某个应用软件开机自动启动进行设置（如图 4-21 所示）。另外，也可在“隐私和安全”中选择“受保护的后台应用”选项，对是否允许某个应用软件在锁屏后继续保持运行进行设置。

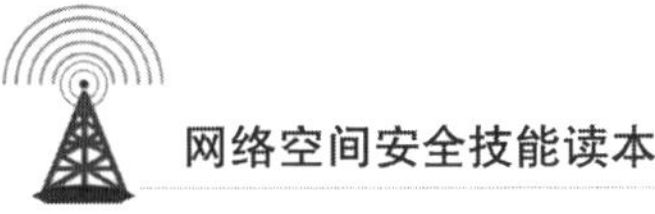

图 4-21 “开机自动启动”界面

4. 使用应用程序管理

利用应用程序管理可以查看每个应用软件占有的存储空间、缓存以及权限等信息，具体操作步骤为：依次选择“设置”→“应用程序”→“应用程序管理”，在打开的“全部”界面中可以看到已经安装的所有应用软件，选择某应用软件，即可看到其相关信息，并可以对其进行卸载、强行停止、清除数据等操作(如图 4-22 所示)。另外，在“应用程序管理”界面的“正在运行”选项卡中可以看到当前正在运行的程序(如图 4-23 所示)，选择相应的程序可以看到其所对应的服务和进程，并可对服务进行停止等操作(如图 4-24 所示)。

图 4-22 “应用程序信息”界面

图 4-23 “正在运行”选项卡

图 4-24 “正在运行的应用程序”界面

5. 设置应用联网管理

利用应用联网管理功能可以限制某个应用软件是否可以联网传输数据，具体操作步骤为：依次选择“设置”→“应用程序”→“应用联网管理”，在打开的“联网应用”界面中可以对每一个应用软件能否连接 WLAN 或者移动网络进行设置(如图 4-25 所示)。

图 4-25　“联网应用”界面

6. 设置应用锁

通常可以针对手机银行、支付宝、微信、手机淘宝等涉及资金、账户、隐秘信息的应用软件设置应用锁，这样在打开和使用这些应用软件前，必须先通过密码、图案或指纹认证，从而保障其运行安全，具体操作步骤为：依次选择“设置”→“隐私和安全”→“应用锁”，在打开的“应用锁”界面中按照提示设置密码并选择相应的应用软件即可。

4.2.3　智能手机数据备份

数据备份是对系统数据、文件数据等进行复制，一旦发生灾难或误操作可以方便和及时地恢复数据。对于智能手机用户来说，在进行系统更新、更换手机设备、刷机(主要指给手机重装系统)等操作时通常也需要进行数据备份。智能手机数据备份主要有以下几种方式。

1. 利用系统自带的备份工具

智能手机系统通常自带备份工具,利用该工具可以将相关数据备份到 SD 卡、内部存储、USB 存储、电脑等存储路径。如果要将“微信”的相关数据备份到 SD 卡,则具体操作步骤如下。

(1) 依次选择“工具”→“备份”选项,打开“备份”界面(如图 4-26 所示)。

(2) 在“备份”界面中单击“备份”,打开“备份到”界面(如图 4-27 所示)。

图 4-26 “备份”界面　　图 4-27 “备份到”界面

(3) 在“备份到”界面选择“SD 卡”选项,点击“下一步”,打开“选择数据”界面(如图 4-28 所示)。

(4) 在“选择数据”界面点击“应用”,在打开的“选择应用”界面选择备份“微信”的“应用”和“数据”选项,点击“确定”,系统会提示备份过程中不要运行所选的应用软件(如图 4-29 所示),点击“确定”,回到“选择数据”界面。

(5) 在“选择数据”界面单击“开始备份”,打开“设置密码”界面,在该界面可以通过设置密码对备份数据进行加密,在恢复时需要输入密码才能正常访问数据。

(6) 在“设置密码”界面中点击“跳过”,或输入密码后点击“下一步”,系统将完成对所选数据的备份,备份数据将存放在 SD 卡的相应存储路径中(如“SD 卡/HuaweiBackup”)。

图 4-28　“选择数据”界面

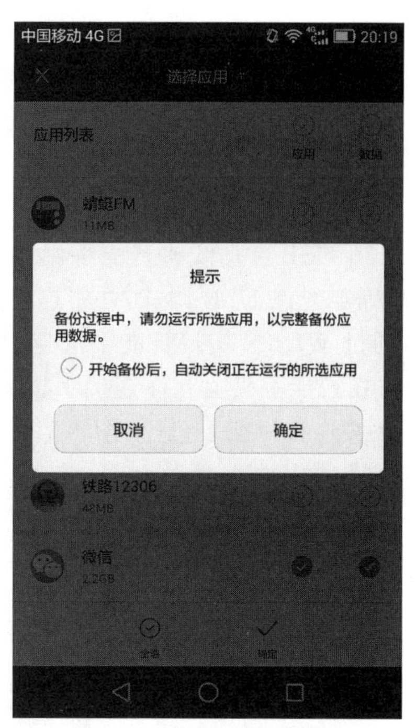

图 4-29　“选择应用”界面

2. 云备份

目前，很多智能手机厂商都提供了云服务功能，可以利用云端进行数据备份。云备份通常可以提供自动备份和手动备份两种方式。自动备份是指在固定时间周期(如每 7 天)，当智能手机接入电源、锁定屏幕并且连接 WLAN 时，自动对整机数据进行备份。手动备份是指由用户自行备份智能手机数据至云端。设置云备份的基本操作步骤为：依次选择“设置”→“用户和账户”，登录相关账户；在账户中心界面点击“云空间”，打开“云备份”界面，在“云备份”界面开启“云备份”功能，点击“立即备份”即可对相关数据进行备份(如图 4-30 所示)。

图 4-30　“云备份”界面

3. 利用手机助手进行备份

目前很多智能手机厂商都提供了手机助手软件，当通过数据线将智能手机与个人计算机相连后，可以利用相应的手机助手软件将智能手机的相关数据备份到个人计算机上。具体操作步骤如下。

（1）在个人计算机上安装并运行手机助手软件（如华为手机助手 HiSuite）。

（2）用 USB 数据线将智能手机和个人计算机连接，在智能手机弹出的“USB 连接方式”界面中，确定允许 USB 调试，并将连接方式设置为“PC 助手（HiSuite）”，也可以利用手机助手软件通过 WLAN 实现智能手机与个人计算机的连接。

（3）在智能手机上允许连接手机助手客户端，此时在个人计算机运行的手机助手软件可以发现并连接智能手机（如图 4-31 所示）。

图 4-31　手机助手软件发现并连接智能手机

（4）点击手机助手软件首页的“数据备份”，打开“数据备份”窗口，手机助手软件将读取智能手机中的数据，读取完成后的界面如图 4-32 所示。

图 4-32　读取数据完成

（5）在读取数据完成后的界面选择要进行备份的数据及其存储路径，点击“开始备份”，打开“设置密码”窗口（如图 4-33 所示）。

（6）在“设置密码”窗口设置恢复数据时应输入的密码，点击“确定”，手机助手软件将完成对所选数据的备份。

图 4-33　“设置密码”窗口

智能手机的每一种数据备份方式都会提供相应的数据恢复功能，数据恢复的具体操作方法与数据备份类似，这里不再赘述。

4.2.4　智能手机的其他安全设置

1. 系统更新

智能手机厂商通常会定期对操作系统进行版本升级，修复一些系统潜在的问题，从而对智能手机的性能进行优化，并使其安全性得到提升。因此，智能手机用户应定期进行系统更新，使用最新版本的操作系统。具体操作步骤为：依次选择“设置”→“系统”→“系统更新”，在打开的“系统更新”界面可以查看当前使用的系统版本，并检查是否有新的版本，如果当前使用的不是最新版本，则根据系统提示进行更新操作即可。

2. 谨慎开启定位服务

开启定位服务后，有权限的应用软件就可以得到智能手机用户的位置信息，并能对用户的所在位置进行追踪。因此，在某些应用软件（如导航软件）确实需要位置信息才能正常工作的情况下，可以开启定位服务，但需要在具体的应用软件权限中做进一步设置。如果不需要，则应将该服务关闭。关闭定位服务的操作步骤为：依次选择“设置”→“隐私和安全”→“定位服务”，在打开的“定位服务”界面中将“访问我的位置信息”选项设为不启用（如图 4-34 所示）。

3. 设置免打扰模式

在免打扰模式下，智能手机用户设置的允许联系人的来电和信息会正常响铃，其他来电、信息和通知将不会响铃，也不会振动。免打扰模式可以直接开启，也可以定时开启，直接开启的设置步骤为：依次选择“设置”→“隐私和安全”→“免打扰”，在打开的“免打扰”界面中将“开启免打扰”选项设为启用,点击“允许的联系人”,设置允许的联系人名单(如图 4-35 所示)。

4. 手机找回

目前,很多智能手机都提供了手机找回功能,利用该功能可以对智能手机进行定位和追踪,并能够对智能手机进行远程控制和数据清除,从而在智能手机丢失的情况下可以找回手机或清除手机数据,以确保个人信息的安全,具体操作步骤为:依次选择“工具”→“手机找回”,在打开的“手机找回”界面中开启“手机找回”功能(如图 4-36 所示)。在开启该功能后,一旦手机丢失就可以通过个人计算机登录云空间,在云空间中选择“查找我的手机”,对丢失的手机进行定位、锁定、数据清除等操作。

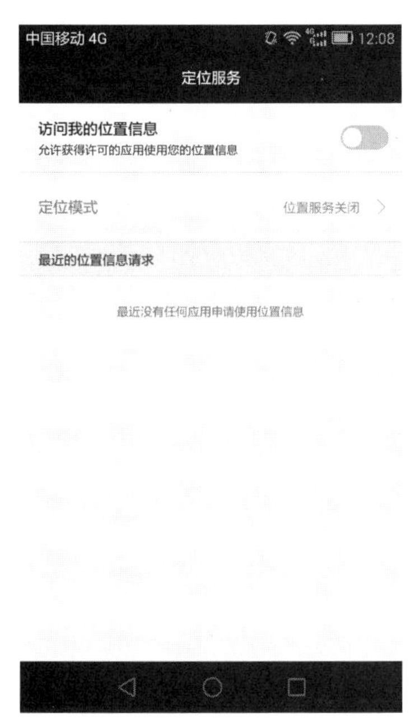

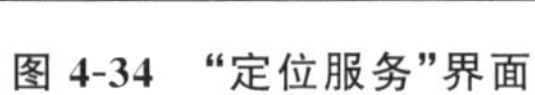
图 4-34 “定位服务”界面

图 4-35 “免打扰”界面

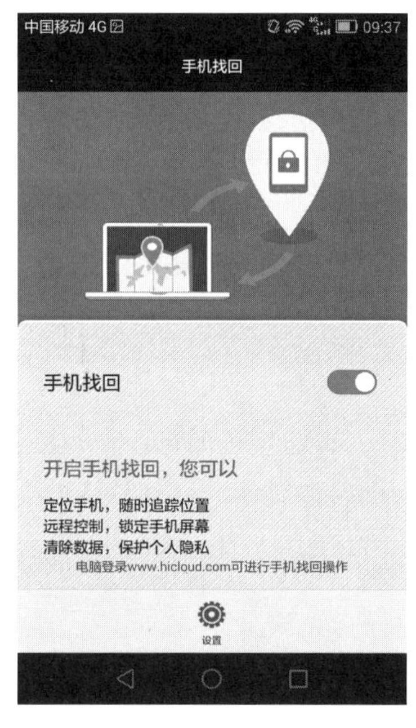

图 4-36 “手机找回”界面

第5章 如何让上网更安全

【本章导读】

央视财经频道《经济半小时》栏目曾报道过“WiFi万能钥匙”等WiFi共享软件会通过用户手机窥探、偷取周边及经过地点的各类WiFi信息和密码。“WiFi万能钥匙”官方回应称WiFi万能钥匙的运用原理是热点共享，不是破解，如果用户或提供热点的主人，因为使用WiFi万能钥匙而遭遇财产损失，均可进行索赔。实际上，WiFi共享软件的基本工作方式是用户先利用软件的分享功能将某一WiFi热点的密码上传到后台服务器的密码库中，当其他用户需要连接同一个热点时，就可以从后台服务器密码库中进行密码匹配，从而实现对WiFi热点的自动连接。虽然从表面上看WiFi共享软件是基于用户对WiFi热点分享的主动意愿，但实际上其仍然存在极大的安全隐患。一方面，WiFi共享软件通常无法区分和验证密码是不是真的由WiFi热点的搭建者或持有者主动进行分享的，若共享软件使用者未经允许接入WiFi热点，则将与正常WiFi用户处于同一个局域网中，这不但会严重影响正常WiFi用户的网络访问速度，也会带来安全风险，并可能造成经济损失。另一方面，WiFi共享软件也很难验证分享密码的WiFi热点是否安全，一旦共享软件使用者接入WiFi热点，WiFi热点的持有者可以很容易通过相关技术手段获取其个人信息。

通过WiFi分享软件的例子不难看出，在WiFi已经普及到家庭的今天，人们不但要防止自己的WiFi热点“被蹭”，在“蹭网”的时候还需要承担个人信息泄露等安全隐患。另外，人们在上网时，除了会遇到网络接入的安全问题外，还会遇到如何安全访问网站，如何抵御网络攻击等问题。

那么，如何能够让上网变更安全呢？

5.1 选择安全的上网方式

5.1.1 Internet 接入概述

作为承载 Internet 应用的通信网，宏观上可分为接入网和核心网两大部分，接入网(Access Network，AN)主要用来完成用户接入核心网的任务。在核心网已形成以光纤线路为基础的高速信道情况下，国际权威专家把接入网比做信息高速公路的“最后一英里”，并认为它是信息高速公路中难度最大、耗资最大的一部分，是信息基础建设的瓶颈。

ISP(Internet Service Provider，Internet 服务提供者)是为用户提供 Internet 接入服务、为用户制定基于 Internet 的信息发布平台以及提供基于物理层技术支持的服务商，包括一般意义上所说的网络接入服务商、网络平台服务商和 Internet 目录服务提供商。ISP 是用户和 Internet 之间的桥梁，位于 Internet 的边缘，用接入设备、边界网关路由器、服务器等设备来接收用户的信息，将其网络分次(拨号线路)或分块(租用专线)出租给用户以收取服务费用，用户借助 ISP 与 Internet 的连接通道便可接入 Internet。我国具有国际出口线路的 Internet 运营机构(CHINANET、CHINAGBN、CERNET、CSTNET)，都在全国各地设置了自己的 ISP 机构。其中，CHINANET 是由我国电信部门经营管理的中国公用 Internet 网，通过其提供的各种接入方式和遍布全国的接入点，用户可以方便地接入 Internet，享用 Internet 上的各种资源和服务。

针对不同的需求和网络环境，ISP 提供了多种接入技术供用户选择。不同的接入技术需要不同的设备，能提供不同的传输速度，用户应根据实际需求选择合适的接入技术。按照传输介质的不同，可将接入网分为有线接入和无线接入两大类型(如表 5-1 所示)。

表 5-1　接入技术的分类

接入网		接入技术
有线接入	铜缆	PSTN 拨号：56 kb/s
		ISDN：单通道 64 kb/s，双通道 128 kb/s
		ADSL：下行 256 kb/s～8 Mb/s，上行 1 Mb/s
		VDSL：下行 12 Mb/s～52 Mb/s，上行 1 Mb/s～16 Mb/s
	光纤	Ethernet：10/100/1000 Mb/s，10 Gb/s(使用双绞线或光纤)
		APON：对称 155 Mb/s，非对称 622 Mb/s
		EPON：1 Gb/s
	混合	HFC(混合光纤同轴电缆)：下行 36 Mb/s，上行 10 Mb/s
		PLC(电力线通信网络)：2 Mb/s～100 Mb/s
无线接入	固定	WLAN：2 Mb/s～1 Gb/s
	激光	FSO(自由空间光通信)：155 Mb/s～10 Gb/s
	移动	GPRS(无线分组数据系统)：理论峰值 171.2 kb/s 3G：下行 2 Mb/s，上行 1.8 Mb/s(WCDMA，不同制式速度不同) 4G：下行 100～150 Mb/s，上行 50 Mb/s 5G：理论峰值 1 Gb/s 以上

5.1.2　光纤接入和光纤以太网

1. 光纤接入

光纤由于其容量大、保密性好、不怕干扰和雷击、重量轻等诸多优点，得到迅速发展和应用。主干网线路迅速光纤化，光纤在接入网中的广泛应用也是一种必然趋势。光纤接入技术实际就是在接入网中全部或部分采用光纤传输介质，构成光纤用户环路(或称光纤接入网)，实现用户高性能宽带接入的一种方案。

光纤接入分为多种情况，可以表示为 FTTx(如图 5-1 所示)。图 5-1 中，OLT(Optical Line Terminal)称为光线路终端，ONU(Optical Network Unit)称为光网络单元。根据 ONU 位置不同，可以把光纤接入网分为 FTTC(Fiber to the Curb，光纤到路边)、FTTB(Fiber to the Building，光纤到大楼)和 FTTH(Fiber to the Home，光纤到户)。其中，FTTH 是将光纤延伸到终端用户家里，即从本地交换机到用户端全部为光纤连接，没有任何铜缆，也没有有源设备，这是接入网的主要发展趋势。

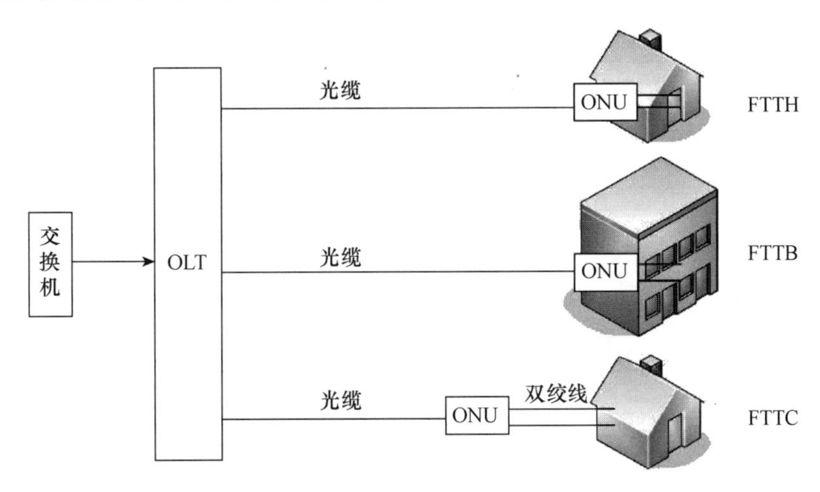

图 5-1　光纤接入方式

2. 光纤以太网

光纤接入的成本相对较高，而将光纤接入与以太网(Ethernet)结合，可以大大降低接入成本，同时也可以提供高速的用户端接入带宽。以太网是目前最主要的局域网组网技术，光纤以太网是一种利用光纤加双绞线方式实现的宽带接入方案，采用星型(或树型)拓扑结构，小区、大厦、写字楼内采用综合布线系统，用户通过双绞线或光纤接入网络，楼道交换机和中心交换机、中心交换机和局端交换机之间通过光纤相连。用户不需要购买其他接入设备，只需一台带有网卡的个人计算机即可接入 Internet。光纤以太网接入的稳定性高、可靠性强，可以实现远程办公、远程教学、远程医疗、视频会议、VPN 等各种业务。

3. PPPoE

PPPoE(Point to Point Protocol over Ethernet，以太网的点到点协议)是为了满足越来越多的宽带上网设备和越来越快的网络之间的通信而制定的标准，它基于两个被广泛接受的标准，即以太网和 PPP(点到点协议)。PPPoE 的实质是以太网和拨号网络之间的一个中继协议，继承了以太网的快速和 PPP 的拨号简单、用户验证、IP 分配等优势。PPPoE 可以完成基于以太网的多用户共同接入，实用方便，大大降低了网络的复杂程度，是当前宽带接入的主流接入协议。

5.1.3 Internet 连接共享

如果一个局域网中的多台计算机需要同时接入 Internet，可以采取两种方式。一种方式是为每台要接入 Internet 的计算机申请一个 IP 地址，并通过路由器将局域网与 Internet 相连，路由器与 ISP 通过专线连接，这种方式的缺点是浪费 IP 地址资源、运行费用高，一般不会被采用。另一种方式是共享 Internet 连接，即只申请一个 IP 地址，局域网中的所有计算机共享这个 IP 地址接入 Internet。对于普通用户来说，要实现 Internet 连接共享主要可以通过以下方式。

1. 宽带路由器或无线路由器方式

宽带路由器是一种常用的网络产品，它集成了路由器、防火墙、带宽控制和管理等基本功能，并内置了多端口的 10/100 Mb/s 自适应交换机，可以方便地将多台计算机连接成小型局域网并接入 Internet。无线路由器是将无线访问接入点和宽带路由器合二为一的扩展型产品，它具备宽带路由器的所有功能，并能够组建小型无线局域网。使用宽带路由器实现 Internet 连接共享的网络拓扑结构如图 5-2 所示，在组网时可以只选择一台宽带路由器作为交换设备和 Internet 连接共享设备，也可以通过级联交换机的方式扩展网络接口，以接入更多的设备。

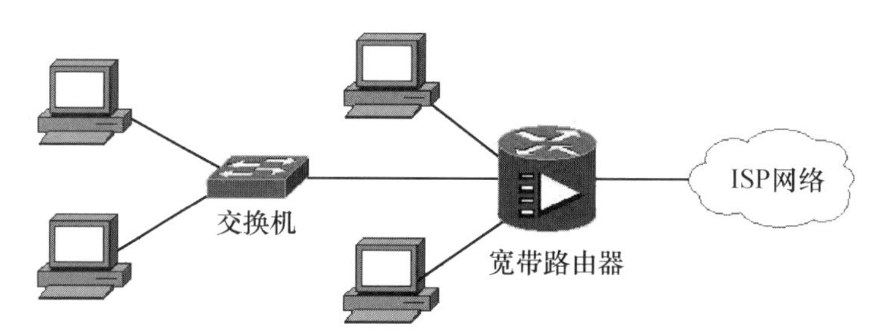

图 5-2 使用宽带路由器实现 Internet 连接共享的网络拓扑结构

宽带路由器和无线路由器都可实现以下功能。

① 内置 PPPoE 虚拟拨号。宽带路由器、无线路由器内置了 PPPoE 虚拟拨号功能，可以方便地替代手工拨号接入。

② 内置 DHCP 服务器。宽带路由器、无线路由器都内置有 DHCP 服务器和交换机端口，可以为客户机自动分配 IP 地址信息。

③ NAT 功能。宽带路由器、无线路由器一般利用网络地址转换（Network Address Translation, NAT）功能实现多用户的共享接入。当内部网络用户连接 Internet 时，NAT 将用户的内部网络 IP 地址转换成一个外部公共 IP 地址；当外部网络数据返回时，NAT 则将目的地址替换成初始的内部用户地址以便内部用户接收数据。

2. 代理服务器方式

代理服务器(Proxy)处于客户机与服务器之间，对于服务器来说，代理服务器是客户机；对于客户机来说，代理服务器是服务器，它的作用很像现实生活中的代理服务商。在一般情况下，客户机在使用网络浏览器连接 Internet 站点取得网络信息时，是直接访问目的站点的

Web服务器，然后由目的站点的Web服务器把信息传输回来。代理服务器是介于客户机和Web服务器之间的另一台服务器，有了它之后，浏览器不是直接到目的站点的Web服务器去取回网页，而是向代理服务器发出请求，信号会先送到代理服务器，由代理服务器访问目的站点的Web服务器，取回客户机所需要的信息并传输给客户机。

如果要使用代理服务器实现Internet连接共享，可先使用交换机组建局域网，然后将其中一台作为代理服务器。代理服务器通常应配置两个网络连接，分别连接局域网和ISP网络，同时应安装和配置WinGate、CCProxy等代理服务器类软件，也可以使用Windows操作系统自带的共享工具"Internet连接共享"，此时其他计算机即可通过代理服务器接入Internet。使用代理服务器实现Internet连接共享的网络拓扑结构如图5-3所示。

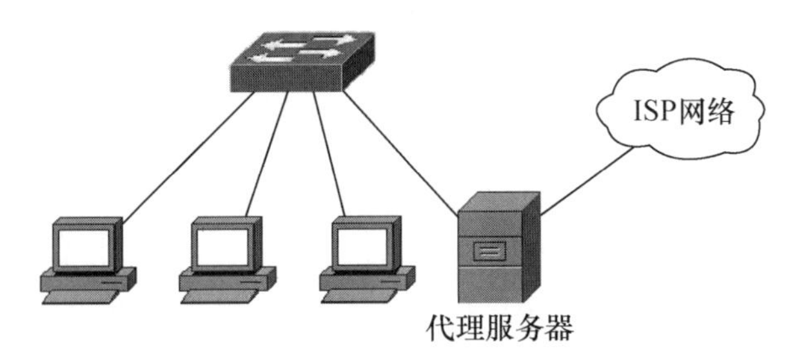

图5-3　使用代理服务器实现Internet连接共享的网络拓扑结构

5.1.4　接入方式的选择

用户能否有效地访问Internet与所选择的ISP直接相关。在选择ISP时，一般应优先考虑本地的ISP，这样可以减少通信线路的费用，得到更可靠的通信线路。另外，应衡量ISP的网络性能和服务质量，主要包括以下几个方面。

① 可靠性。ISP能否保证用户与Internet的顺利连接，在连接建立后能否保证连接不中断，能否提供可靠的域名服务器、电子邮件等服务。

② 传输速率。ISP能否与国家或国际Internet主干连接。

③ 出口带宽。ISP的所有用户将分享ISP的Internet连接通道，如果ISP的出口带宽比较窄，就会成为用户访问Internet的瓶颈。

④ 增值服务。ISP能否为用户提供接入Internet以外的一些服务，如根据用户的需求定制安全策略、提供域名注册服务等。

⑤ 技术支持。ISP能否为用户与Internet的稳定连接提供快速的响应和可靠的技术保障，能否为客户提供技术咨询或软件升级等其他支持。

⑥ 收费标准。ISP常见的收费标准包括按传输的信息量收费、按与ISP建立连接的时间收费或按照包月、包年等形式收费。

另外，从接入方式的安全性来看，通常专用网络的安全性要高于公用网络，有线网络的安全性要高于无线网络。对于普通用户来说，其面临的主要安全风险是在接入和使用公用无线网络的时候，需特别注意以下几个方面。

① 避免或谨慎使用未知来源的免费开放无线网络，以防个人信息的泄露。

② 在商场、宾馆、车站等公共场所，如果接入无线网络，则应尽量不要传输含有个人隐秘信息的数据，若必须传输，则应尽量使用移动数据业务(即流量)。

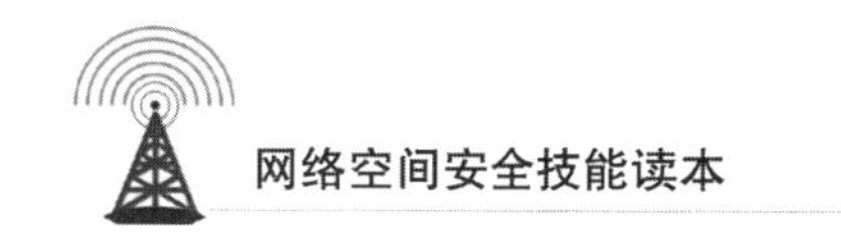

③ 对于某些公用网络提供的 App、链接、二维码等，应慎重安装、点击和扫描，以免感染恶意程序。

5.2 无线局域网的安全设置

5.2.1 无线局域网的技术标准

无线局域网(Wireless Local Area Network，WLAN)已经成为普通用户接入网络的最基本方式。无线局域网是计算机网络与无线通信技术相结合的产物，采用的传输介质不是双绞线或者光纤，而是无线电波或者红外线。最早的无线局域网产品运行在 900 MHz 的频段上，速度大约只有 1～2 Mb/s。1992 年，工作在 2.4 GHz 频段上的产品问世，之后的大多数无线局域网产品也都在此频段上运行。无线局域网常用的技术标准有 IEEE 802.11 系列标准、HiperLAN2 协议、Bluetooth(蓝牙)等。其中，IEEE 802.11 系列标准应用最为广泛，常说的 WLAN 指的就是符合 IEEE 802.11 系列标准的无线局域网技术。为了支持更高的数据传输速度，IEEE 802.11 系列标准定义了多样的物理层标准，主要包括以下几种。

1. IEEE 802.11b

IEEE802.11b 标准规定的工作频段为 2.4～2.4835 GHz，一般采用直接系列扩频(Direct Sequence Spread Spectrum，DSSS)和补码键控(Complementary Code Keying，CCK)调制技术，在数据传输速率方面可以根据实际情况在 11 Mb/s、5.5 Mb/s、2 Mb/s、1 Mb/s 的不同速率间自动切换。

2. IEEE 802.11a

IEEE 802.11a 标准规定的工作频段为 5.15～5.825 GHz，采用了正交频分复用(Orthogonal Frequency Division Multiplexing，OFDM)的独特扩频技术，数据传输速率可达到 54 Mb/s，并可根据实际情况自动切换到 48 Mb/s、36 Mb/s、24 Mb/s、18 Mb/s、12 Mb/s、9 Mb/s、6 Mb/s。需要注意的是，IEEE 802.11a 与工作在 2.4 GHz 频率上的 IEEE 802.11b 互不兼容。

3. IEEE 802.11g

IEEE 802.11g 标准可以视作对 IEEE 802.11b 标准的升级，该标准仍采用 2.4 GHz 频段，数据传输速率可达到 54 Mb/s。IEEE 802.11g 支持两种调制方式，包括 IEEE 802.11a 中采用的 OFDM 与 IEEE 802.11b 中采用的 CCK。IEEE 802.11g 与 IEEE 802.11b 完全兼容，遵循这两种标准的无线设备之间可相互访问。

4. IEEE 802.11n

IEEE 802.11n 标准可以工作在 2.4 GHz 和 5 GHz 两个频段，实现与 IEEE 802.11b/g 以及 IEEE 802.11a 的向下兼容。IEEE 802.11n 标准使用多进多出(Multiple-Input Multiple-Output，MIMO)天线技术和 OFDM 技术，其数据传输速率可达 300Mb/s 以上。

5. IEEE 802.11ac

IEEE 802.11ac 标准的核心技术主要基于 802.11a，工作于 5 GHz 频段，采用并扩展了源自 802.11n 的空中接口概念，包括更宽的带宽、更多的 MIMO 空间流、更高阶的调制等，其数据传输速率理论上可达1 Gb/s以上。

很多人会把WiFi和WLAN混为一谈，实际上WiFi是一个无线网络通信技术的品牌，由WiFi联盟所持有。WiFi联盟是一个非营利性且独立于厂商之外的组织，它将基于IEEE 802.11系列标准的技术品牌化。一台基于802.11系列标准的设备，需要经历严格的测试才能获得WiFi认证，所有获得WiFi认证的设备之间可进行交互，不管其是否为同一厂商生产。

5.2.2 无线局域网的安全问题

相对于有线局域网，无线局域网表现出很大的优势，但是无线局域网的安全性问题值得关注，主要表现在以下几个方面。

① 无线局域网以无线电波作为传输介质，其所使用的频段不需要经过许可，难以限制网络资源的物理访问范围，无线网络覆盖范围内的任何设备都可能成为网络的接入点，开放的信道很难阻止攻击者窃听、篡改并转发数据。

② 用户接入网络时不需要与网络进行实际连接，攻击者很容易伪装成合法用户。网络终端的移动性使得攻击者可以在任何位置通过移动设备对网络实施攻击。因此，对无线网络移动终端的管理要比有线网络困难得多。

③ 无线局域网是符合所有网络协议的计算机网络，因此有线局域网面临的网络威胁同样也威胁着无线网络，甚至会产生更严重的后果。

④ 无线局域网的拓扑结构是动态变化的，缺乏集中管理机制。另外，无线局域网的信号传输会受到干扰、多普勒频移等多方面的影响。变化的拓扑结构和不稳定的传输信号增加了安全方案的实施难度。

5.2.3 无线路由器的安全设置

组建WLAN的主要设备是AP(Access Point，无线访问接入点)和无线路由器。无线路由器实际上是AP与宽带路由器的结合，能够在一定距离范围内连接多个无线客户端，并可实现无线客户端的Internet连接共享。下面主要以H3C Magic B1无线路由器为例，介绍无线路由器的基本安全设置方法。

1. 连接并登录无线路由器

无线路由器通常会提供Internet接口、Ethernet接口和LAN接口。其中，Internet接口只有一个，用来与连接ISP网络的线缆相连；Ethernet接口通常为1～4个，用来提供有线接入，其所连接的客户端与无线接入的客户端处于同一内部网络；LAN接口是路由器的访问接口，也是内部网络的网关。如果要对无线路由器进行配置，可将一台计算机通过双绞线跳线与无线路由器的Ethernet接口相连或接入无线网络，在计算机上启动浏览器，在浏览器的地址栏输入无线路由器访问接口的IP地址，输入相应的用户名和密码后，即可打开无线路由器配置主页面(如图5-4所示)。需要注意的是，不同厂商的无线路由器产品，其访问接口的默认IP地址、用户名及密码并不相同，配置前需认真阅读其技术手册。

2. 设置SSID

SSID(Service Set Identifier，服务集标识符)是无线局域网中用来从逻辑上划分子系统的标识，也被称为WiFi名称。尽管SSID的设计初衷并不是为了满足安全性方面的需要，但

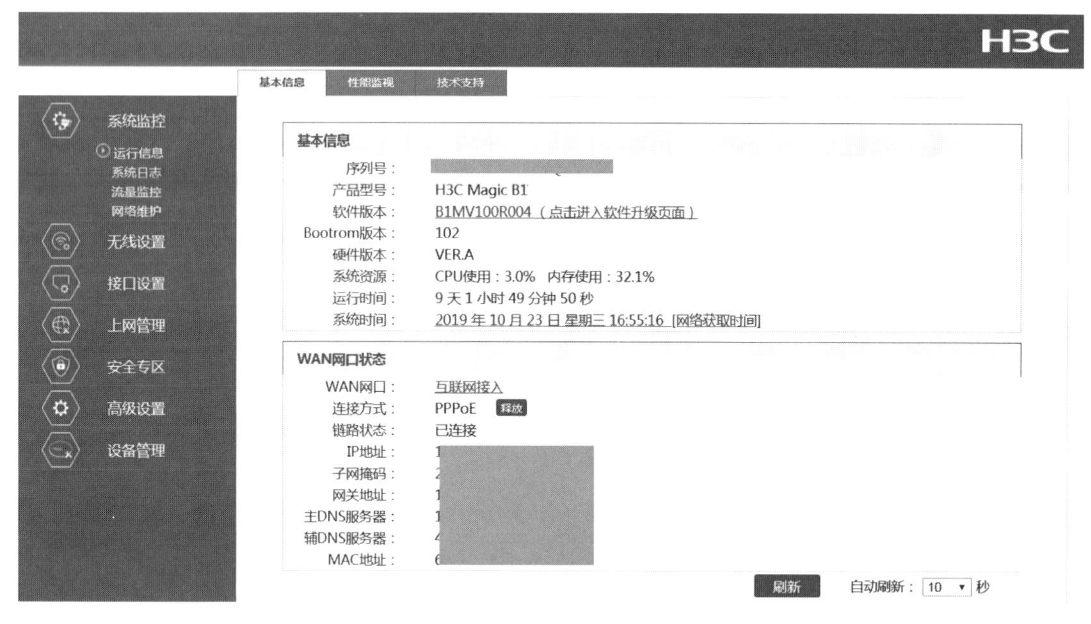

图 5-4 无线路由器配置主页面

它可以阻止没有有效 SSID 的客户端连接无线局域网，因此可以防止非法访问网络的行为。默认情况下，无线路由器会有默认的 WiFi 名称，并会以明文方式向覆盖范围内所有无线设备广播自己的 WiFi 名称。因此，一般应更改默认的 WiFi 名称并将其隐藏，由网络管理者告知授权用户使用什么 WiFi 名称可以与无线路由器建立连接。基本操作步骤如下。

（1）在无线路由器配置主页面左侧窗格中依次选择"无线设置"→"无线参数设置"，打开"2.4G 无线设置"页面（如图 5-5 所示）。

图 5-5 "2.4G 无线设置"页面

（2）在“2.4G 无线设置”页面的无线网络列表中可以看到两个 WiFi 网络，其中，“访客网络”默认是禁用的，单击“主人网络”列表中的“操作”按钮，打开其“无线网络配置”页面（如图 5-6 所示）。

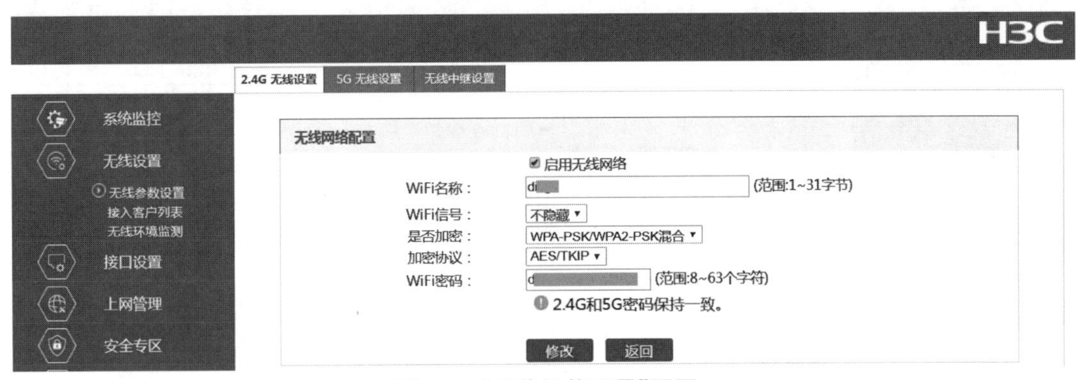

图 5-6　“无线网络配置”页面

（3）在“无线网络配置”页面中可以修改 WiFi 名称，并可在“WiFi 信号”选项中将其设为“隐藏”，单击“修改”按钮完成设置。此时，无线客户端将无法通过 WLAN 扫描发现该无线网络的存在。另外，由于很多无线路由器产品可以同时支持 2.4GHz 和 5GHz 两个频段的无线接入，因此需要在不同频段分别设置其对应的无线网络参数。

3. 设置安全密钥

设置安全密钥的基本操作步骤为：在图 5-6 的“是否加密”选项中选择加密方式，通常应为“WPA-PSK/WPA2-PSK 混合”，在“加密协议”选项中选择“AES/TKIP”，在“WiFi 密码”选项中设置无线网络的认证密码，单击“修改”按钮完成设置。

4. 查看无线客户端

如果要查看当前有哪些无线客户端接入了无线路由器提供的无线网络，那么可在无线路由器配置主页面左侧窗格中依次选择“无线设置”→“接入客户列表”，在打开的“接入客户列表”页面中可以看到无线网络接入客户端的相关信息，包括其名称、IP 地址、MAC 地址等（如图 5-7 所示）。

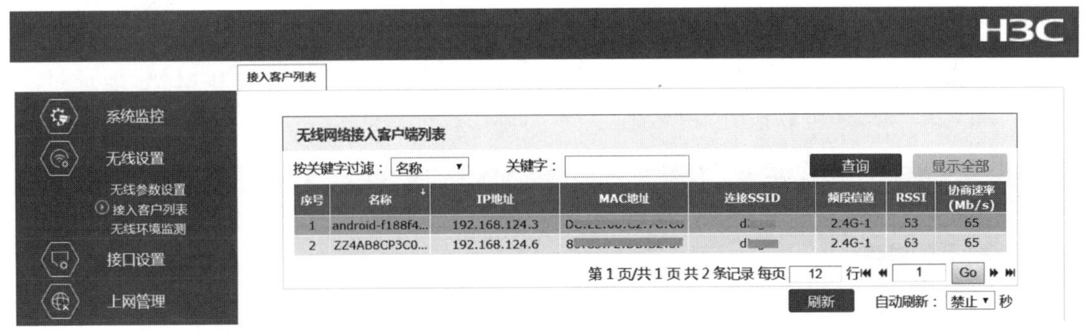

图 5-7　“接入客户列表”页面

5. 设置 DHCP

默认情况下，无线客户端可以利用无线路由器开启的 DHCP 功能获取与无线路由器同地址段的 IP 地址，从而与无线路由器进行通信。要利用 DHCP 限制无线客户端的非法连接，可采用如下操作方法。

(1) 在无线路由器配置主页面左侧窗格中依次选择“接口设置”→“DHCP 设置”，在打开的“DHCP 服务器设置”页面中可以看到 DHCP 设置的相关信息(如图 5-8 所示)。

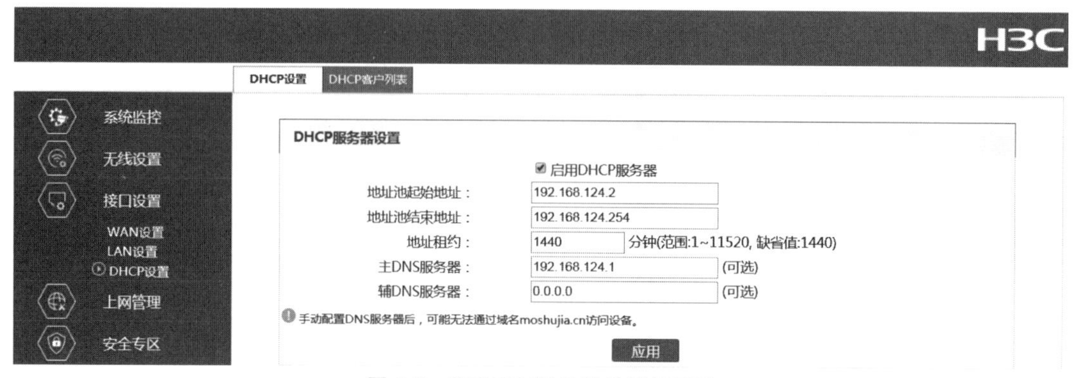

图 5-8 “DHCP 服务器设置”页面

(2) 可以在“DHCP 服务器设置”页面中不选择“启用 DHCP 服务器”复选框，关闭无线路由器的 DHCP 功能，此时，所有无线客户端必须知晓无线路由器的 IP 地址并手动设置与其同地址段的 IP 地址，才能正常接入网络。

(3) 也可以不关闭无线路由器的 DHCP 功能，通过设置“DHCP 服务器设置”页面的“地址池起始地址”和“地址池结束地址”限制可分配的 IP 地址数量，使其只够授权无线客户端使用，这样，在所有授权无线客户端自动获取地址接入网络后，其他无线客户端就必须手工设置合法 IP 地址才能接入。

6. WiFi 接入控制

MAC 地址也称为物理地址，是 IEEE 802 标准为局域网规定的一种 48bit 的全球唯一地址，在计算机和网络设备中一般以 12 个 16 进制数表示，如 00-05-5D-6B-29-F5。由于 MAC 地址的唯一性和不可更改性，所以在无线路由器上可以利用 MAC 地址对无线客户端进行访问控制，基本操作步骤为：在无线路由器配置主页面左侧窗格中依次选择“上网管理”→“WiFi 接入控制”，在打开的“WiFi 接入控制”页面中可以看到已接入网络的无线客户端列表，包括其名称、IP 地址和 MAC 地址(如图 5-9 所示)；如果要禁止某无线设备的接入，可单击“新增”按钮，在打开的“WiFi 接入控制设置”页面中输入该设备的 MAC 地址(如图 5-10 所示)，单击“添加黑名单”按钮完成设置。在很多无线路由器中，该功能也被称为 MAC 地址过滤，除设置“黑名单”外，还可以设置“白名单”。

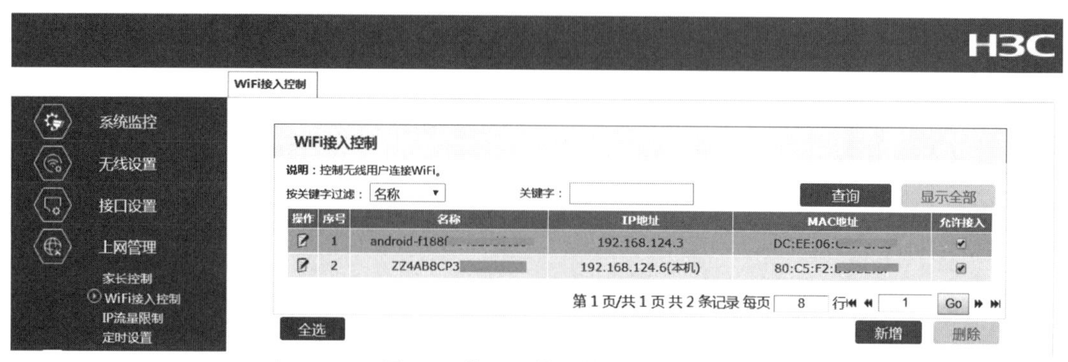

图 5-9 “WiFi 接入控制”页面

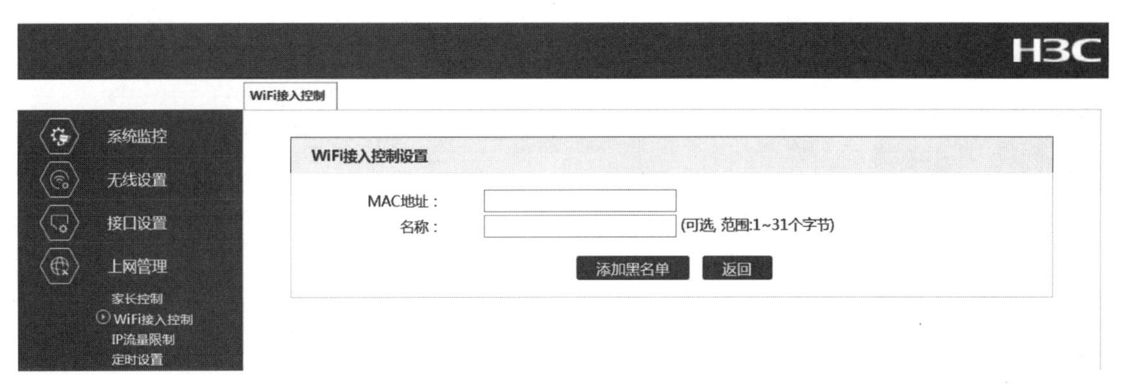

图 5-10　"WiFi 接入控制设置"页面

7. IP 流量控制

所有接入无线网络的客户端可通过无线路由器共享接入 Internet 的带宽，在某些情况下需要在无线路由器上对无线客户端进行限速，基本操作步骤为：在无线路由器配置主页面左侧窗格中依次选择"上网管理"→"IP 流量限制"，在打开的"IP 流量限制"页面中选择"启用 IP 流量限制"，单击"新增"按钮，在打开的"IP 流量限制设置"页面中可以针对某具体 IP 地址的上传和下载速度进行限制(如图 5-11 所示)。需要注意的是，这种限速是基于 IP 地址的，而无线客户端通过 DHCP 方式获得的 IP 地址是动态的，因此如果要进行 IP 流量控制，应关闭 DHCP 功能，为无线客户端手动设定固定的 IP 地址，或者在无线路由器的"DHCP 客户列表"中将 IP 地址与其对应无线设备的 MAC 地址绑定。

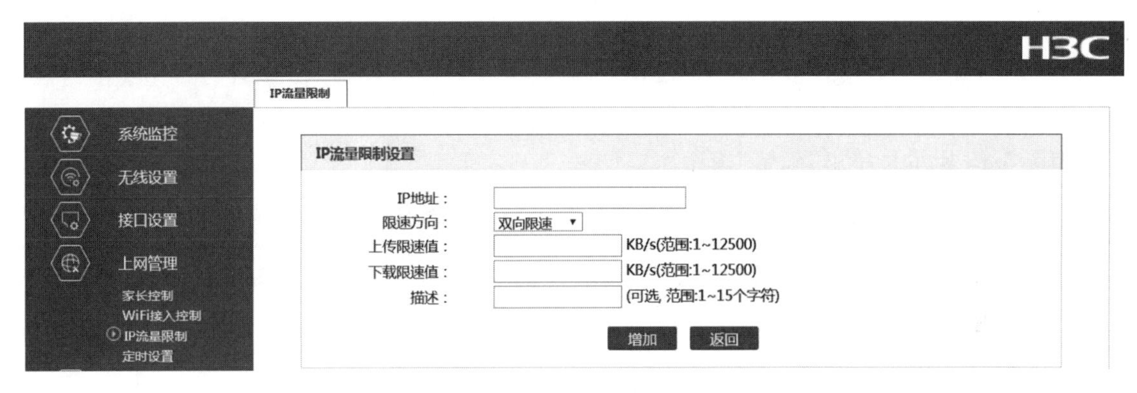

图 5-11　"IP 流量限制设置"页面

8. 定时关闭

如果在某段时间内不使用无线网络，那么关闭无线路由器也是防止无线网络被非法接入的有效方法。很多无线路由器都提供了定时关闭的功能，基本操作步骤为：在无线路由器配置主页面左侧窗格中依次选择"上网管理"→"定时设置"，在打开的"定时设置"页面中设置 WiFi 定时关闭的时间段(如图 5-12 所示)。

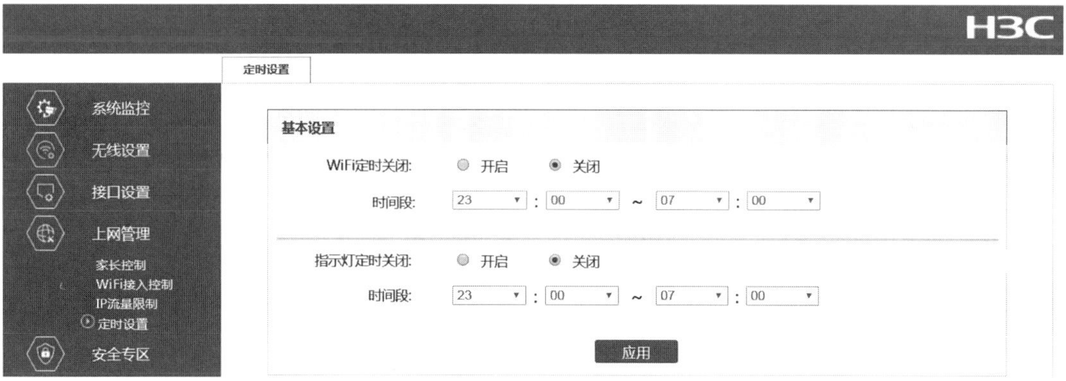

图 5-12 “定时设置”页面

5.2.4 无线局域网的安全连接

对于普通用户来说，应尽量避免连接未知来源的免费开放无线局域网。另外，在使用个人计算机或智能手机连接无线网络时，通常应注意以下设置。

1. 个人计算机的安全连接设置

（1）取消无线网络的自动连接。

无线设备会自动连接周围免费开放的无线网络，因此，取消无线网络的自动连接可以在一定程度上减少被欺骗的可能性，基本操作步骤为：依次选择“控制面板”→“网络和 Internet”→“网络和共享中心”，打开“网络和共享中心”窗口（如图 5-13 所示）；单击“管理无线网络”，在打开的“管理无线网络”窗口中可以看到系统扫描到的和曾经连接过的无线网络（如图 5-14 所示）；右击要设置的无线网络，在弹出的菜单中选择“属性”命令，打开“无线网络属性”对话框；在打开的“无线网络属性”对话框中不选择“当此网络在范围内时自动连接”复选框（如图 5-15 所示），单击“确定”按钮完成设置。

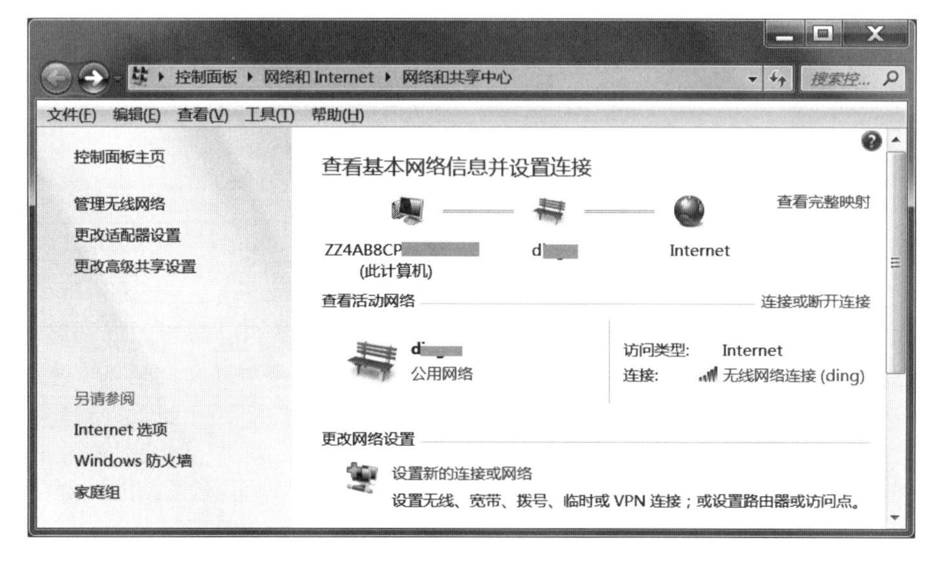

图 5-13 “网络和共享中心”窗口

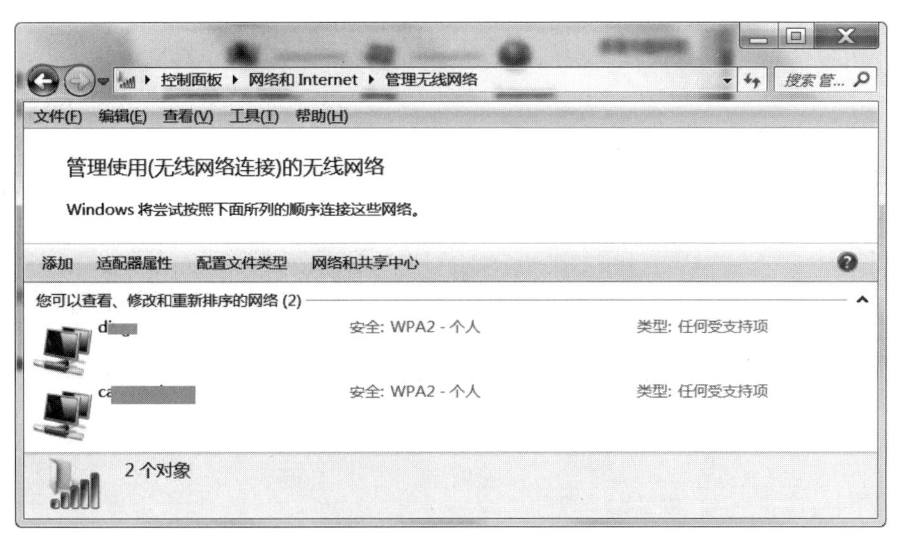

图 5-14 “管理无线网络”窗口

图 5-15 “无线网络属性”对话框

(2) 连接隐藏的无线网络。

如果在无线路由器上设置了 WiFi 隐藏或禁用 SSID 广播，那么在无线设备上应手动输入无线网络的 SSID 和安全密钥，才能接入网络，基本操作步骤为：单击屏幕右下角的无线网络图标，打开无线网络列表(如图 5-16 所示)，单击“其他网络”，在打开的“键入网络的名称”对话框中输入无线网络的 SSID(如图 5-17 所示)，单击“确定”按钮，在打开的“键入网络安全密钥”对话框中输入无线网络的安全密钥，单击“确定”按钮完成对无线网络的连接。

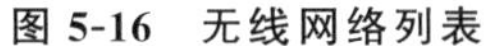
图 5-16　无线网络列表

图 5-17　“键入网络的名称”对话框

(3) 查看 MAC 地址。

MAC 地址过滤是防止无线网络被非法接入的比较好的方式，查看个人计算机 MAC 地址的基本步骤为：依次选择“控制面板”→“网络和 Internet”→“网络和共享中心”，在打开的“网络和共享中心”窗口中单击“更改适配器设置”，打开“网络连接”窗口，右击“无线网络连接”图标，在弹出的菜单中选择“状态”命令，打开“无线网络连接状态”对话框(如图 5-18 所示)；在“无线网络连接状态”对话框中单击“详细信息”按钮，在打开的“网络连接详细信息”对话框中可以看到物理地址，即 MAC 地址(如图 5-19 所示)。

图 5-18　“无线网络连接状态”对话框

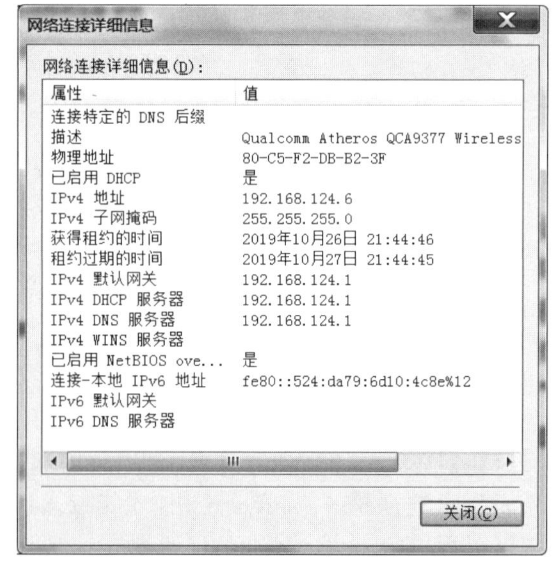

图 5-19　“网络连接详细信息”对话框

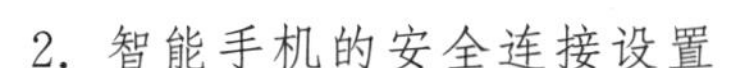

2. 智能手机的安全连接设置

(1) 取消无线网络的自动连接。

在智能手机上取消无线网络自动连接的基本操作步骤为：依次选择“设置”→“无线和网络”→“WLAN”，在打开的“WLAN”界面中选择“高级设置”，打开“高级设置”界面(如图5-20所示)；在“高级设置”界面中选择“设置网络连接方法”，在打开的“设置网络连接方法”界面中选择“手动连接”即可完成设置(如图5-21所示)。

(2) 连接隐藏的无线网络。

在智能手机上连接隐藏无线网络的基本操作步骤为：依次选择“设置”→“无线和网络”→“WLAN”，在打开的“WLAN”界面中选择“添加其他网络”，打开“添加网络”界面(如图5-22所示)，在该界面中输入要连接网络的SSID，选择无线网络的加密方式并输入安全密钥即可完成对无线网络的连接。

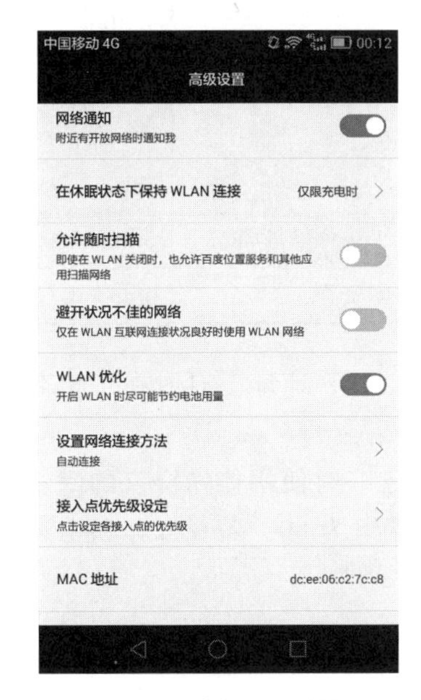

图 5-20　“高级设置”界面

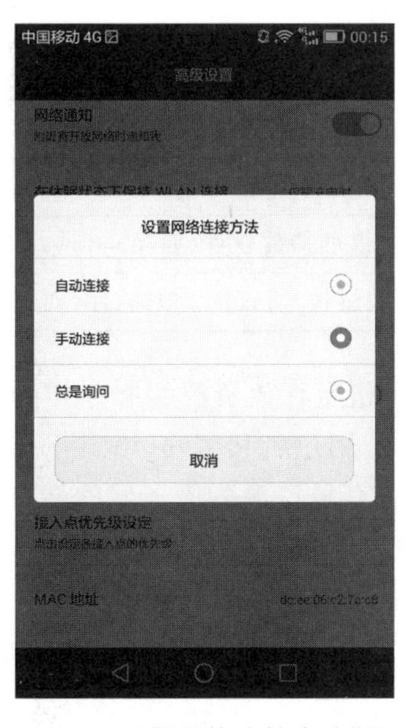

图 5-21　“设置网络连接方法”界面

图 5-22　“添加网络”界面

(3) 查看MAC地址。

查看智能手机MAC地址的基本操作步骤为：依次选择“设置”→“无线和网络”→“WLAN”，在打开的“WLAN”界面中选择“高级设置”，在打开的“高级设置”界面中即可看到该智能手机的MAC地址。

5.3　网站的安全访问

5.3.1　判断网站的安全性

Internet的主要资源都是以网站和网页形式发布的，网站和网页也成为恶意代码传播和网络攻击的主要媒介。对于普通用户来说，通常可以采取以下方法判断网站的安全性。

1. 通过网页地址判断网站安全性

网页地址也称 URL,是用于完整描述 Internet 上网页和其他资源地址的一种标识方法。在使用浏览器访问网页时,在浏览器的地址栏可以看到网页的 URL。URL 的一般格式为(带方括号的为可选项):

protocol://hostname[:port]/path/[;parameters][? query]#fragment

对 URL 的格式说明如下。

① protocol(协议)。用于指定访问网络资源时使用的传输协议,表 5-2 列出了 protocol 属性的部分有效方案名称,其中最常用的是 HTTP 协议。

表 5-2 protocol 属性的部分有效方案名称

协议	说明	格式
file	资源是本地计算机上的文件	file://
ftp	通过 FTP 协议访问资源	ftp://
http	通过 HTTP 协议访问资源	http://
https	通过安全的 HTTP 协议访问资源	https://
mms	通过支持 MMS(流媒体)协议的播放软件(如 Windows Media Player)播放资源	mms://
thunder	通过支持 thunder(专用下载链接)协议的 P2P 软件(如迅雷)访问资源	thunder://

② hostname(主机名)。用于指定存放资源的服务器的域名或 IP 地址。有时在主机名前也可以包含连接到服务器所需的用户名和密码(格式:username@password)。

③ :port(端口号)。用于指定存放资源的服务器的端口号,省略时使用传输协议的默认端口。各种传输协议都有默认的端口号,如 HTTP 协议的默认端口为 80。若在服务器上采用非标准端口号,则在 URL 中就不能省略端口号这一项。

④ path(路径)。由零或多个"/"符号隔开的字符串,一般用于表示主机上的一个目录或文件地址。

⑤ ;parameters(参数)。用于指定特殊参数的可选项。

⑥ ? query(查询)。用于为动态网页(如使用 CGI、ISAPI、PHP/JSP/ASP/ASP. NET 等技术制作的网页)传递参数,可有多个参数,用"&"符号隔开,每个参数的名和值用"="符号隔开。

⑦ fragment(信息片断)。用于指定网络资源中的片断。例如,一个网页中有多个名词解释,可使用 fragment 直接定位到某一名词解释。

无论网页地址多么复杂,用户需要重点关注的是其主机名部分。网页地址的主机名更多会采用域名,而 Internet 中的域名是由相关管理机构统一进行管理的,各组织使用的域名必须经过申请核准后才可使用。域名通常会采用"功能. 组织名. 行业类型. 国家"的格式。其中,"功能"表示服务器所提供的服务,如"www"表示网页服务、"mail"表示邮件服务等;"组织名"表示网页所属组织单位的名称,如"baidu""pku"等;"行业类型"表示组织单位所在的行业,如"com"表示商业机构、"edu"表示教育机构;"国家"表示组织单位所属的国家或地区,如"cn"表示中国、"us"表示美国,如果域名是在互联网名称与数字地址分配机构(the Internet Corporation for Assigned Names and Numbers,ICANN)注册的,则可能没有这部分。

因此，用户可以通过域名判断网页的来源，如域名“www.pku.edu.cn”表示北京大学的网页服务，“pan.baidu.com”表示百度公司的网盘服务。

恶意网站经常会通过注册与常用网站相似的域名，以起到鱼目混珠的目的。虽然为了避免这种现象，很多组织会将相似域名同时注册，如“www.baidu.cn”“www.baidu.com.cn”与“www.baidu.com”一样都是百度公司的网站主页，但这种注册不可能全面。因此，用户访问网页时一定要通过网页地址中的域名判断其真实性，如“http://www.qq.2434.com:9999”显然不是腾讯公司的网页地址，但这种网页地址对于粗心的用户确实有一定的欺骗性。

2. 通过第三方软件判断网站安全性

2013 年 11 月，在工业和信息化部的支持下，中国电子信息产业发展研究院联合电子认证服务产业链上下游企业发起成立了中国电子认证服务产业联盟，当用户在访问网站时，如果其已通过联盟认证，则可明确知道该网站是安全的。

利用 360 安全浏览器查看网站安全性的基本操作方法为：在 360 安全浏览器的地址栏输入要访问的网页地址，单击地址栏左侧的认证标识，打开网站名片窗口（如图 5-23 所示）。在网站名片窗口中可以查看该网站的信用和信用来源。如果信用来源中有“认证联盟”，则说明该网站已通过联盟的安全认证，可单击“认证联盟”链接查看其品牌网站证书。如果对网站的安全性有疑问，可单击“照妖镜鉴定”链接，360 云安全中心将根据用户上传的内容对网站的安全性进行鉴定。

图 5-23　利用 360 安全浏览器查看网站名片

百度本身也会提供一些常规性的安全提醒，如在使用百度搜索网络资源时，被标注为

“官方”的链接就是经过百度认证的官方网站(如图 5-24 所示)。另外,很多其他安全软件及网络平台也会提供网站安全性的鉴定或提醒功能,这里不再赘述。

3. 判断下载文件的安全性

通常应到经过认证的官方网站、软件商店或其他可信任的渠道下载应用软件和其他网络资源。在不确定其安全性前,不要随意点击通过论坛、邮件、社交软件发布的未知来源的网站和网络资源链接。对于通过网络下载的文件,应首先使用杀毒软件对其进行检查,确保没有问题后再考虑是否打开或运行。

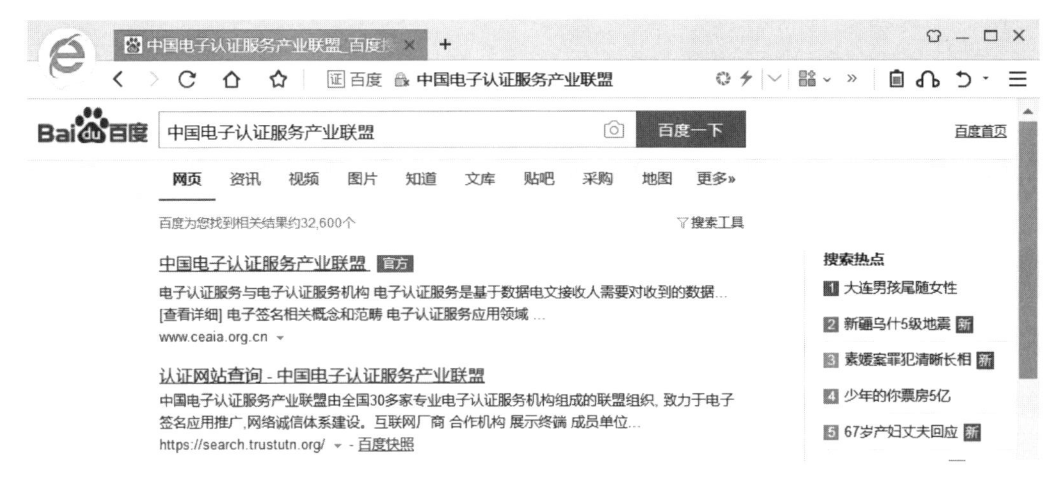

图 5-24 百度给出的安全提醒

5.3.2 安全使用浏览器

浏览器是人们访问网站和网页的基本工具,也是确保上网安全的第一道防线,浏览器的产品种类很多,下面主要以 Windows 系统自带的 Internet Explorer 浏览器为例,介绍安全使用浏览器的基本方法(其他浏览器可参照)。

1. 设置安全区域

Internet Explorer 包含 Internet、本地 Intranet、受信任的站点、受限制的站点四个安全区域,其默认安全级别分别为中-高、中-低、自定义、高。用户可以通过安全区域对不同网站设置不同的安全级别,基本操作方法如下。

(1) 单击“Internet Explorer”窗口右上方的“设置”按钮,在弹出的菜单中选择“Internet 选项”,在打开的“Internet 选项”对话框中选择“安全”选项卡(如图 5-25 所示)。

(2) 通常应单击“安全”选项卡的“默认级别”按钮,将每个安全区域设置为默认的安全级别。通过网络访问的网站一般都属于 Internet 安全区域,在默认情况下,访问该区域的网站时不会下载未签名的 ActiveX 控件,并在下载有潜在不安全内容的文件前会给出提示,从而保护用户的访问安全。

(3) 对于网上银行等有些必须运行 ActiveX 控件的网站,或者可信任的内部网站,可以单击“安全”选项卡的“本地 Intranet”安全区域,单击“站点”按钮,在打开的“本地 Intranet”对话框中单击“高级”按钮,输入相应网站的网页地址后单击“添加”按钮,即可将该网站添加到本地 Intranet 安全区域(如图 5-26 所示)。

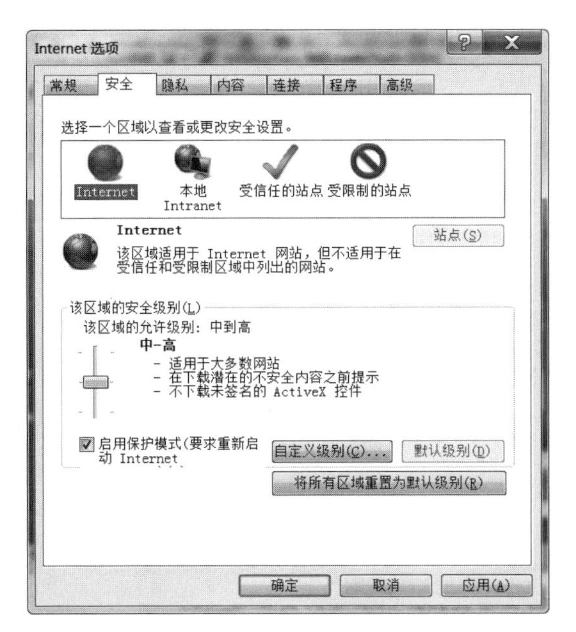

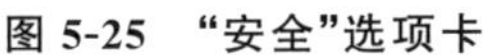

图 5-25　“安全”选项卡

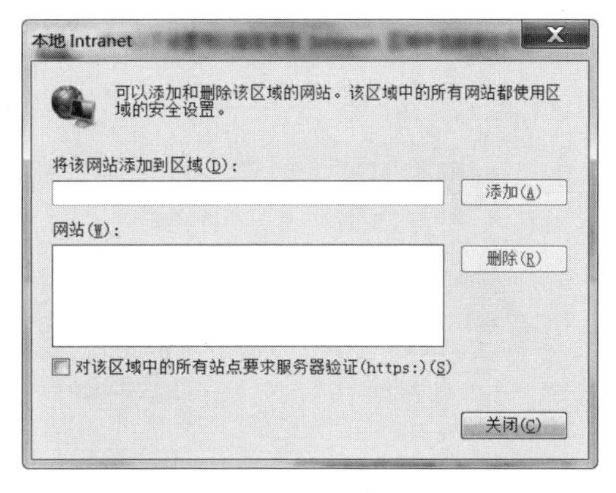

图 5-26　“本地 Intranet”对话框

(4) 如果要调整某区域的安全级别，可在“安全”选项卡中选中该区域后，单击“自定义级别”按钮，在打开的“安全设置-Internet 区域”对话框中可以重置自定义设置，也可以针对具体的项目进行设置(如图 5-27 所示)。

图 5-27　“安全设置-Internet 区域”对话框

2. Cookie 安全设置

Cookie 是指网站通过浏览器存放在用户计算机上的小文件，用于自动记录用户的个人信息。有不少网站的服务内容是需要用户在打开 Cookie 的前提下才能提供的，通过 Cookie 网站可以获取用户的访问偏好，从而改善用户的浏览体验，但也会危及用户的隐私安全。为保护个人隐私，用户有必要对 Cookie 的使用进行限制，基本操作方法为：在“Internet 选项”对话框中选择“隐私”选项卡(如图 5-28 所示)，在该选项卡中设定了“阻止所有 Cookie”“高”

"中高""中""低""接受所有 Cookie"六个级别(默认为"中"),可以根据需要通过拖动滑块设定级别,也可以单击"站点"按钮,在打开的"每个站点的隐私操作"对话框的"网站地址"中输入特定的网页地址,从而设定其始终或从不使用 Cookie(如图 5-29 所示)。另外,可以在"Internet 选项"的"常规"选项卡的"浏览历史记录"中对 Cookie 进行删除。

图 5-28 "隐私"选项卡

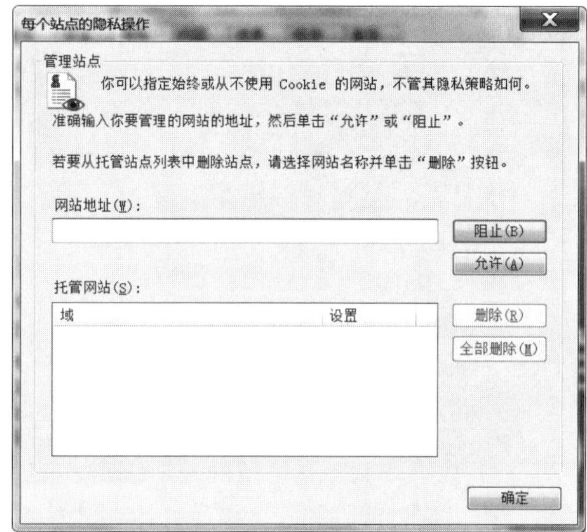

图 5-29 "每个站点的隐私操作"对话框

3. 阻止弹出窗口

Internet Explorer 的弹出窗口阻止程序可限制或阻止网站在被访问时弹出广告或其他窗口,通常应在"Internet 选项"的"隐私"选项卡中选中"启用弹出窗口阻止程序"复选框。另外,也可单击"设置"按钮,在打开的"弹出窗口阻止程序设置"对话框中可以设置阻止级别,以及弹出窗口不受阻止的网站列表(如图 5-30 所示)。

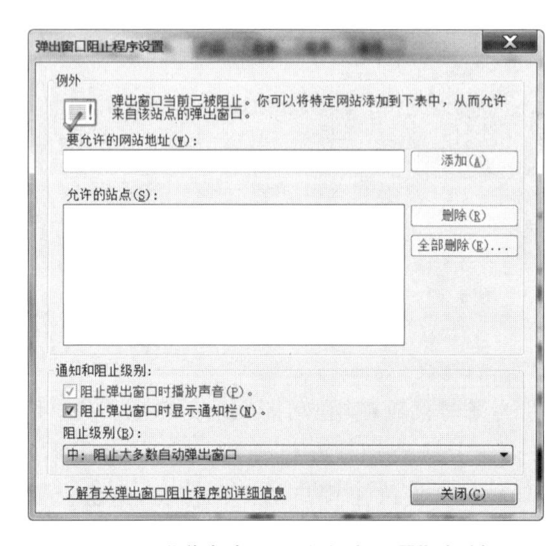

图 5-30 "弹出窗口阻止程序设置"对话框

4. 关闭位置共享

定位服务允许网站询问用户的物理位置以改善用户的浏览体验。例如，地图网站可以通过该服务获取用户的物理位置，以便将其显示在地图中。如果用户不希望网站获取其物理位置，则可在“Internet 选项”的“隐私”选项卡中选中“从不允许网站请求你的物理位置”复选框。

5. 限制使用脚本及 ActiveX 控件

在网页中经常会带有使用 Java、Java Applet、ActiveX 编写的脚本和控件，通过这些脚本可以方便地在网页中添加各式各样的动态功能、多媒体效果、交互式对象以及复杂程序，从而为用户带来流畅美观的浏览效果。但这些脚本有可能会获取用户的标识、IP 地址、口令等信息，也有可能会在用户的本地计算机上安装某些程序或进行其他操作，因此通常应对其进行限制。限制使用脚本及 ActiveX 控件的基本操作步骤为：不同的安全级别对脚本及 ActiveX 控件的使用有不同的设定，也可以在“安全”选项卡中选中某安全区域后，单击“自定义级别”按钮，在打开的“区域安全设置”对话框的“设置”中对“ActiveX 控件和插件”“脚本”中的选项进行单独设置。对于不太安全的控件或脚本，应该予以禁止，至少要进行提示。

5.4　使用个人防火墙

5.4.1　防火墙的功能

防火墙作为一种网络安全技术，最初被定义为一个实施某些安全策略保护一个安全区域(计算机或局域网)，用以防止来自风险区域(Internet 或有一定风险的网络)的攻击的装置。随着网络技术的发展，人们逐渐意识到网络风险不仅来自网络外部，还有可能来自网络内部，并且在技术上也有可能实施更多的解决方案，所以通常将防火墙定义为在两个网络之间实施安全策略要求的访问控制系统。一般来说，防火墙可以实现以下功能。

① 防火墙能防止非法用户进入内部网络，禁止安全性低的服务进出网络，并抗击来自各方面的攻击。

② 能够利用 NAT(网络地址变换)技术，既实现私有地址与共有地址的转换，又隐藏内部网络的各种细节，提高内部网络的安全性。

③ 能够通过仅允许“认可的”和符合规则的请求通过的方式来强化安全策略，实现计划的确认和授权。

④ 所有经过防火墙的流量都可以被记录下来，可以方便地监视网络的安全性并产生日志和报警。

⑤ 由于内部和外部网络的所有通信都必须通过防火墙，所以防火墙是审计和记录 Internet 使用费用的一个最佳地点，也是网络中的安全检查点。

⑥ 防火墙可以允许用户通过 Internet 访问 WWW 和 FTP 等提供公共服务的服务器，而禁止外部对内部网络上的其他系统或服务的访问。

5.4.2　设置 Windows 防火墙

根据应用范围，防火墙可以分为个人防火墙和企业级防火墙，其中个人防火墙主要对个人计算机提供保护，目前很多安全厂商都提供了个人防火墙产品。从 Windows XP 开始，Windows 系统内置了 Internet 连接的防火墙，它可以为个人计算机系统提供保护，以避免其遭受外部恶意软件的攻击。

1. 选择网络位置

在 Windows 系统中，不同的网络位置可以有不同的 Windows 防火墙设置，用户应将计算机设置在适当的网络位置，可选择的网络位置主要包括以下两种。

① 专用网包含家庭网络和工作网络。在该网络位置中，系统会启用网络搜索功能使用户在本地计算机上可以找到该网络上的其他计算机；同时，也会通过设置 Windows 防火墙（开放传入的网络搜索流量）使网络内其他用户能够浏览到本地计算机。

② 公用网络主要指外部的不安全的网络（如机场、咖啡店的网络）。在该网络位置中，系统会通过 Windows 防火墙的保护，使其他用户无法在网络上浏览到本地计算机，并可以阻止来自 Internet 的攻击行为；同时，也会禁用网络搜索功能，使用户在本地计算机上也无法找到网络上的其他计算机。

选择网络位置的基本操作步骤为：依次选择“控制面板”→“网络和 Internet”→“网络和共享中心”，在打开的“网络和共享中心”窗口中可以看到当前活动网络的网络位置，通常应为“公用网络”，单击“公用网络”，在打开的“设置网络位置”窗口中可以将其设置为“家庭网络”或“工作网络”（如图 5-31 所示）。

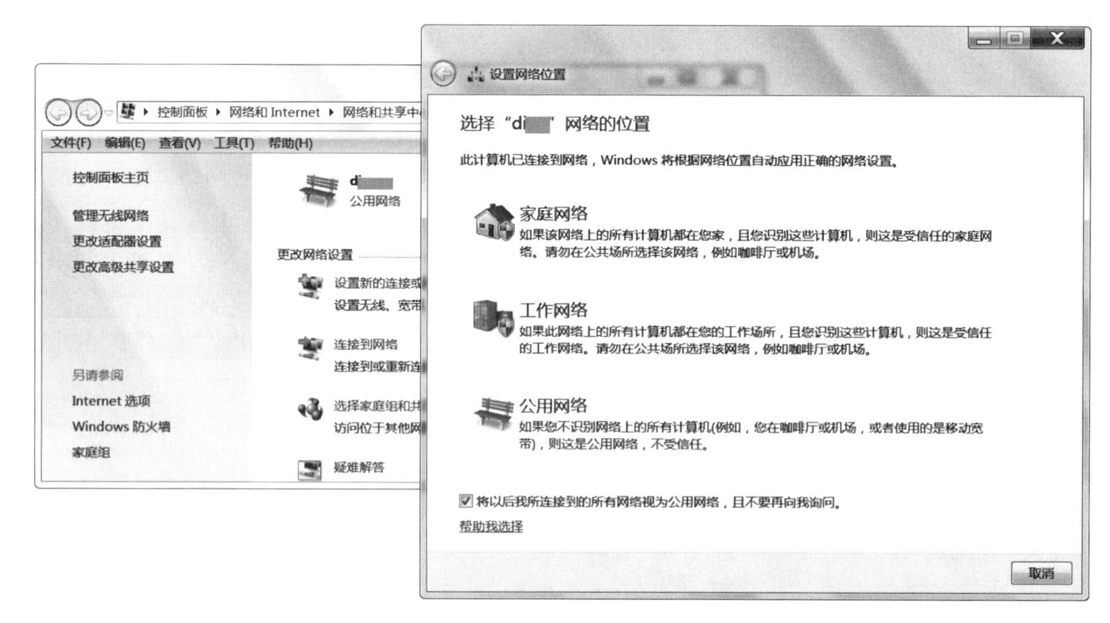

图 5-31　选择网络位置

2. 启用或关闭 Windows 防火墙

在 Windows 系统中打开与关闭 Windows 防火墙的操作步骤如下。

（1）依次选择“控制面板”→“系统与安全”→“Windows 防火墙”，打开“Windows 防火墙”窗口（如图 5-32 所示）。

（2）在“Windows 防火墙”窗口的左侧窗格选择“打开或关闭 Windows 防火墙”，打开“自定义每种类型的网络的设置”窗口（如图 5-33 所示）。

图 5-32　“Windows 防火墙”窗口

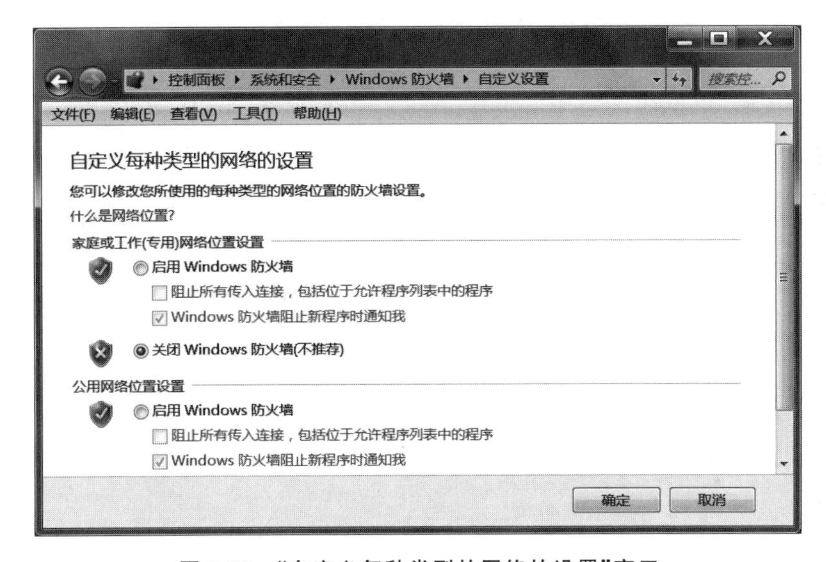

图 5-33　“自定义每种类型的网络的设置”窗口

(3) 在“自定义每种类型的网络的设置”窗口中，用户可以分别针对专用网络位置与公用网络位置进行设置，在默认情况下，这两种网络位置都应启用 Windows 防火墙。要关闭某网络位置的防火墙，只需在该网络位置设置中选择“关闭 Windows 防火墙”即可。

3. 解除对某些应用的封锁

在默认情况下，Windows 防火墙会阻止所有的传入连接，若要解除对某些应用的封锁，可在“Windows 防火墙”窗口的左侧窗格选择“允许程序或功能通过 Windows 防火墙”，打开“允许程序通过 Windows 防火墙通信”对话框(如图 5-34 所示)；在该对话框中可看到“允许的程序和功能”列表框，选择相应的程序和功能，允许其通过专用网络或公用网络进行通信，单击“确定”按钮即可完成设置。

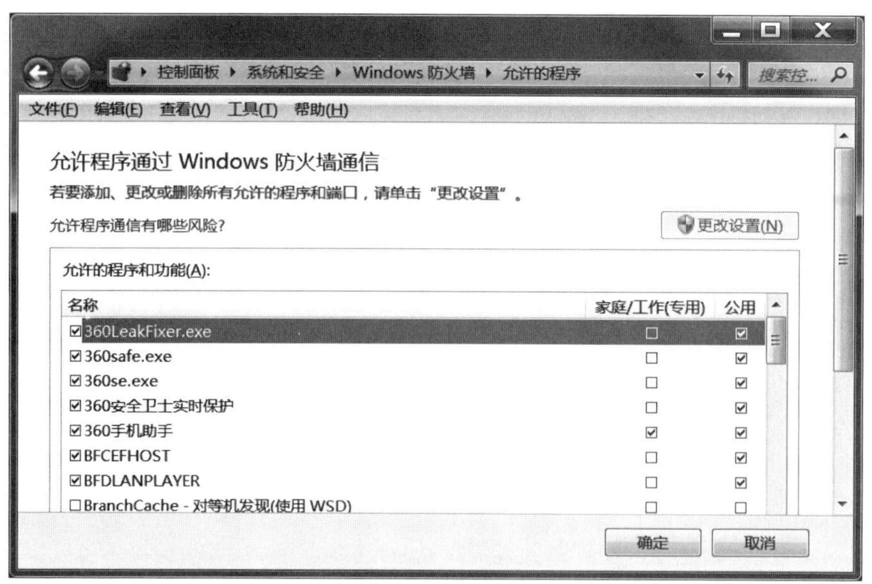

图 5-34 "允程序通过 Windows 防火墙通信"对话框

4. Windows 防火墙的高级安全设置

若要进一步设置 Windows 防火墙的安全规则，可在"Windows 防火墙"窗口的左侧窗格选择"高级设置"，打开"高级安全 Windows 防火墙"窗口(如图 5-35 所示)，在该窗口中不但可以针对传入连接来设置访问规则，还可针对传出连接来设置规则。

图 5-35 "高级安全 Windows 防火墙"窗口

(1) 设置不同网络位置的 Windows 防火墙。

在"高级安全 Windows 防火墙"窗口中，若要设置不同网络位置的 Windows 防火墙，可右击左侧窗格中的"本地计算机上的高级安全 Windows 防火墙"，在弹出的菜单中选择"属性"命令，打开"本地计算机上的高级安全 Windows 防火墙属性"对话框(如图 5-36 所示)。利用该对话框的“域配置文件”“专用配置文件”和“公用配置文件”选项卡可分别针对域、专用和公用网络位置进行设置。

(2) 针对特定程序或流量进行设置。

在“高级安全 Windows 防火墙”窗口中，可以针对特定程序或流量进行设置。例如，ping 命令是测试两台计算机是否连通的常用命令，如果开启了 Windows 防火墙，则系统不会对来自网络上其他用户的 ping 命令进行响应。若要允许 ping 命令的正常运行，可在“高级安全 Windows 防火墙”窗口的左侧窗格中选择“入站规则”，双击中间窗格中的入站规则“文件和打印机共享(回显请求-ICMPv4-In)”，在打开的属性对话框中选择“已启用”复选框，单击“确定”按钮即可(如图 5-37 所示)。

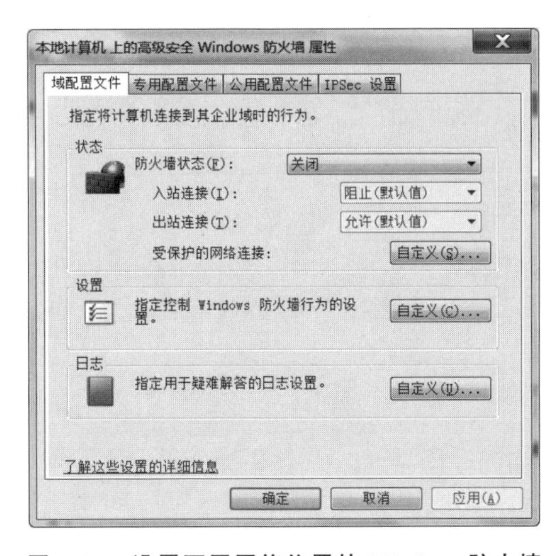

图 5-36　设置不同网络位置的 Windows 防火墙

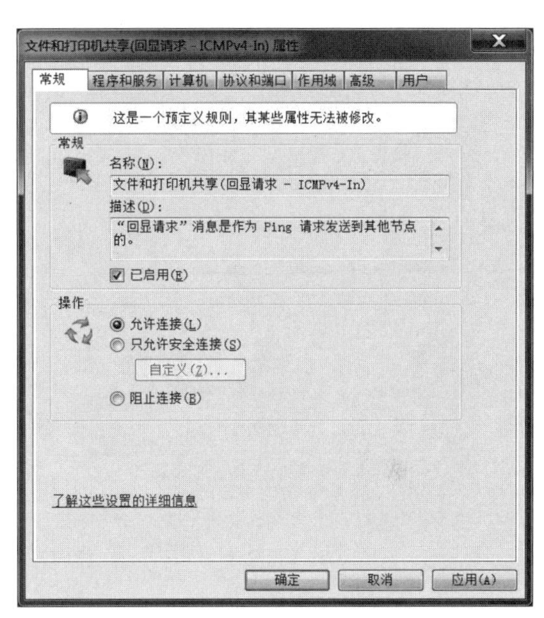

图 5-37　针对特定程序或流量进行设置

如果要开放的服务或应用程序未在已有的规则列表中，则可利用在“高级安全 Windows 防火墙”中新建规则的方式来开放。Windows 防火墙的其他设置方法请参考系统帮助文件，其他个人防火墙产品的设置方法与 Windows 防火墙类似，这里不再赘述。

5.4.3　防火墙的局限性

防火墙主要是根据用户设置的规则对经过它的数据进行过滤，从而起到保护内部网络的目的，但也有其局限性，主要表现在以下几个方面。

① 防火墙不能防范不经过防火墙的攻击。

② 防火墙不能解决来自内部网络的攻击和安全问题。

③ 防火墙是按照预先设定的规则进行数据过滤的，因此不能防止因策略配置不当或错误引起的安全威胁。

④ 防火墙不能防止可接触的人为或自然的破坏。

⑤ 防火墙不能防止利用网络协议中的缺陷进行的攻击。

⑥ 防火墙不能有效防止利用系统漏洞所进行的攻击。

⑦ 防火墙本身并不具备查杀病毒的功能，不能防止受病毒感染的文件的传输。

⑧ 防火墙不能有效防止数据驱动式的攻击。当有些表面看来无害的数据传输到内部主机并被执行时，就可能会发生数据驱动式攻击。

⑨ 防火墙不能防止内部的泄密行为。

⑩ 防火墙不能防止自身安全漏洞的威胁，对防火墙本身也需提供某种安全保护。

第6章 如何让传输的信息更安全

【本章导读】

中央电视台综合频道曾报道过一组因在网上“晒”照片引发的违法案件。其中，文女士在迪拜旅游时将其旅游的照片发在了自己的微博里，并开启了微博的自动定位功能。没过多久，文女士的多位好友都通过微信联系她，问她是否在国外遇到了困难。后来，文女士发现有人盗用了其微博头像并注册了另一个微博账号，在该账号中使用了和文女士一样的微博名，签名和简介也都完全一样，不仔细观察的话很难发现区别。这个微博账号不但盗用了文女士旅游的照片，还制造了假的微博定位，然后盗用者通过微博私聊的方式告诉文女士的很多好友，由于国际漫游的限制，自己的手机和微信使用不了，以求助帮忙买机票的理由骗取文女士好友的钱财。记者通过调查发现，这种通过盗用照片冒充本人对亲朋好友进行网络诈骗的事情时有发生，受害人被骗的钱少则几千元，多则上万元。除上述案件外，在该报道中还有人因在朋友圈经常发布奢侈品和生活照片，被不法分子盯上险些被骗；也有人因为晒中奖彩票，导致开奖后35秒即被他人冒领。

随着网络空间成为人们生活的“第五空间”，人们不但会在网上发布信息、传送文件，还会分享自己的生活，而由此产生的安全问题也不断涌现，并且随着技术的发展，其中的风险隐患越发严峻。在2019年国家网络安全宣传周上海地区的活动中，有专家表示，如果拍摄者和被拍摄者距离在1.5米范围内，那么当被拍摄者比出“剪刀手”时，其指纹信息可通过照片100%提取还原。

那么，如何能够让传输的信息更安全呢？

6.1 加密、解密和数字签名

6.1.1 加密与解密

加密是通过特定算法和密钥，将明文转换为密文；解密是加密的相反过程，是使用密钥将密文恢复至明文。加密有传统加密和公开密钥加密两种方式。

1. 传统加密

发送方和接收方用同一密钥分别进行加密和解密的方式称为传统加密，也称为单密钥的对称加密。这种加密技术的优点是加密速度快、数学运算量小，但在有大量用户的情况下，密钥管理难度大且无法实现身份验证，很难应用于开放的网络环境。传统加密大致可分为字符级加密和比特级加密。

（1）字符级加密。

字符级加密是以字符为加密对象，通常有替换密码和变位密码两种方式。在替换密码中，每个或每组字符将被另一个或另一组伪装字符所替换，如最古老的恺撒密码是将每个字母移动 4 个字符，例如将 A 替换为 E、将 B 替换为 F、将 Z 替换为 D。替换密码会保持明文的字符顺序，只是将明文隐藏起来，优点是比较简单，缺点是很容易被破译。而变位密码是对明文字符进行重新排序，但不隐藏它们。一般来说，变位密码要比替换密码更安全一些。

（2）比特级加密。

比特级加密是以比特为加密对象，首先将数据划分为比特块，然后通过编码/译码、替代、置换、乘积、异或、移位等数学运算方式进行加密。比特级加密仍然采用替换与变位的基本思想，但与字符级加密相比，其算法比较复杂，一般较难被破译。

典型的传统加密算法有 DES、DES3、RDES、IDEA、Safer、CAST-128 等，其中应用较为广泛的是美国数据加密标准 DES。DES 算法广泛应用于许多需要安全加密的场合，如 Unix 的密码算法就是以 DES 算法为基础的。DES 综合运用了置换、替代等多种加密技术，把明文分成 64 位的比特块，使用 64 位密钥（实际密钥长度为 56 位，另有 8 位的奇偶校验位），迭代深度达到 16。

2. 公开密钥加密

如果在加密和解密时，发送方和接收方使用的是相互关联的一对密钥，那么这种加密方式称为公开密钥加密。公开密钥加密也称为双密钥的不对称加密，需要使用一对密钥，其中用来加密数据的密钥称为公钥，通常存储在密钥数据库中，对网络公开，供公共使用；用来解密的密钥称为私钥，私钥具有保密性。典型的公开密钥加密算法有 RSA、DSA、PGP 和 PEM 等。公开密钥加密算法应满足以下三点要求。

① 由已知的公钥 K_p 不可能推导出私钥 K_s 的体制。

② 发送方用公钥 K_p 对明文 P 加密后，在接收方用私钥 K_s 解密即可恢复出明文。可用 $DK_s(EK_p(P))=P$ 表示，其中 E 表示加密算法，D 表示解密算法。

③ 由一段明文不可能破译出密钥以及加密算法。

考虑到网络环境下各种应用的具体要求以及算法的安全强度、密钥分配和加密速度等因素，在实际应用中一般可以将传统密钥算法和公开密钥算法结合起来，这样可以充分发挥两种加密方法的优点，即公开密钥系统的高安全性和传统密钥系统的足够快的加密及解密速度。

6.1.2 数字签名

使用公开密钥加密的一大优势在于公开密钥加密能够实现数字签名。数字签名是一种认证方法，在公开密钥加密中，发送方可以用自己的私钥通过签名算法对原始信息进行数字签名运算，并将运算结果即数字签名发给接收方；接收方可以用发送方的公钥及收到的数字签名来校验收到的信息是否是由发送方发出的，以及在传输过程中是否被他人修改。

上述的数字签名方法是把整个明文都进行加密，因此加密的速度较慢。目前，经常使用一种叫作“信息摘要”的数字签名方法。这种方法基于单向散列函数的思想，通常使用哈希函数。哈希函数是一种单向的函数，即一个特定的输入将运算出一个与之对应的特定的输出，且无论输入信息的长短，都可以得到一个固定长度散列函数，这样就可以从一段很长的明文中计算出一个固定长度的比特串，这个固定长度的比特串就叫作信息摘要。发送方使用自己的私钥对要发送的明文的“信息摘要”进行加密就形成了数字签名。图6-1给出了“信息摘要”数字签名方法的基本流程。

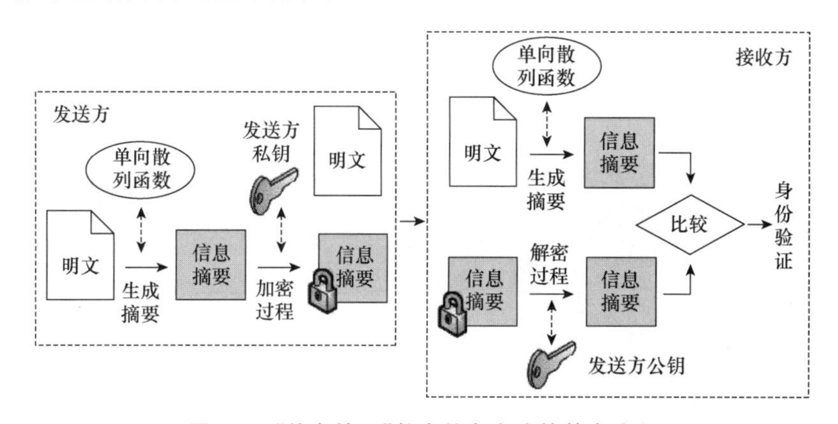

图6-1 “信息摘要”数字签名方法的基本流程

6.1.3 加密工具的使用

目前针对普通用户的加密工具并不多见，下面主要以Symantec Encryption Desktop为例介绍利用加密工具进行加密、解密和数字签名的基本方法。Symantec Encryption Desktop是一款基于PGP的加密工具。PGP采用了RSA公开密钥加密体系，RSA算法是一种基于大数不可能质因数分解假设的公钥体系。简单地说就是找两个很大的质数，一个公开即公钥，另一个不告诉任何人，即私钥，这两个密钥是互补的。PGP采用MD5单向散列算法，产生一个128位的二进制数作为“信息摘要”，从而实现数字签名。PGP中的每个公钥和私钥都伴随着一个密钥证书，它一般包含以下内容。

① 密钥内容(用长达百位的大数字表示的密钥)。

② 密钥类型(表示该密钥为公钥还是私钥)

③ 密钥长度(密钥的长度,以二进制位表示)。

④ 密钥编号(用以唯一标识该密钥)。

⑤ 创建时间。

⑥ 用户标识(密钥创建人的信息,如姓名、电子邮件等)。

⑦ 密钥指纹(为 128 位的数字,是密钥内容的提要,表示密钥唯一的特征)。

⑧ 中介人签名(中介人的数字签名,声明该密钥及其所有者的真实性,包括中介人的密钥编号和标识信息)。

PGP 把公钥和私钥存放在密钥环文件中,并提供有效的算法查找用户需要的密钥。PGP 在很多情况下需要用到密码,密码主要起保护私钥的作用。由于私钥太长且无规律,很难记忆,故 PGP 将其用密码加密后存入密钥环,用户就可以用易记的密码间接使用私钥。PGP 的每个私钥都有一个相应的密码,以下情况需要用户输入密码。

① 解开收到的加密信息时,需要输入密码取出私钥解密信息。

② 当用户要为文件或信息进行数字签名时,需要输入密码取出私钥加密。

③ 对磁盘上的文件进行加密时,需要输入密码。

1. 创建和保存密钥对

Symantec Encryption Desktop 的安装过程同一般的 Windows 安装程序相同,安装完成后,必须为用户创建和保存密钥对,操作方法如下。

(1) 依次选择"开始"→"所有程序"→"Symantec Encryption"→"Symantec Encryption Desktop",打开其密钥管理窗口(如图 6-2 所示)。

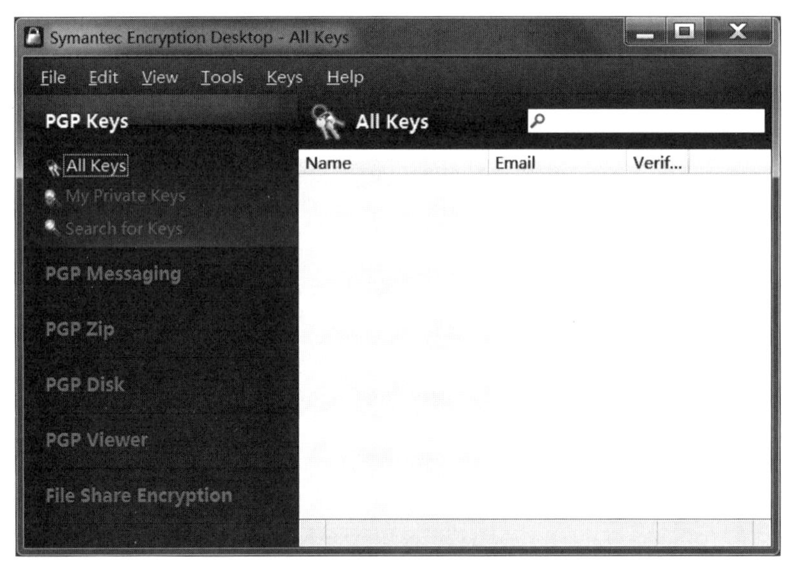

图 6-2　密钥管理窗口

(2) 在密钥管理窗口的菜单栏中,依次选择"File"→"New PGP Key",打开"PGP Key Generation Assistant"对话框(如图 6-3 所示)。

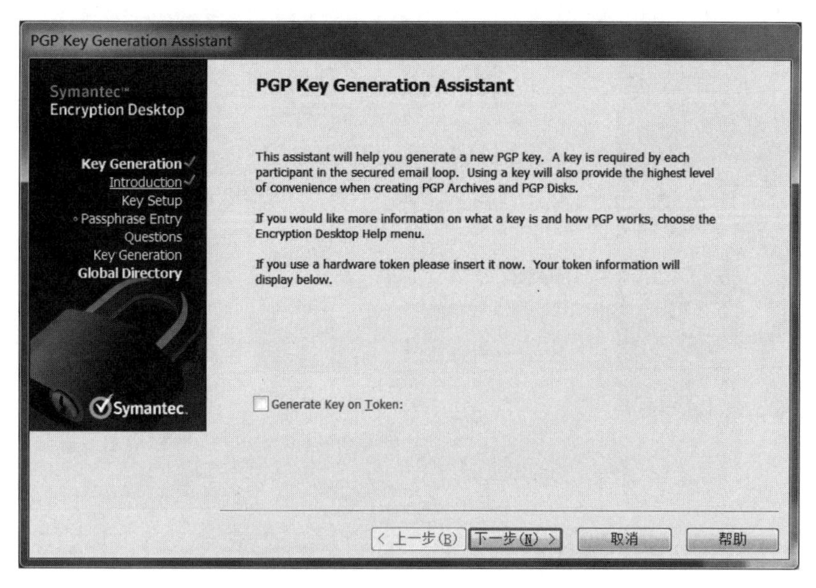

图 6-3　"PGP Key Generation Assistant"对话框

(3) 在"PGP Key Generation Assistant"对话框中单击"下一步"按钮，打开"Name and Email Assignment"对话框(如图 6-4 所示)。

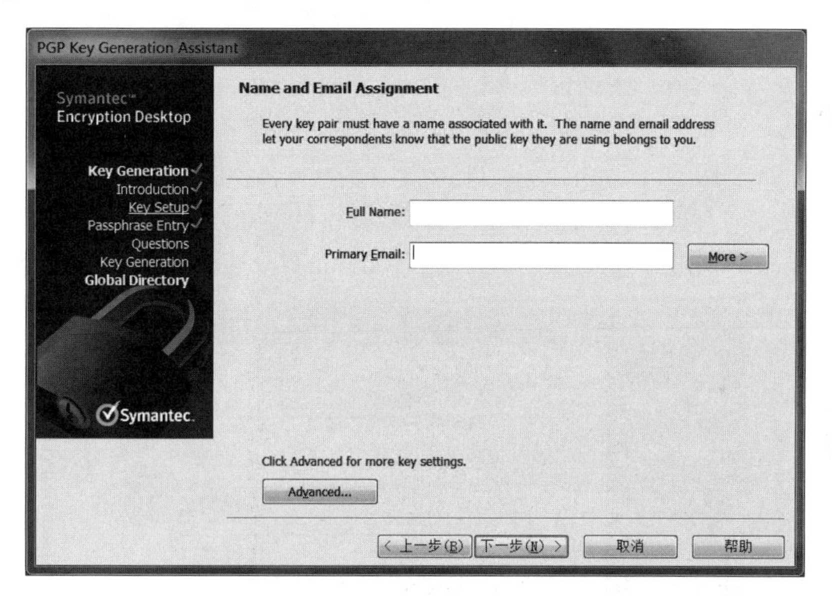

图 6-4　"Name and Email Assignment"对话框

(4) 在"Name and Email Assignment"对话框中输入用户名和邮件地址，单击"下一步"按钮，打开"Create Passphrase"对话框(如图 6-5 所示)。

(5) 在"Create Passphrase"对话框中，输入保护私钥的密码(为了更好地保护私钥，密码至少要输入 8 个字符，并且应包含非字母字符)，单击"下一步"按钮，密钥开始生成。

(6) 密钥生成后，单击"下一步"按钮，打开"PGP Global Directory Assistant"对话框，单击"Skip"按钮，此时可以在密钥管理窗口看到刚才创建的密钥。

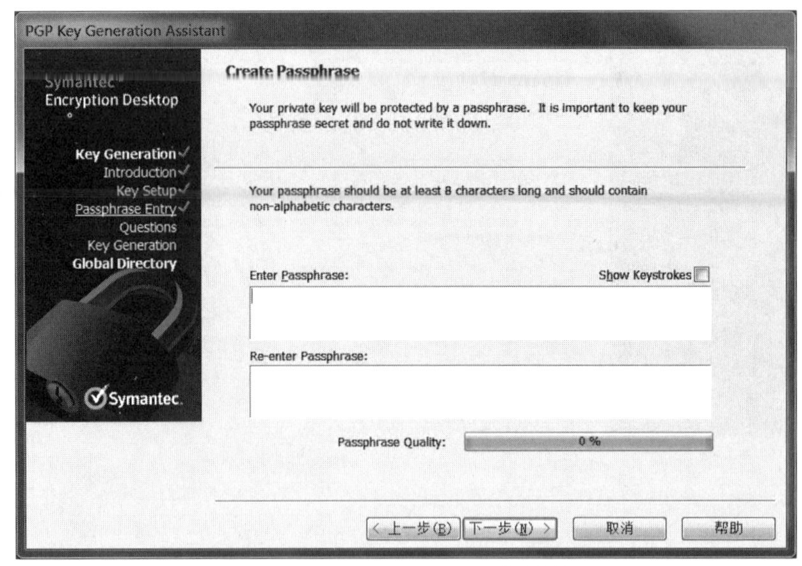

图 6-5 “Create Passphrase”对话框

(7) 在关闭密钥管理窗口时,系统弹出提示对话框,提示将密钥文件进行备份。

(8) 单击“Save Backup Now”按钮,首先保存公钥文件,其扩展名为“. pkr”。

(9) 单击“保存”按钮,再保存私钥文件,其扩展名为“. skr”。

若通信双方要使用对方的公钥进行加密,则只要将各自的公钥文件交换,并在密钥管理窗口中将对方的公钥文件导入即可。

2. 加密文件

使用 Symantec Encryption Desktop 加密文件的基本操作方法如下。

(1) 打开资源管理器,右击要加密的文件,在弹出的菜单中选择“Symantec Encryption Desktop”→“Secure with Key”,打开“PGP Zip Assistant”对话框(如图 6-6 所示)。

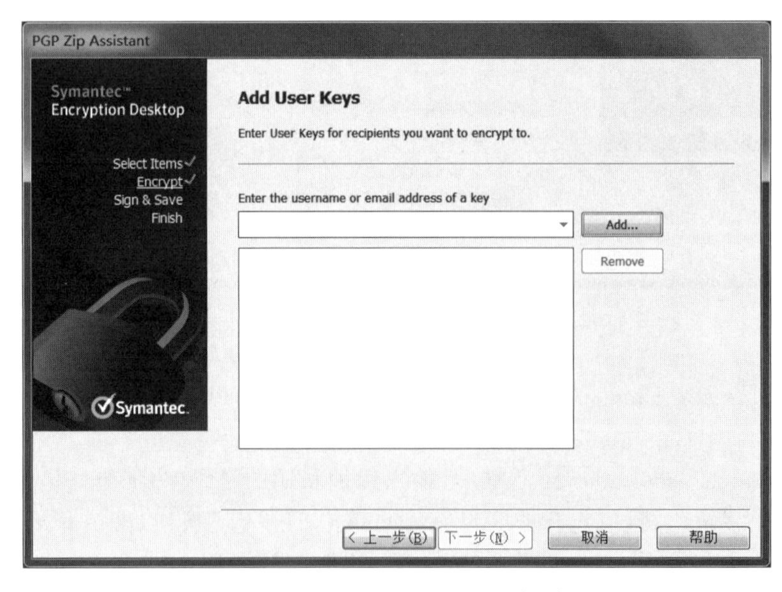

图 6-6 “PGP Zip Assistant”对话框

(2) 在"PGP Zip Assistant"对话框中单击"Add"按钮,在打开的"Recipient Selection"对话框中选择用来加密的密钥,应选择文件接收方的公钥(如图 6-7 所示)。

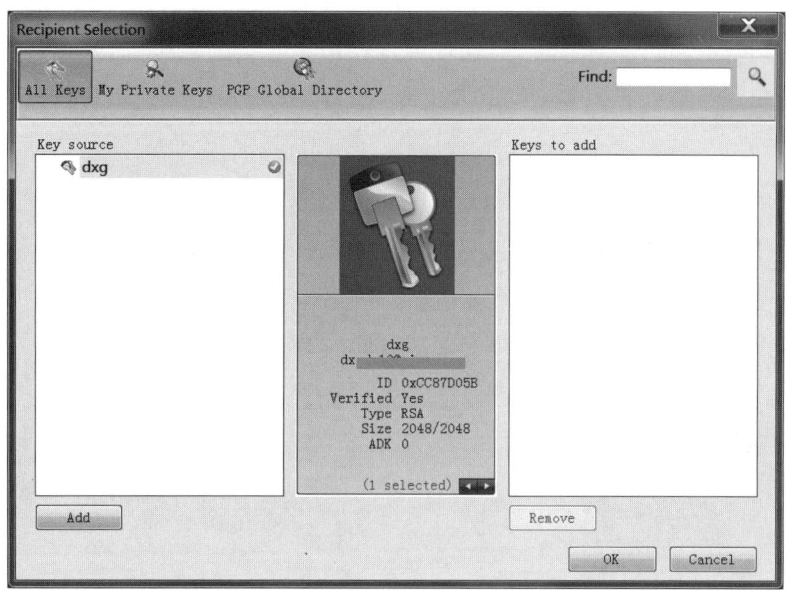

图 6-7 "Recipient Selection"对话框

(3) 选择加密密钥后,在"PGP Zip Assistant"对话框中,单击"下一步"按钮,打开"Sign and Save"对话框,单击"下一步"按钮,此时在原文件所在文件夹中会出现以". pgp"为后缀名的加密文件。

3. 解密文件

当需要对加密文件进行解密时,可直接双击该加密文件,此时会打开如图 6-8 所示的对话框,在该对话框输入保护私钥的密码后,单击"OK"按钮,在打开的"Symantec Encryption Desktop"窗口中可以看到解密的文件,右击文件名,在弹出的菜单中选择"Extract"命令,可选择解密文件存放的路径(如图 6-9 所示)。

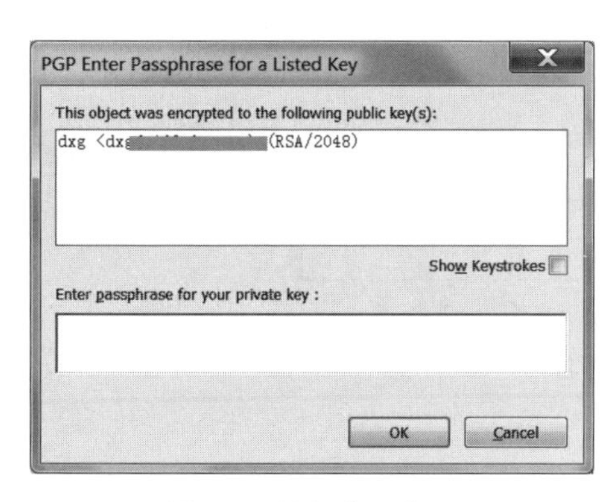

图 6-8 输入密码窗口

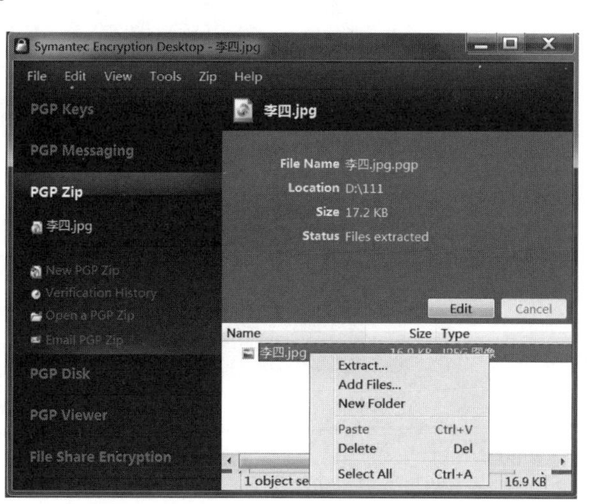

图 6-9 解密文件

4. 数字签名

使用Symantec Encryption Desktop对文件进行数字签名的基本操作步骤为：打开资源管理器，右击需要签名的文件，在弹出的菜单中选择“Symantec Encryption Desktop”→“Sign as”，在打开的“Sign and Save”对话框中选择用来签名的私钥(如图6-10所示)，输入保护私钥的密码并选择保存位置后，单击“下一步”按钮，在原文件所在的文件夹中会出现后缀为“.sig”的签名文件。

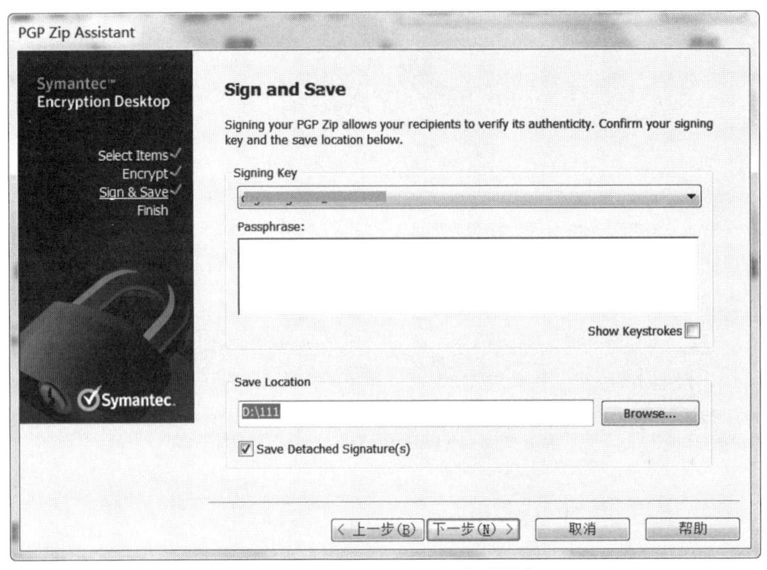

图 6-10 “Sign and Save”对话框

使用Symantec Encryption Desktop对文件的数字签名进行验证的操作步骤为：打开资源管理器，双击签名文件，如果对应的原文件在签名后被篡改过，则在“Symantec Encryption Desktop”窗口中会显示签名错误(如图6-11所示)。

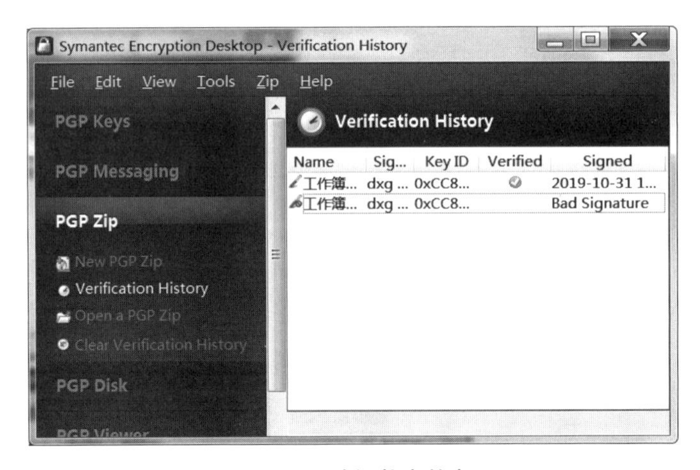

图 6-11 验证数字签名

5. 加密QQ发送的消息

使用Symantec Encryption Desktop对QQ发送的消息进行加密的基本操作步骤如下。

(1) 在QQ对话框中输入要发送给对方的消息(如图6-12所示)。

(2) 选中消息的内容,将其复制至剪贴板。

(3) 右击系统托盘中的"Symantec Encryption Desktop"图标,在弹出的菜单中依次选择"Clipboard"→"Encrypt",打开密钥选择对话框(如图 6-13 所示)。

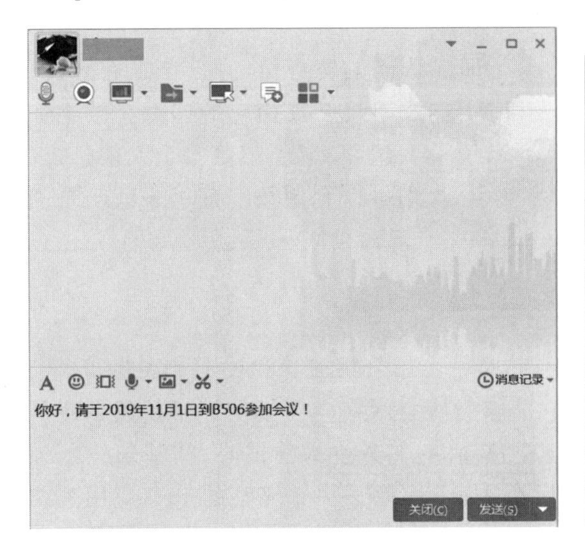

图 6-12　用 QQ 发送消息

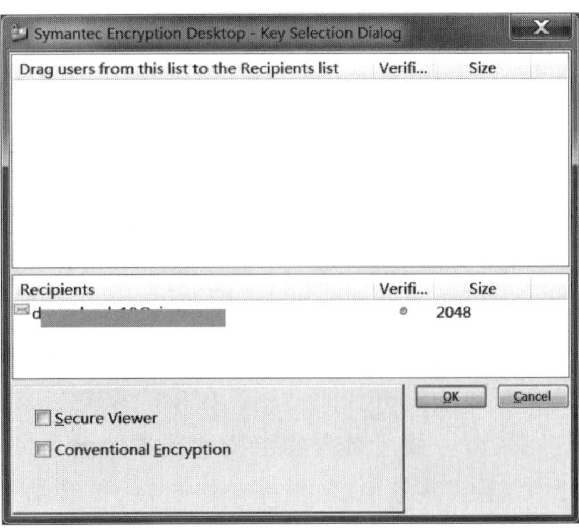

图 6-13　密钥选择对话框

(4) 在密钥选择对话框中,选择用来加密邮件的公钥,单击"OK"按钮,开始加密剪贴板中的内容。

(5) 加密完毕后,在 QQ 对话框中粘贴剪贴板中加密过的消息(如图 6-14 所示)。此时消息已经加密,可以将其发出。

接收方收到经过加密的消息后,需选中从"----BEGIN PGP MESSAGE----"到"----END PGP MESSAGE----"的内容,并将其复制到剪贴板。右击系统托盘的"Symantec Encryption Desktop"图标,在弹出的菜单中依次选择"Clipboard"→"Decrypt & Verify",输入相应私钥的保护密码后,即可在文本查看器中看到解密后的消息内容(如图 6-15 所示)。

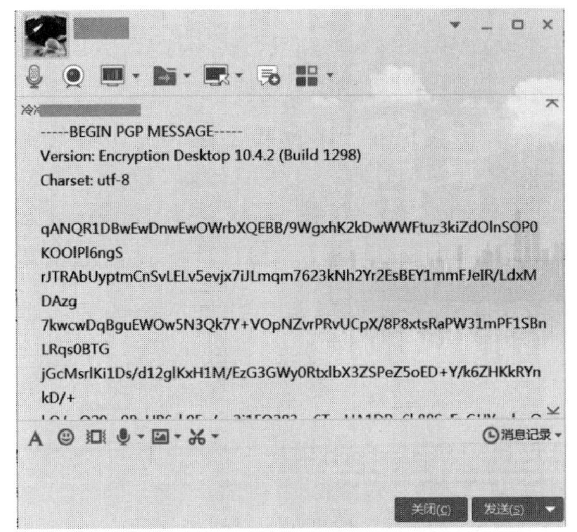

图 6-14　发送经过加密的消息

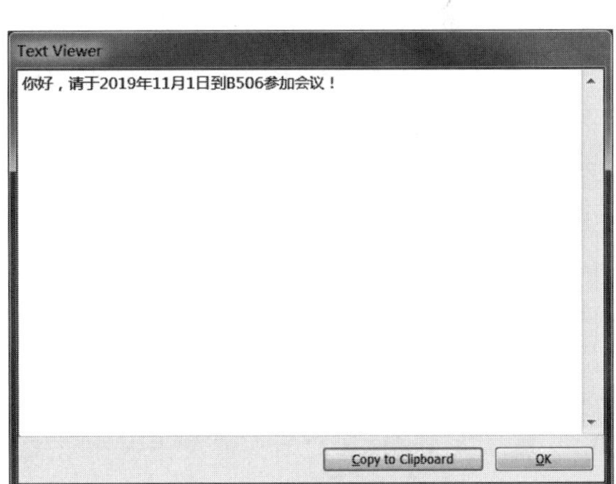

图 6-15　解密后的消息内容

6.2 使用数字证书

在现实生活中,人们会根据公安机关签发的身份证来认证人的身份,身份证上有照片、姓名、出生年月等个人信息,也有证件签发的公安机关、有效期限以及相应的印章。数字证书的结构和作用与身份证类似,里面记有证书所有者的姓名、组织、电子邮箱等个人信息,以及属于证书所有者的公钥,并由认证机构进行数字签名,人们可以利用数字证书来证明自己和识别对方的身份。

6.2.1 PKI与数字证书

PKI(Public Key Infrastructure,公钥基础设施)是一个用公钥概念和技术来实施和提供安全服务的具有普遍适用性的安全基础设施。它能够为所有网络应用提供加密和数字签名等密码服务及所必需的密钥和证书管理体系。PKI是信息安全技术的核心,其基础技术包括加密、数字签名、数据完整性机制、数字信封、双重数字签名等。一个完整的PKI应用系统至少应包括以下几个部分。

① CA(Certificate Authority,证书认证机构)。CA是数字证书的申请及签发机关,必须具备权威性。

② 数字证书库。用于存储已签发的数字证书及公钥,用户可由此获得所需的其他用户的证书及公钥。

③ 密钥备份与恢复系统。如果用户丢失了用于解密数据的密钥,则数据将无法被解密。为避免这种情况,PKI提供了备份与恢复密钥的机制。需要注意的是,密钥的备份与恢复必须由可信机构完成,并且密钥的备份与恢复只能针对解密密钥,签名私钥为确保其唯一性是不能进行备份的。

④ 证书作废系统。与日常生活中的各种身份证件一样,证书在有效期内也可能需要作废,为实现这一点,PKI提供了作废证书的一系列机制。

⑤ 应用接口。PKI的价值在于能够使用户方便地使用各种安全服务,因此,PKI必须提供良好的应用接口系统,使相关应用能够以安全可靠的方式与PKI交互。

数字证书是PKI的核心元素,它是由CA发行的,能提供在Internet上进行身份验证的一种权威性电子文档。数字证书必须具有唯一性和可靠性,通常采用公钥体制,数字证书是公钥的载体。数字证书的颁发过程一般为:用户首先产生自己的密钥对,并将公钥及部分个人身份信息传输给CA;CA在核实用户身份后,会执行一些必要的步骤,以确认请求确实由用户发出,然后发给用户数字证书。用户获得数字证书后就可以利用其进行相关的各种活动了。

6.2.2 数字证书的内容

数字证书的格式目前普遍采用X.509 V3国际标准,主要包含以下内容。

① 版本号:国际标准的版本号,目前主要为版本3,值为0x2。

② 序列号:由CA为其颁发的每个证书分配,最大不能过20个字节,用来追踪和撤销

证书。只要拥有签发者信息和序列号,就可以标识证书。

③ 签名算法:数字签名所采用的算法,如 sha256-with-RSA-Encryption。

④ 颁发者:证书颁发机构的标识信息。

⑤ 有效期:证书的有效期限,包括起止时间。

⑥ 使用者:证书所有者的标识信息。

⑦ 公钥:所保护的公钥相关的信息。

⑧ 扩展字段:包括基本约束、证书策略、颁发机构密钥标识符、密钥用法等。

除上述内容外,数字证书的颁发机构还需要用自己的私钥对证书内容进行数字签名,以防止数字证书的内容被篡改。

6.2.3 数字证书的类型

数字证书通常有个人证书、企业证书、服务器证书等类型。个人证书有个人安全电子邮件证书和个人身份证书,前者主要用于安全电子邮件或向需要客户验证的 Web 服务器表明身份,后者主要用于网上银行、网上交易等。企业证书包含企业信息和企业公钥,可用于网上证券交易等各类业务。服务器证书有 Web 服务器证书和服务器身份证书,前者用于 IIS 等各种 Web 服务器,后者用于表征服务器身份,以防止假冒站点。数字证书可以以文件的形式,下载和保存到个人计算机中,在很多情况下,也需要存储在 KEY 盘中。KEY 盘的外形和 U 盘类似,内置了加密的芯片,是专用于存储数字证书的设备,其安全性更高。

6.2.4 数字证书的应用

1. 验证网站是否可信

默认情况下,访问网站所使用的 HTTP 协议是没有任何加密措施的,恶意的攻击者可以通过安装监听程序来获得客户机和服务器之间的通信内容。因此,在访问很多安全性要求比较高的网站时,会使用 HTTPS 协议。通过数字证书机制,HTTPS 协议不但能够实现对通信内容的加密,还能确保网站的可信性。在数字证书机制下,当用户通过浏览器访问网站时,会验证该网站的数字证书,如果没有问题,那么页面将被直接打开;如果发现问题,如证书不被信任、证书已过期、证书上的域名与网站域名不一致等,那么浏览器会给出警告信息(如图 6-16 所示),提示用户是否继续访问网站。

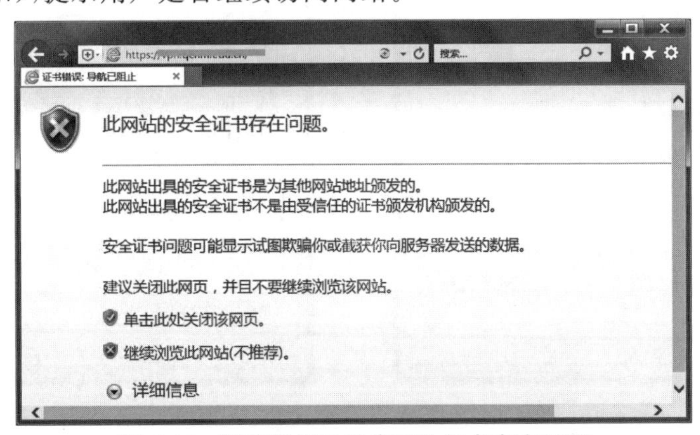

图 6-16 浏览器提示用户网站证书存在问题

2. 验证文件是否可信

通常正规的软件厂商都会利用数字证书对其产品文件进行数字签名。用户可以利用文件的数字签名验证其是否可信，有没有被篡改，具体操作方法为：在资源管理器中，右击要验证的文件，在弹出的菜单中选择“属性”，如果在打开的“属性”对话框中有“数字签名”选项卡，则说明该文件带有数字签名(如图 6-17 所示)。如果要查看详细信息，可以在“签名列表”中选择相应的签名，单击“详细信息”按钮，打开“数字签名详细信息”对话框(如图 6-18 所示)。在“数字签名详细信息”对话框中的“常规”选项卡中单击“查看证书”按钮，在打开的“证书”对话框中，可以看到相应的数字证书信息(如图 6-19 所示)。如果要查看证书的具体内容，可以打开“证书”对话框的“详细信息”选项卡(如图 6-20 所示)。

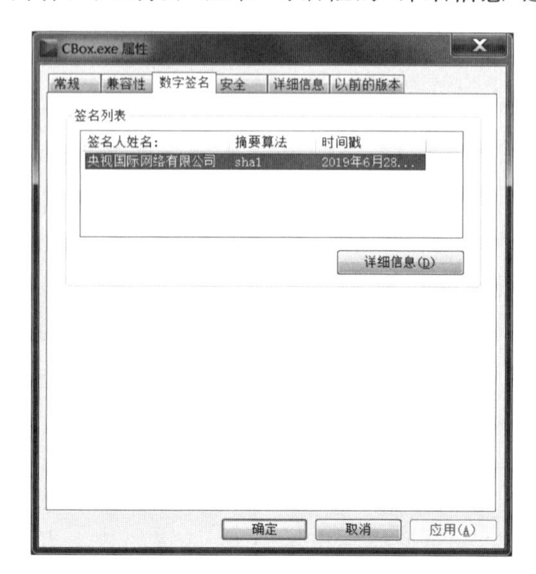

图 6-17 “数字签名”选项卡

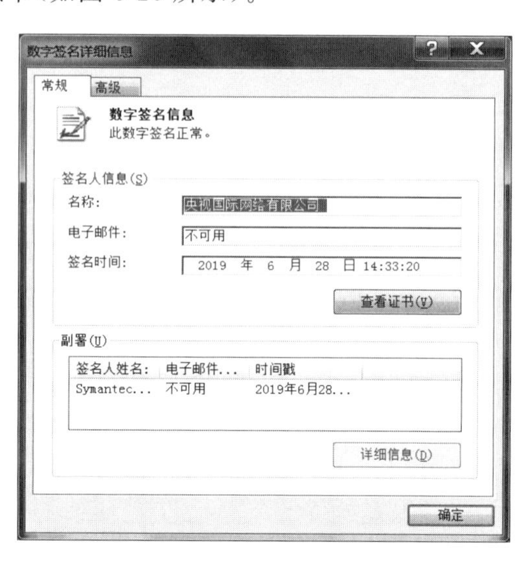

图 6-18 “数字签名详细信息”对话框

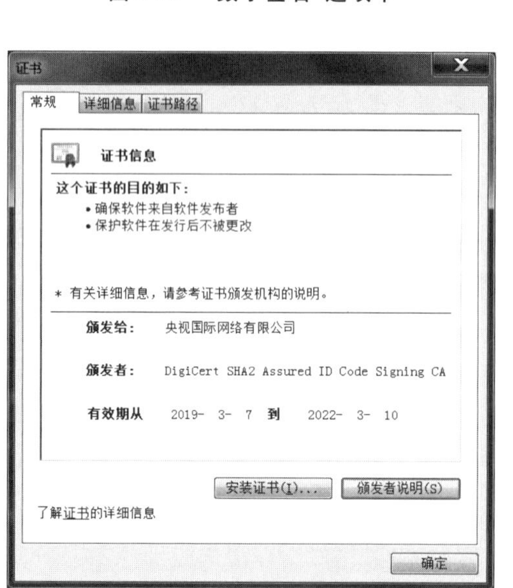

图 6-19 “证书”对话框

图 6-20 “详细信息”选项卡

3. 个人证书的申请和安装

目前，普通用户在办理金融、保险或其他安全要求比较高的网上业务时，需要到相关网站申请和安装属于自己的数字证书。不同机构对个人证书申请流程的要求各不相同，通常在通过网站申请数字证书时，需要根据网站提示下载并安装认证机构的根 CA 证书，用户将使用该证书对认证机构的数字签名进行验证；在提交申请信息并审核通过后，需要根据网站提示下载并安装认证机构颁发的个人数字证书。如果要查看安装的数字证书，可以打开 Internet Explorer，在其“Internet 选项”对话框中单击“内容”选项卡，单击“证书”按钮，在“证书”对话框的“个人”选项卡中可以看到安装的数字证书（如图 6-21 所示）；在“受信任的根证书颁发机构”选项卡中可以看到用户计算机已信任的认证机构（如图 6-22 所示）。双击相应的证书，可以查看其详细信息。

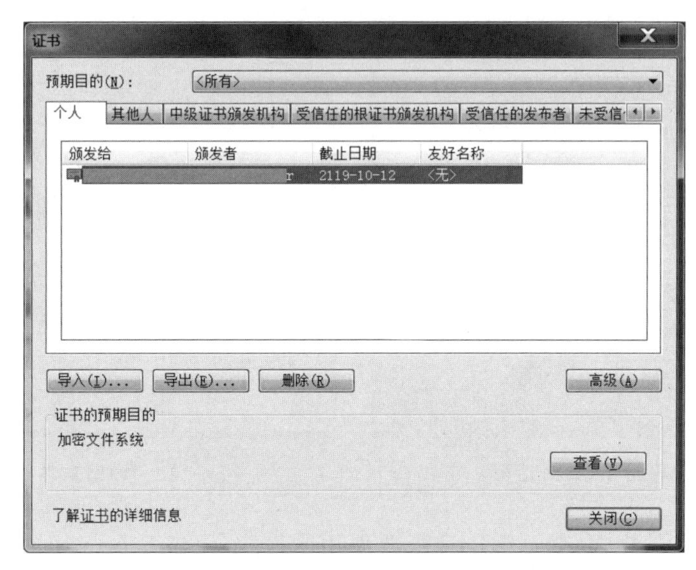

图 6-21　“个人”选项卡

图 6-22　“受信任的根证书颁发机构”选项卡

4. 数字证书的导出和导入

为了保护数字证书及私钥的安全，需要进行证书及私钥的备份工作。如果需要在不同的计算机上使用同一张数字证书，就需要重新安装根证书、导入个人证书及私钥。导出个人证书的基本操作方法如下。

(1) 在图 6-21 所示的“证书”对话框中选择要导出的证书，单击“导出”按钮，打开“证书导出向导”对话框。

(2) 在“证书导出向导”对话框中单击“下一步”按钮，打开“导出私钥”对话框(如图 6-23 所示)。

(3) 在“导出私钥”对话框中选中“是，导出私钥”单选按钮，单击“下一步”按钮，打开“导出文件格式”对话框(如图 6-24 所示)。

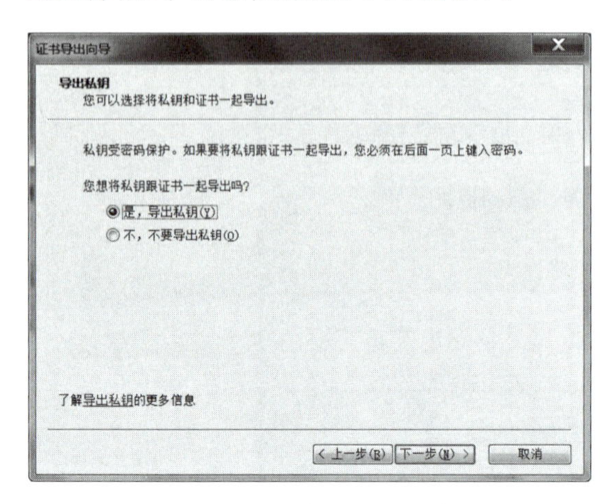

图 6-23 “导出私钥”对话框

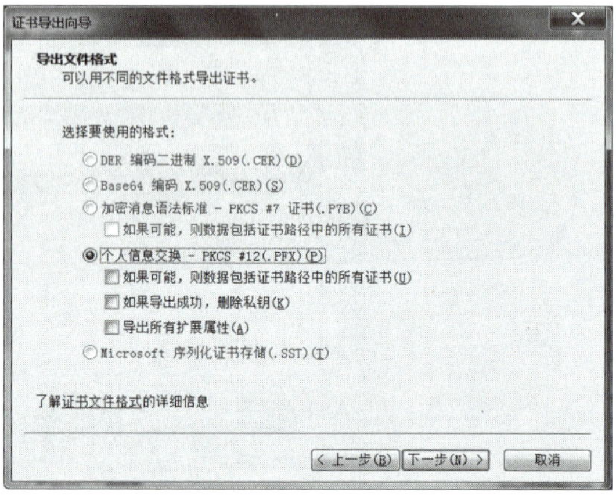

图 6-24 “导出文件格式”对话框

(4) 在“导出文件格式”对话框中选择要使用的格式，单击“下一步”按钮，打开“密码”对话框(如图 6-25 所示)。

(5) 在“密码”对话框中，输入并确认密码，单击“下一步”按钮，打开“要导出的文件”对话框(如图 6-26 所示)。

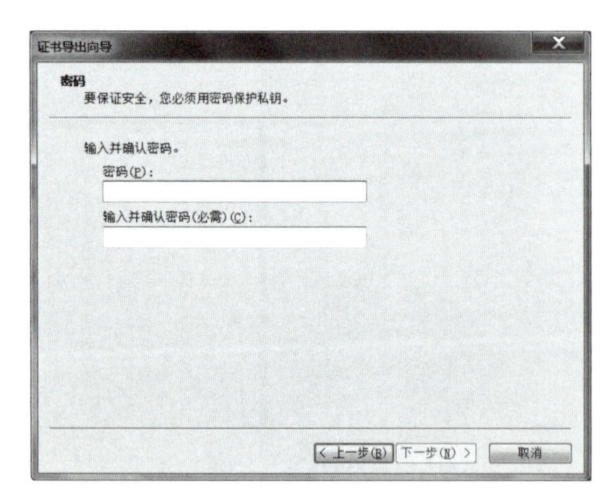

图 6-25 “密码”对话框

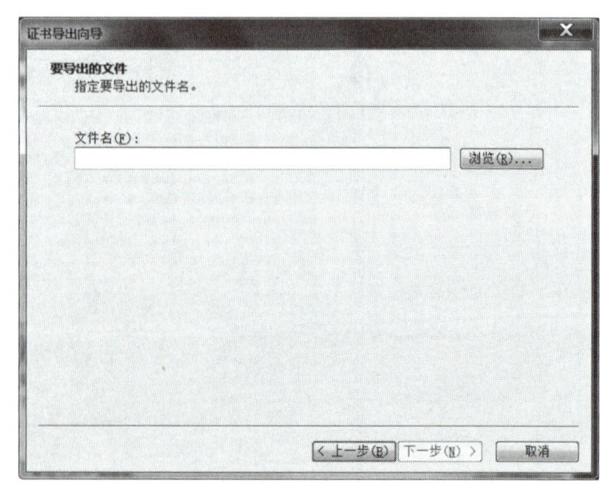

图 6-26 “要导出的文件”对话框

(6) 在"要导出的文件"对话框中指定导出文件的路径和文件名，单击"下一步"按钮，打开"正在完成证书导出向导"对话框，单击"完成"按钮，导出密钥。

导入数字证书的操作与导出基本相同，这里不再赘述。

5. 利用数字证书对文档签名

可以利用数字证书对 Word、Excel 等文档进行签名。利用数字证书对 Word 文档进行签名的操作方法为：打开要签名的 Word 文档，单击菜单栏中的"文件"，在打开的"文件"选项卡中单击"保护文档"图标，在弹出的菜单中选择"添加数字签名"，打开"签名"对话框(如图 6-27 所示)；在"签名"对话框中可以选择承诺类型，单击"更改"按钮，在打开的"选择证书"对话框中可以选择用来签名的数字证书(如图 6-28 所示)，单击"签名"按钮即可完成对文档的签名。

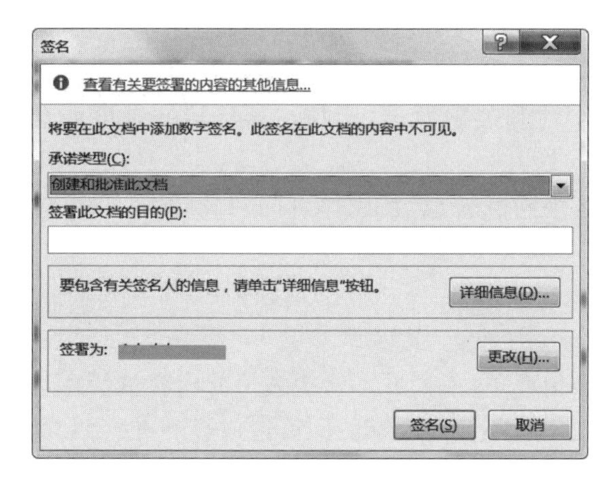

图 6-27　"签名"对话框

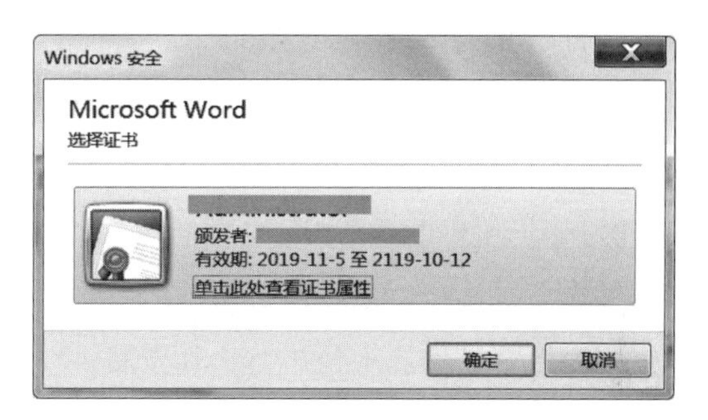

图 6-28　"选择证书"对话框

签名后的文档不能再修改，若要保存修改的内容，则会取消其签名。当其他人打开文档时，在文档的"文件"选项卡会看到该文档已签名(如图 6-29 所示)，单击"查看签名"图标，可以查看文档的数字签名。

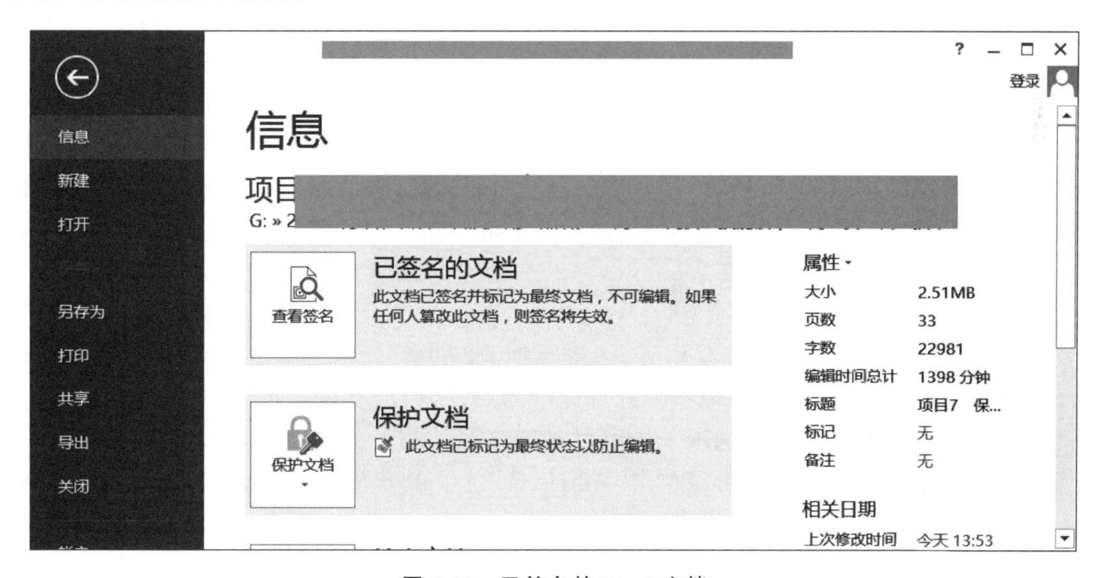

图 6-29　已签名的 Word 文档

6.3 发布帖子的安全技巧

人们在很多情况下会在网络上发布帖子或网页，这些帖子和网页通常是公开的，会被很多人看到，因此在发布时，不但要对其中的内容负责，还要保证其安全性。

6.3.1 发帖的基本原则

在网络上发布帖子或回复时，应遵循以下原则。

① 发布的内容要符合法律、法规的要求，要符合社会主流价值观和道德规范。

② 发布的内容尽量不要提及很具体的信息，如具体姓名、准确的时间和地址、带有明显特征的图片等，以保护自己和他人的个人信息。

③ 不要盲目地转帖，网络上很多信息的真实性和准确性难以判断，盲目转帖有可能会产生违背初衷的后果。

④ 转帖或发布他人作品时，要注意原作者是否同意转载，在原作者同意的情况下，也应在发布时注明出处。

6.3.2 防止文字被复制

虽然在网络上发布的帖子是公开的，但在很多情况下，人们并不希望帖子的内容被任意地复制。将文字制作成图片后再将其发布，这种处理一般不会对文字的阅读造成影响，但会给复制者增加难度，面对大量的录入、校对和排版操作，有些复制者就会选择放弃。将文字制作成图片的方法非常简单，通常可先利用 Word、记事本等文字处理工具将文字录入并进行排版，然后通过截图工具，将相关的文字截成一张张图片，依次保存，在发帖时上传这些图片即可。

6.3.3 照片的处理技巧

照片本身通常包含很多个人信息，如果直接发布，很有可能会造成信息的泄露。除照片内容本身可能就会含有敏感信息外，智能手机、相机通常会将拍照的地点记录下来，并在存储文件时会读取当时的系统时间，将时间信息嵌入照片文件的默认文件名中，这就有可能造成个人信息的泄露。另外，照片有时也会被相机或某些网站加上相应的 Logo，这也会泄露相机品牌、照片来源等信息。所以，在网络空间发布照片时，应对照片进行处理，如对照片的清晰度进行适当的调整，对可能带来风险的区域进行遮挡等。目前，可用的图像处理工具很多，如 Photoshop、美图秀秀以及 Windows 系统自带的“画图”程序等。

1. 删除照片的属性和个人信息

默认情况下，照片文件会带有作者、拍摄日期、相机型号、GPS（经度、纬度、高度）等信息。在 Windows 系统的资源管理器中右击选中的照片文件，在弹出的菜单中选择“属性”，在“属性”对话框的“详细信息”选项卡中可以看到该照片相关的属性和个人信息（如图 6-30 所示）。如果要删除这些信息，可以单击“详细信息”选项卡下方的“删除属性和个人信息”链接，在打开的“删除属性”对话框中（如图 6-31 所示），可以选择将该照片文件的相关信息直接删除，也可以选择创建一个新的不包含任何可删除属性的副本。

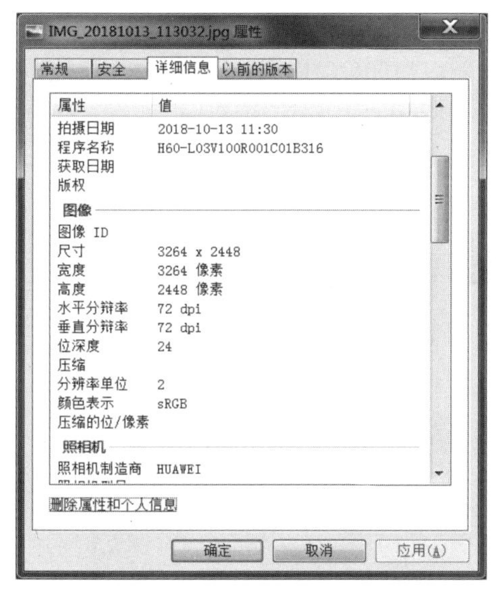

图 6-30　“详细信息”选项卡

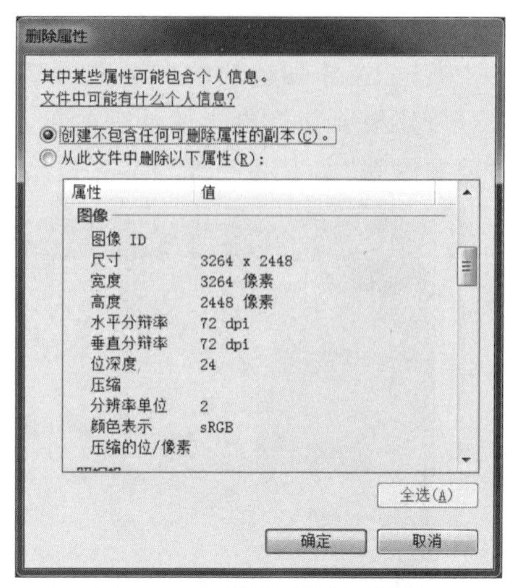

图 6-31　“删除属性”对话框

2. 调整照片分辨率

分辨率是用于度量图像内数据量多少的一个参数，可以表示为 PPI(Pixel Per Inch，每英寸像素)或 DPI(Dots Per Inch，每英寸点数)，也可以表示为水平像素数×垂直像素数。照片的分辨率越高，其包含的数据越多，文件越大，也能表现更丰富的细节。通常，用智能手机或相机拍摄的照片分辨率都很高，而在将照片发送到网络空间时，可以考虑降低照片的分辨率，一方面可以减少照片占用空间的大小，节省流量的消耗，另一方面也可以降低敏感信息被准确读出的概率，提高安全性。

利用 Windows 系统自带的“画图”程序调整照片分辨率的操作方法为：在资源管理器中右击要处理的照片文件，在弹出的菜单中依次选择“打开方式”→“画图”，在打开的“画图”程序中，单击工具栏“图像”部分的“调整大小和扭曲”，打开“调整大小和扭曲”对话框(如图 6-32 所示)，在该对话框的“重新调整大小”选项中，可以根据需要重新设置百分比或直接调整像素数。

图 6-32　“调整大小和扭曲”对话框

3. 遮挡照片中的敏感信息

如果照片上有不适合展示的区域，那么在“画图”程序中可以用“橡皮擦”进行擦除，也可以利用“喷枪”或添加色块的方法进行遮挡(如图 6-33 所示)。当然，由于“画图”程序提供的工具不多，如果要获得更多的处理效果，可以使用更为专业的图像处理工具，图 6-34 所示是利用“美图秀秀”实现的局部马赛克效果。

图 6-33　利用“画图”程序进行遮挡

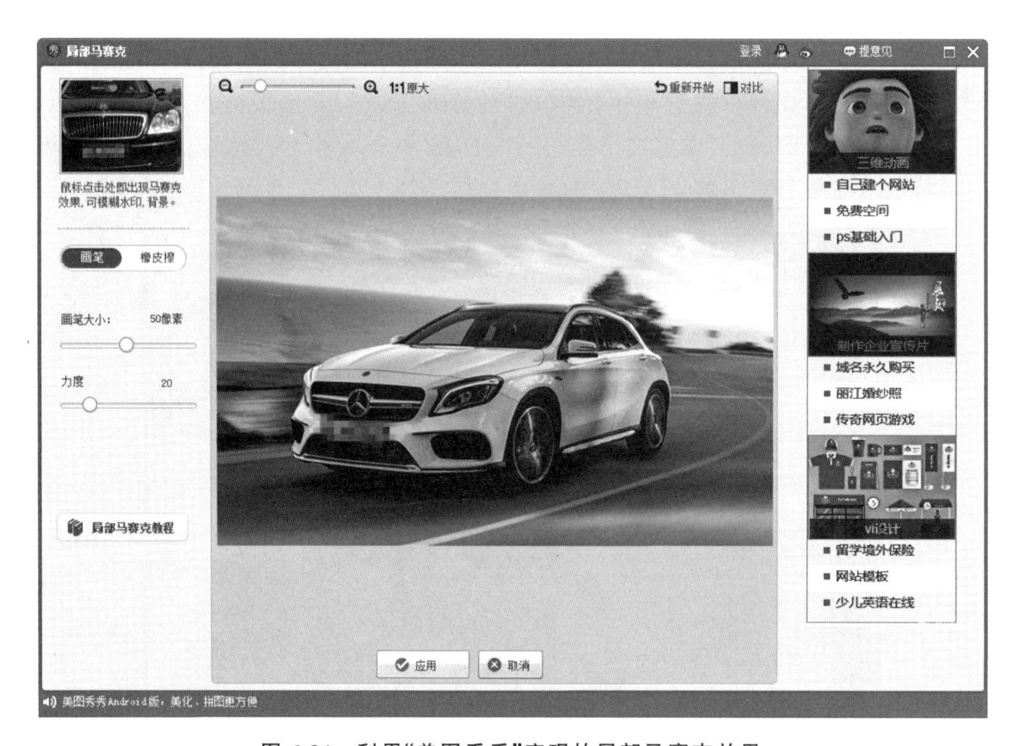

图 6-34　利用“美图秀秀”实现的局部马赛克效果

6.3.4　使用数字水印

数字水印(Digital Watermark)是一种基于内容的、非密码机制的信息隐藏技术,它将一些标识信息(即水印)直接或间接地嵌入数字载体当中(包括图片、音视频、文档、软件等),这些标识信息不会影响原载体的使用价值,也不容易被再次修改甚至被探知,但可以被制作方所识别和辨认。数字水印的特点有:一是可以证明载体的来源,可作为侵权起诉的证据;二是可以判断载体在传输过程中是否被篡改;三是可以传输隐秘信息。一套完整的数字水印技术包括水印生成算法和水印识别算法,除使用专业的数字水印工具外,普通用户也可以利用一些常用的软件和技巧,实现类似的效果。

1. 在图片中添加数字水印

目前,很多网站会在其发布的图片中添加文字或图片的版权标识,这种数字水印通常都是可见的。常用的图像处理工具都可以提供在图片上添加文字的功能,可以利用"美图秀秀"打开要添加文字水印的图片,在其"文字"选项卡中单击左侧的"输入文字"项,在打开的"文字编辑框"中就可以输入要添加的文字信息,并可对文字的样式、字体、颜色、透明度、位置等进行设置(如图6-35所示)。

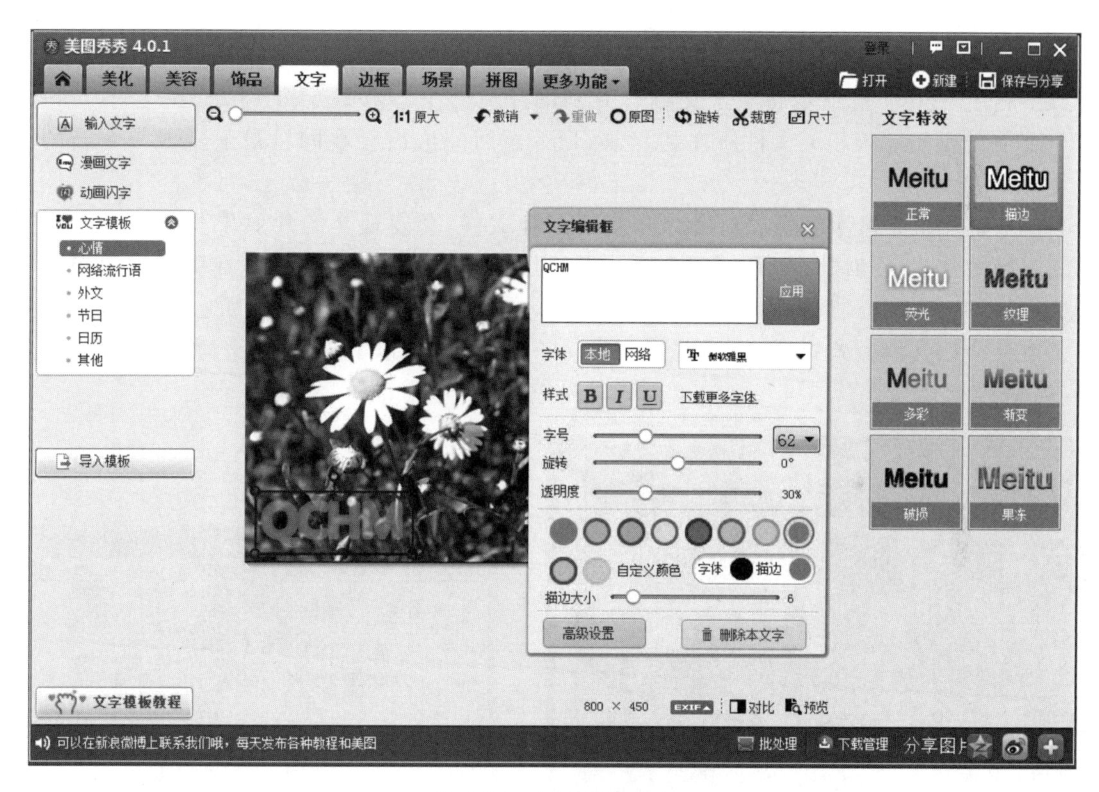

图6-35　"文字"选项卡

"copy /b"是Windows系统提供的合并文件命令,利用该命令可以将一个文本文件合并到图片文件中,从而可以使图片带有隐藏信息,具体操作步骤如下。

(1) 利用"记事本"程序编辑一个文本文件,将该文档命名为"watermark.txt"(如图6-36所示)。

图 6-36　要合并的文本文件

(2) 在资源管理器中将该文本文件与要处理的图片文件(如“pic1.jpg”)放置到同一目录下，如“D:\111”。

(3) 依次选择“开始”→“所有程序”→“附件”→“命令提示符”，在打开的“命令提示符”窗口中利用“copy /b”命令将文本文档合并到图片文件中。由图 6-37 可知，在运行“copy /b”命令前需要先进入相关文件所在的目录，命令运行完成后会在同目录下生成一个新的图片文件(“pic2.jpg”)。

(4) 如果在资源管理器中直接打开新的图片文件，会发现其图片效果与未添加文本文件的原始图片完全相同。如果想要查看其中的隐藏信息，可右击该文件，在弹出的菜单中依次选择“打开方式”→“选择默认程序”，在“打开方式”窗口的“其他程序”中选择“记事本”，此时该文件会以文本方式打开，拖动右侧的滚动条，在文件尾部可以看到所合并的文本文件信息(如图 6-38 所示)。

```
管理员: 命令提示符
Microsoft Windows [版本 6.1.7601]
版权所有 (c) 2009 Microsoft Corporation。保留所有权利。

C:\Users\Administrator>d:

D:\>cd 111

D:\111>copy /b pic1.jpg+watermark.txt pic2.jpg
pic1.jpg
watermark.txt
已复制         1 个文件。

D:\111>_
```

图 6-37　合并文件

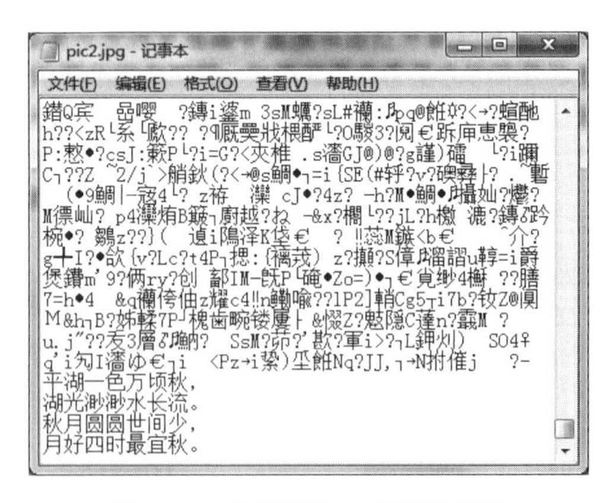

图 6-38　查看图片中的隐藏信息

2. 在 Word 文件中添加数字水印

Word、Excel、PowerPoint 等 Office 的常用组件都提供了为文件添加数字水印的功能。在 Word 文件中添加数字水印的基本操作步骤如下。

(1) 利用 Word 程序打开文件，在菜单栏中依次选择“设计”→“水印”，打开“水印”菜单(如图 6-39 所示)。

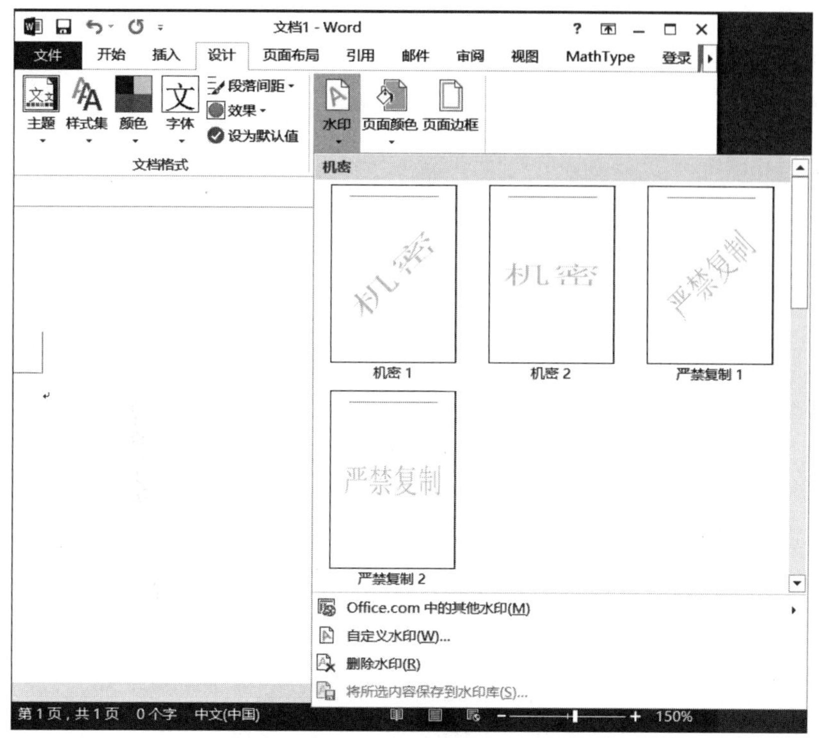

图 6-39　Word 程序的“水印”菜单

(2) 在“水印”菜单中可以选择 Word 程序提供的水印模板，如“机密”“严禁复制”“草稿”等；也可以单击“自定义水印”，在打开的“水印”对话框中，对要添加的文字水印进行编辑，也可以选择已有的图片文件作为水印(如图 6-40 所示)。

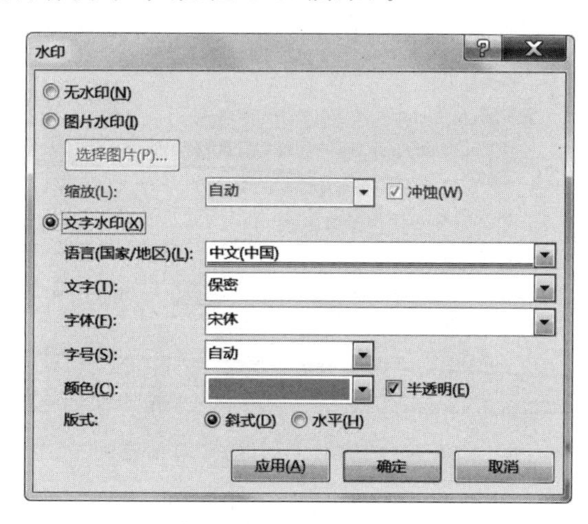

图 6-40　“水印”对话框

（3）添加水印后的文件通常是不希望被人修改的，因此可在添加水印后依次选择菜单栏中的“审阅”→“保护”→“限制编辑”。在打开的“限制编辑”窗口中选中“仅允许在文档中进行此类型的编辑”复选框并将其设为“不允许任何更改（只读）”（如图 6-41 所示）；单击“是，启动强制保护”按钮，打开“启动强制保护”对话框（如图 6-42 所示）。

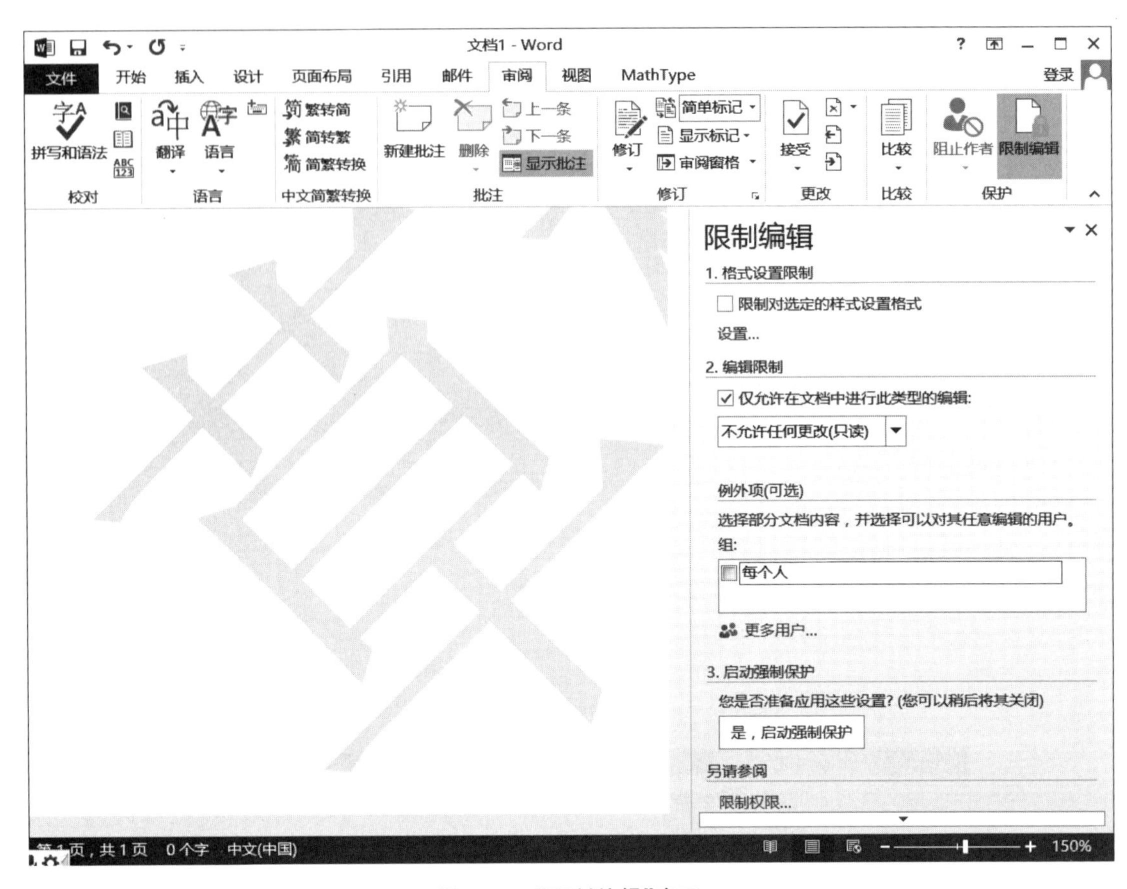

图 6-41　“限制编辑”窗口

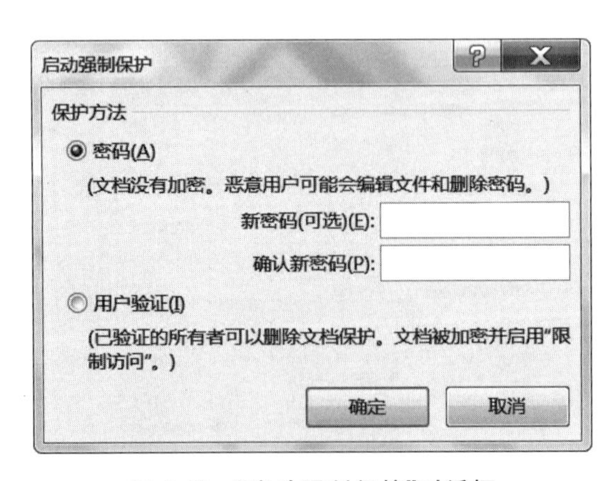

图 6-42　“启动强制保护”对话框

（4）在“启动强制保护”对话框中输入保护密码，单击“确定”按钮。此时会发现打开该文档时，菜单栏和右键菜单中的很多选项都变成了灰色，该文档已不能被修改。

除利用 Word 程序直接添加可见的水印外，也可以在文档的内容中有规律地插入空格，并将空格的字体大小设为 1 个像素，这样插入的空格不易被察觉，也不会影响文档的阅读效果，但可以通过规律性赋予其相关信息，从而起到数字水印的效果。

第7章 如何让网络社交更安全

【本章导读】

浙江温州市警方曾在工作中获得有人售卖QQ数据的线索。经调查，民警发现犯罪嫌疑人周某将租用的钓鱼平台程序伪装成某游戏页面，并在相关的游戏群内发布广告及钓鱼链接，以此获取游戏玩家的QQ账号和密码，并盗取QQ账号内关联的游戏装备和游戏币牟利。一天，周某被警方抓获。之后，警方顺藤摸瓜，发现其背后隐藏着一条集钓鱼程序制作商、转发链接广告商、盗号卖号中间商、洗号倒卖零售商等环节的产业链条。经过缜密侦查，警方共抓获相关犯罪嫌疑人13人，该团伙非法获取QQ账号密码等数据共8万余组，非法获利金额达300余万元。

对于今天的人们来说，不管是日常联系还是工作沟通，都离不开网络。电子邮件、QQ、微信等已成为人们交流的主要工具，网络游戏则为人们提供了更为丰富多彩的互动和娱乐形式。然而，从邮件炸弹到网游大盗，从QQ诈骗到微信骗局，从QQ群的不良信息到仿冒官方机构的微信公众号，各种安全问题层出不穷。

那么，如何能够让网络社交更安全呢？

7.1 安全使用QQ和微信

7.1.1 QQ和微信的安全风险

QQ和微信都是腾讯公司的即时通信工具产品，相对来说，微信主要面对的是移动互联网用户，其界面布局更为简约，虽然微信也可以在个人计算机上使用，但其必须先在智能手机上进行认证，相关功能也大为简化。而对于1999年就已开通的QQ来说，手机QQ是其在移动端的延伸，QQ将其所支持的很多功能都做到了用户眼前，这虽然方便了用户的使用，但也给很多用户带来界面繁杂的感觉。虽然QQ和微信的产品定位不同，但两者的绝大多数功能相似，如QQ空间与微信朋友圈、QQ群与微信群、QQ钱包与微信钱包等，因此QQ和微信面临的安全风险也基本相同，主要有以下几个方面。

1. 账号被盗

要使用QQ和微信，用户都必须申请属于自己的账号。QQ和微信账号不但可以相互绑定，也可以作为登录其他网络平台的凭证。因此，一旦用户的QQ或微信账号被盗，不但会威胁用户的个人信息和个人财产安全，也会对账号体系中的其他账号带来安全风险。

2. 个人信息泄露

QQ和微信都会或多或少地泄露用户的某些信息。比如，微信用户在使用“查看附近的人”等功能时，可以选择查找到的其他用户并可以查看其位置、头像和性别等信息。用户在访问QQ好友的空间时，可以看到其他访客的信息，并可以通过这些信息猜测对方还有哪些好友。QQ空间和微信朋友圈中发布的动态和照片，可能会被不法分子盗取和利用。在QQ群、微信群中，可以通过群主题获知用户的兴趣爱好、工作性质，还可以通过要求群成员修改群名片获得用户的姓名、单位、位置等信息。

3. 网络欺诈

QQ和微信的广泛应用和其具有的网络支付功能，使其成为网络欺诈的主要途径。利用QQ和微信传播钓鱼网站、利用熟人社交的信任实施诈骗等，已成为不法分子的惯用手段。

4. 不良信息

QQ和微信是一对一的封闭式沟通，信息到达率几乎为100%，在一些别有用心之人的歪曲利用下，QQ和微信也成为不良信息传播的重要途径。虽然腾讯方面的安全团队对相关违法行为的账号不断进行打击，但仍有人会利用QQ、微信恶意传播信息，甚至是进行违法违规活动。

7.1.2 QQ和微信的安全防范

要防范使用QQ和微信时可能遇到的安全风险，通常应注意以下几个方面。

① 保护QQ和微信的账号和密码。这是安全的基础，一旦账号被盗，则所有相关的信息甚至个人财产将毫无安全性可言。

② 尽量保证QQ和微信中的好友都是生活中熟悉的人，如果添加了陌生人，则应添加

备注，避免其更改信息混淆视听。在对好友进行备注时，尽量避免使用实名，尤其不要有描述与对方关系的信息，如“表姐×××”“室友×××”等。

③ 在与好友聊天时，如果涉及银行卡、密码、借钱、转账等内容，或者你对对方产生了怀疑，则应首先通过电话或其他方式进行确认，以判断对方号码是否被盗。

④ 不要随意打开QQ和微信好友分享的链接、二维码和文件，对好友分享的红包要仔细判断其真伪。QQ和微信在上线后不会让用户再次输入密码，分享红包时也不需要输入个人信息，那些需要输入个人信息、强制关注和分享的链接通常会涉及钓鱼网站和网络欺诈。

⑤ 在与好友聊天时，如果需要发送图片，则应注意图片中是否有除聊天内容外的其他信息。避免通过QQ群和微信群发布涉及机密或个人隐私的信息。与好友视频时，要仔细观察其表情、背景是否正常，防止不法分子通过录制和播放视频冒充好友。

⑥ 不要随意公开自己的状态、位置等信息，严格设置QQ空间、朋友圈等的访问权限，确保个人发布信息的安全性。

⑦ 对于涉嫌诈骗、发布不良信息的账号、QQ群、微信公众号等，应立即进行举报。

⑧ 尽量避免在公用或他人的个人计算机、智能手机上使用QQ和微信。如果使用，则应在退出后，删除所有的聊天记录。

7.1.3 QQ的安全设置①

1. 密码安全

通常为了保证QQ账号的安全，应为其设置难以破解的复杂密码(如包含字母、数字、特殊符号的8位以上密码)并定期进行修改。要保护密码安全可以进行以下设置。

(1) 使用软键盘登录。

曾经有盗号木马会在QQ启动时生成一个透明窗口覆盖于QQ登录窗口之上，以捕捉用户输入的QQ账号和密码。因此，用户在登录QQ时可单击“密码”文本框右侧的“软键盘”图标，通过QQ自带的软键盘输入密码，从而确保密码输入的安全(如图7-1所示)。

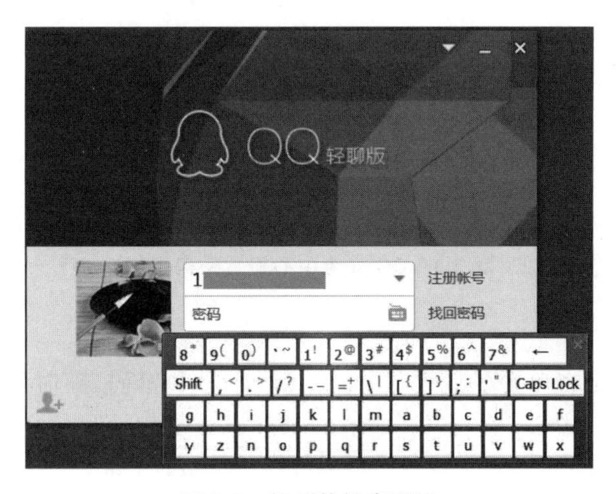

图7-1 使用软键盘登录

① 由于QQ版本不同，可能导致安全设置的细节有些许不同，读者可参照操作。

（2）不保存密码。

在登录 QQ 时，通常不要选择登录界面中的“记住密码”复选框。如果 QQ 已记住相应账号的密码，可以单击 QQ 主界面下方的“打开系统设置”按钮，在打开的“系统设置”对话框中选择“安全设置”，单击“密码”选项中的“取消记住密码”按钮即可将已记住的密码清除（如图 7-2 所示）。

（3）修改密码。

如果要修改密码，可以在图 7-2 所示的“密码”选项中单击“修改密码”按钮，此时会打开浏览器并登录 QQ 安全中心，QQ 安全中心会在对用户身份进行确认后，引导用户设置新密码（如图 7-3 所示）。

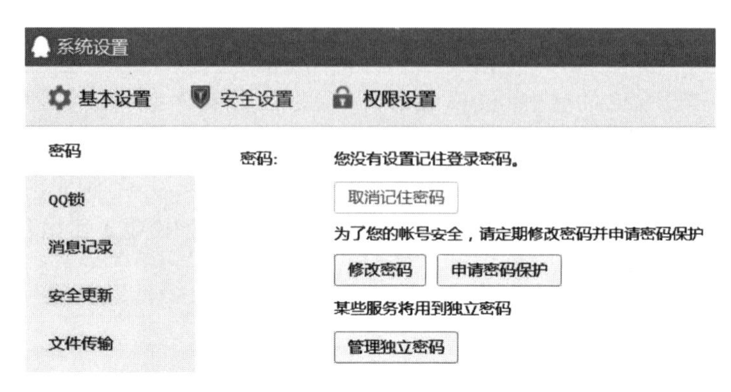

图 7-2 “密码”选项

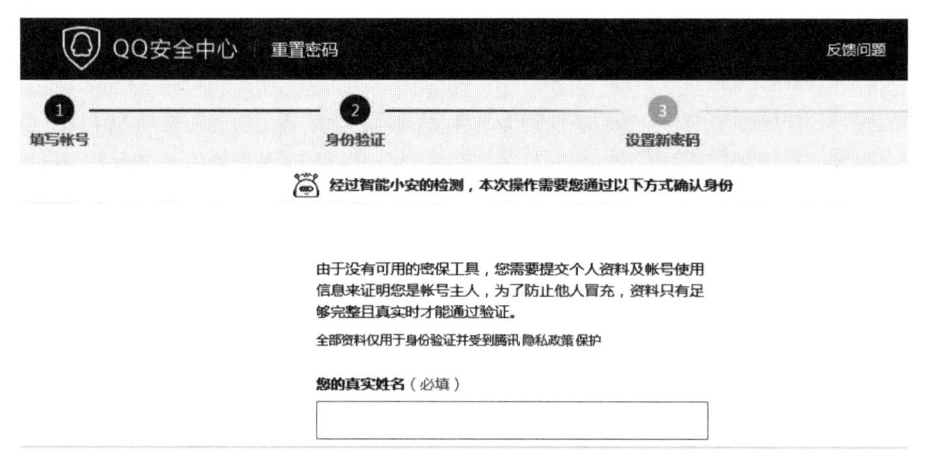

图 7-3 QQ 安全中心重置密码页面

（4）申请密码保护。

用户可以通过绑定密保手机或手机 App 找回账号和密码，随时掌握账号的安全状态。绑定密保手机的操作方法为：在图 7-2 所示的“密码”选项中，单击“申请密码保护”按钮，此时会通过浏览器登录 QQ 安全中心，打开“我的密保”页面（如图 7-4 所示）。单击“密保手机”选项的“设置”按钮，在打开的“密保手机”页面中按照系统提示输入手机号并进行身份验证、密保手机验证后即可完成设置。设置完成后，用户就可以利用设定的手机编辑短信修改 QQ 密码、设置并使用账号保护。

图 7-4　“我的密保”页面

(5) 管理独立密码。

QQ除了提供即时通信功能外，还会提供电子邮箱等其他服务。默认情况下，用户只要登录QQ就可以直接应用其他服务。如果要为电子邮箱等服务设置不同于QQ账号的登录密码，使用户在应用相关服务时需进行二次验证，则可在图7-2所示的“密码”选项中，单击“管理独立密码”按钮，通过QQ安全中心的“独立密码”页面进行设置。

2. QQ锁

QQ锁是QQ提供的用来保护用户个人隐私的功能。QQ被锁定后，不会影响QQ的在线状态和消息接收，但在解锁前将不能查看好友列表及任何信息。默认情况下，通过使用键盘上的“Ctrl+Alt+L”组合键可以锁定QQ(如图7-5所示)，单击“解锁”按钮，输入解锁密码后即可解锁，解锁密码通常为QQ的登录密码。通过“安全设置”中的“QQ锁”选项，可以更改锁定QQ的热键，及设置自动锁定QQ(如图7-6所示)。

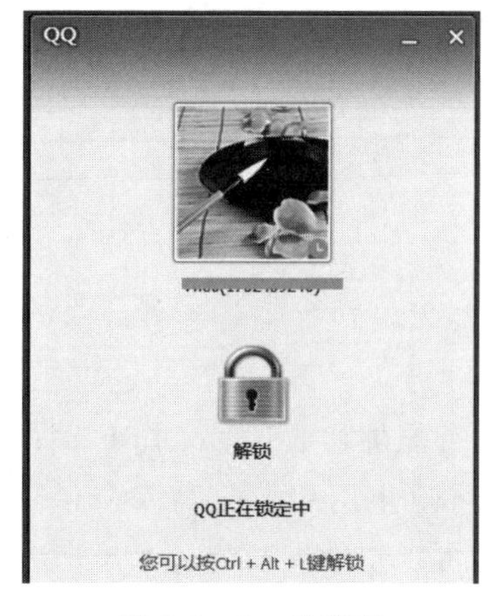

图 7-5　QQ被锁定

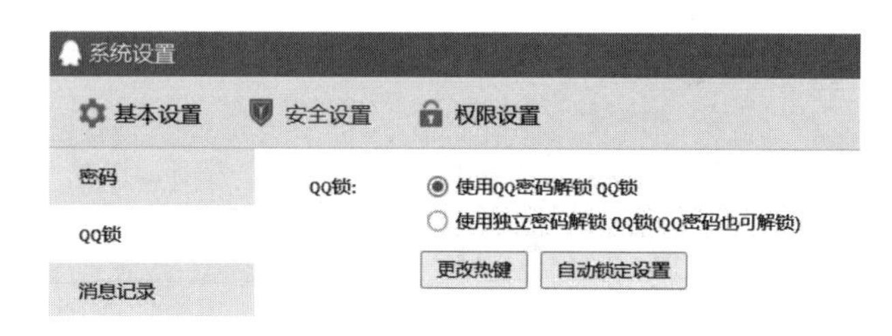

图 7-6　“QQ锁”选项

3. 消息记录

QQ会将用户的聊天记录保存在用户使用的个人计算机或智能手机上。通过“安全设置”中的“消息记录”选项，可以删除消息记录或设定“退出QQ时自动删除所有消息记录”；也可以通过单击“打开消息管理器”按钮，利用消息管理器删除某个人或某个群的消息记录；还可以启用消息记录加密功能，通过口令对消息记录进行加密(如图7-7所示)。

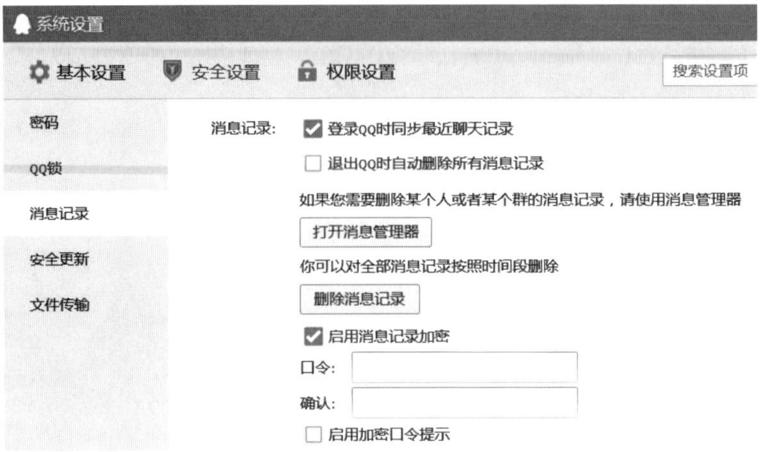

图 7-7 “消息记录”选项

4. 安全更新

为提高安全性，QQ 会对其安全模块进行不断更新，用户应及时下载并安装安全更新以确保 QQ 使用安全。通过“安全设置”中的“安全更新”选项，用户可以对安全更新的安装方式进行设置（如图 7-8 所示）。

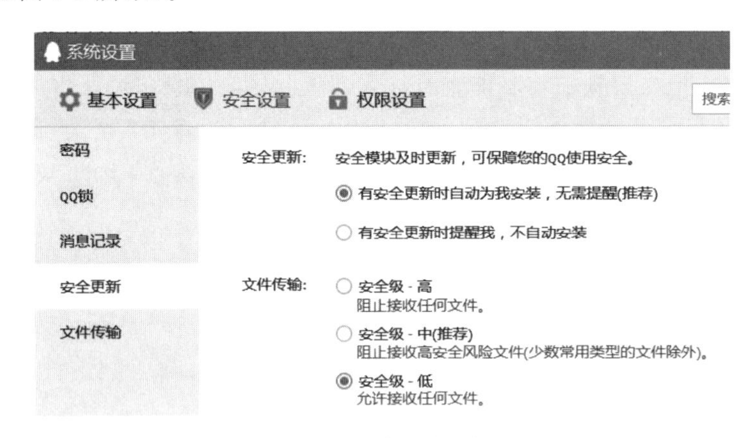

图 7-8 “安全更新”选项

5. 文件传输

通过“安全设置”中的“文件传输”选项，用户可以对是否能够接收通过 QQ 传输的文件进行设置。推荐设置为“安全级-中”，采用该设置时，QQ 将阻止用户接收高安全风险的文件，但一般的 Word、Excel、文本文件、图片等格式的文件是可以正常传输的。

6. 权限设置

在“系统设置”对话框中选择“权限设置”，在打开的“权限设置”窗口中可以对个人资料、防骚扰、临时会话、远程桌面进行设置（如图 7-9 所示）。在“个人资料”选项中，单击“权限设置”按钮，可以设置相关信息对谁公开（如图 7-10 所示）。在“防骚扰”选项中，可以选择允许被别人查找到的方式和添加好友的验证方式。在“临时会话”选项中，可以设定是否接收临时会话消息，并对屏蔽联系人和会话进行管理。在“远程桌面”选项中，通常不选择“允许远程桌面连接这台计算机”复选框。

图 7-9　“权限设置”窗口

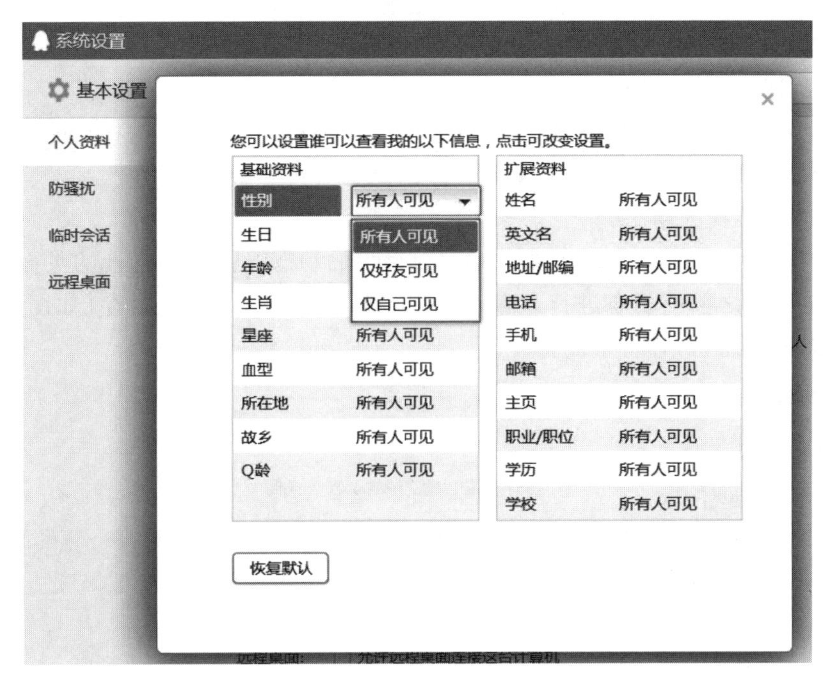

图 7-10　设置相关信息对谁公开

7. 设置 QQ 空间

(1) 设置“谁能看我的空间”。

通过浏览器登录 QQ 空间后，可以单击右上角的“设置”图标，在打开的“设置”页面中，单击“权限设置”中的“谁能看我的空间”选项，在打开的页面中用户可以选择访问空间的人群(所有人、QQ 好友)和方式(回答问题),也可以设置限制访问空间的好友名单(如图 7-11 所示)。

空间设置
权限设置
谁能看我的空间
设置空间首页
谁能看我的访客
评论留言防骚扰
隐身设置
封存我的动态
去广告设置
空间设置
同步设置
应用设置
通知和提醒
当前权限下：所有人（限制名单除外）都可以访问你的空间
设置谁能访问我的空间：
所有人
QQ好友
仅自己
自定义
限制名单
设置
保存

图 7-11 “谁能看我的空间”设置页面

(2) 设置“谁能看我的访客”。

在“设置”页面中,单击“权限设置”中的“谁能看我的访客”选项,在打开的页面中用户可选择空间访客信息对谁公开,通常应设置为“仅自己”。

(3) 设置“评论留言防骚扰”。

在“设置”页面中,单击“权限设置”中的“评论留言防骚扰”选项,在打开的页面中用户可设置谁能在空间留言,并可以选择对某些好友的动态进行屏蔽。

(4) 设置“封存我的动态”。

在“设置”页面中,单击“权限设置”中的“封存我的动态”选项,在打开的页面中用户可以设置对某指定日期之前的动态进行封存,也可以设置对某相册进行封存(如图 7-12 所示)。封存后的动态和相册,访客将不能查看。

图 7-12 “封存我的动态”设置页面

(5) 设置相册访问权限。

在QQ空间中可以为不同的相册设置不同的访问权限。设置方法为：打开相应的相册，单击“更多”中的“编辑相册信息”选项，在打开的“编辑相册信息”窗口中可以设置其在QQ空间权限(如图7-13所示)。

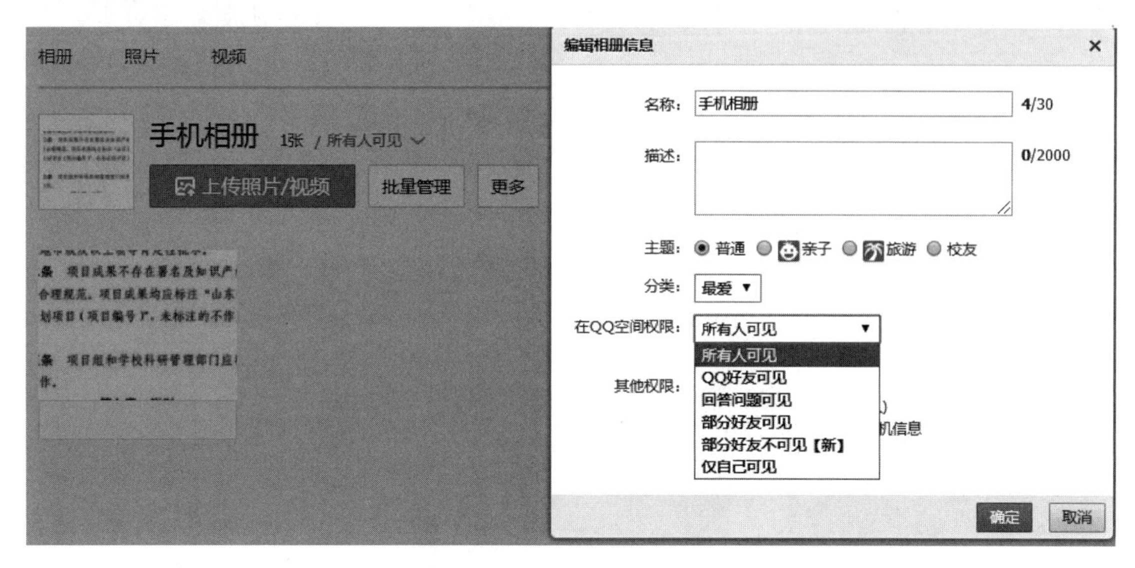

图7-13　设置相册访问权限

8. 举报用户

如果某用户受到某账号的骚扰，或发现其有其他违法违规行为，则可在QQ好友列表中右击相应账号，在弹出的菜单中选择“举报此用户”，在打开的“举报”对话框中按向导提示操作即可完成对该账号的举报。

除上述基本安全设置外，QQ安全中心也会对账号的异常登录、网络链接的安全性、敏感信息等进行提示，也会提供其他的安全措施，具体可查阅腾讯的官方网站。

7.1.4　微信的安全设置①

1. 账号安全

和QQ一样，微信也提供了用户账户的保护功能。在微信主界面的下方选择“我”，在个人界面中点击“设置”，打开微信的“设置”界面(如图7-14所示)。在“设置”界面中点击“账号与安全”，在打开的“账号与安全”界面中就可进行微信账号安全性的相关设置(如图7-15所示)。

(1) 绑定手机号。

通常应绑定微信账号对应的手机号，绑定手机号后，不但可以提高微信账号的安全性，还可以通过手机号登录微信，而且如果有手机通讯录中的朋友注册了微信，系统也会及时通知。在“账号与安全”界面中点击“手机号”，在打开的“绑定手机号”界面中即可完成手机号的绑定操作。

① 由于微信版本不同，可能导致安全设置的细节有些许不同，读者可参照操作。

（2）修改密码。

为了保证安全，需要对微信账号的密码进行定期修改。在“账号与安全”界面中点击“微信密码”，在打开的“设置密码”界面中输入原密码后，即可设定新密码（如图 7-16 所示）。

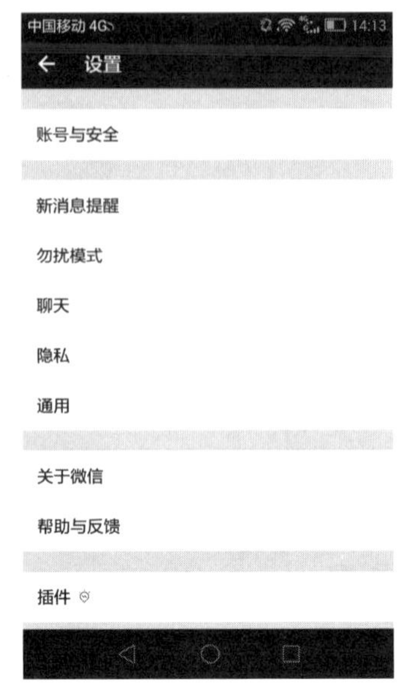

图 7-14　“设置”界面

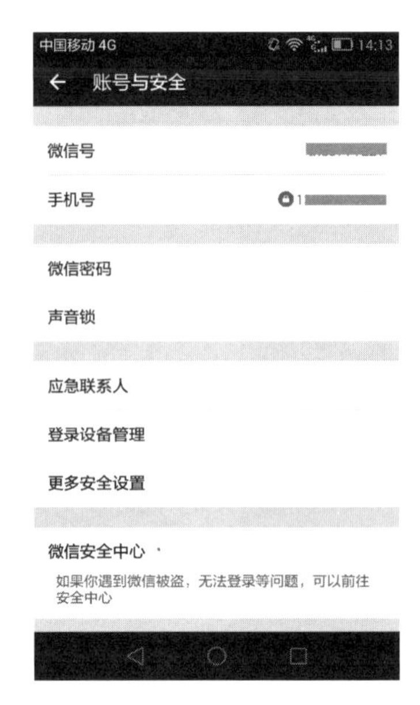

图 7-15　“账号与安全”界面

图 7-16　“设置密码”界面

（3）设置应急联系人。

应急联系人是指当用户不能登录微信账号时，可以帮助用户完成安全验证，从而使用户找回账号密码重新登录微信的朋友。通常应从微信通讯录中添加 3 位以上可以随时电话联系的朋友作为应急联系人，操作方法为：在“账号与安全”界面中点击“应急联系人”，打开“应急联系人”界面（如图 7-17 所示）；点击加号，在打开的“选择联系人”界面中即可选择作为应急联系人的好友。

（4）登录设备管理。

微信账号可以在不同的智能手机、个人计算机等终端设备登录。在“账号与安全”界面中点击“登录设备管理”，在打开的“登录设备管理”界面中可以看到该账号最近的登录设备（如图 7-18 所示），点击右上角的“编辑”，可以删除列表中的设备，删除设备后在该设备登录微信时需要进行身份验证。

（5）绑定 QQ 号和邮件地址。

在“账号与安全”界面中点击“更多安全设置”，在打开的“更多安全设置”界面中可以为微信账号绑定 QQ 号和邮件地址（如图 7-19 所示）。

2. 隐私设置

在“设置”界面中点击“隐私”，在打开的“隐私”界面中就可进行微信账号隐私的相关设置（如图 7-20 所示）。

（1）设置通讯录。

在“隐私”界面的“通讯录”选项中通常应将“加我为朋友时需要验证”设为开启，可根据需要设定是否“向我推荐通讯录朋友”。点击“添加我的方式”，在打开的“添加我的方式”界面面中可以设定允许其他账号搜索和添加自己的方式(如图 7-21 所示)。

(2) 设置朋友圈。

在“隐私”界面的“朋友圈”选项中通常应将“允许陌生人查看十张照片”设为关闭。点击“不让他(她)看我的朋友圈”或“不看他(她)的朋友圈”,可在相应的界面中添加好友使其不能看自己的朋友圈,或不看该好友的朋友圈(如图 7-22 所示)。点击“允许朋友查看朋友圈的范围”,可以将其设置为最近半年、最近一个月、最近三天或全部。

图 7-17　“应急联系人”界面

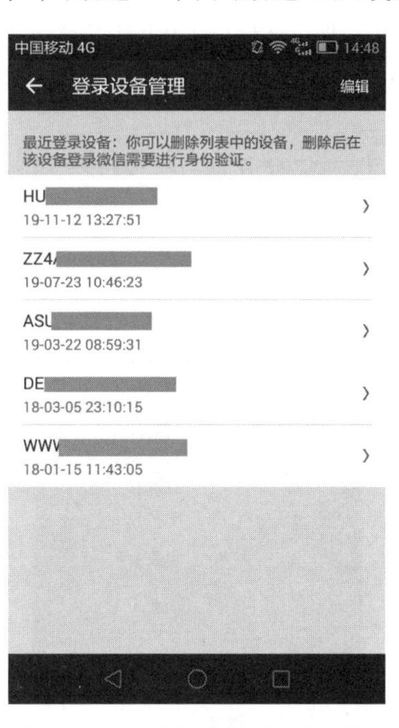

图 7-18　“登录设备管理”界面

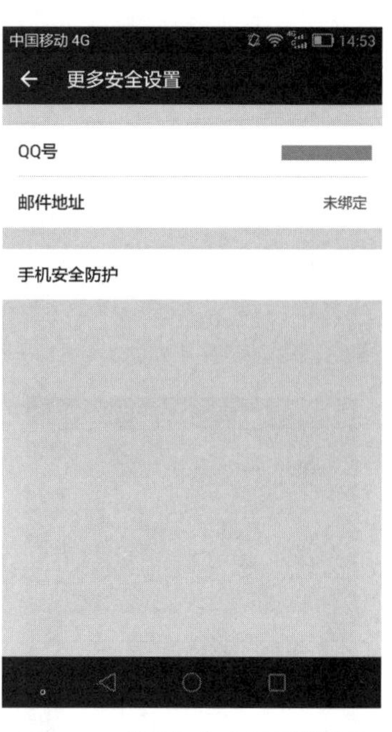

图 7-19　“更多安全设置”界面

图 7-20　“隐私”界面

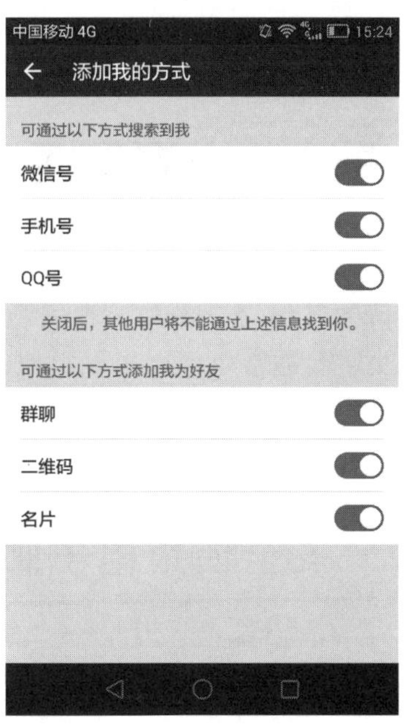

图 7-21　“添加我的方式”界面

图 7-22　“朋友圈黑名单”界面

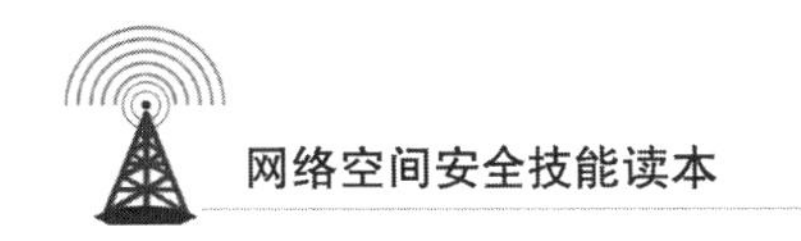

(3) 授权管理。

选择“隐私”界面的“授权管理”选项,在打开的“授权管理”界面中可以看到通过微信授权的应用程序,并可对其取消授权。

3. 清空聊天记录

如果要清空微信账号的聊天记录,可以在“设置”界面中选择“聊天”,在打开的“聊天”界面的“聊天记录”选项中选择“清空聊天记录”,可以清空所有个人和群的聊天记录(如图 7-23 所示)。如果选择“聊天记录迁移”,则可以在打开的“聊天记录迁移”界面中选择相应的聊天记录将其迁移到其他设备。

4. 投诉用户

如果受到某账号的骚扰,或发现其有其他违法违规行为,可在微信通讯录中选择相应账号,打开其详细资料界面,点击右上角的设置图标打开设置界面(如图 7-24 所示)。选择“投诉”,在打开的“投诉”界面中即可根据向导进行投诉(如图 7-25 所示)。除投诉外,在设置界面中还可通过选择“设置朋友圈权限”,对其朋友圈权限进行设置,也可选择将其“加入黑名单”,加入黑名单后将不会再收到该账号的信息,并且相互也看不到对方朋友圈的更新。

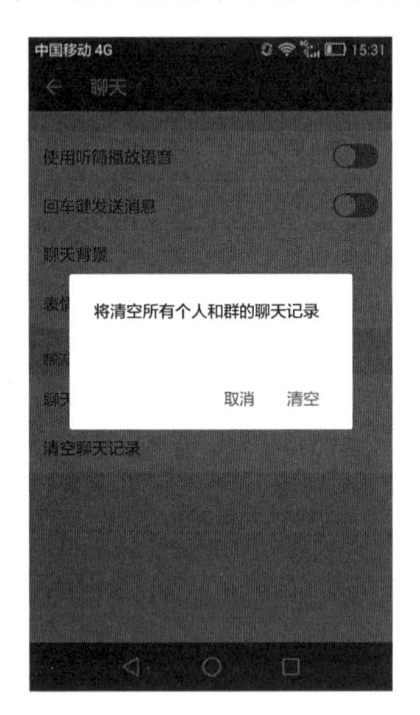

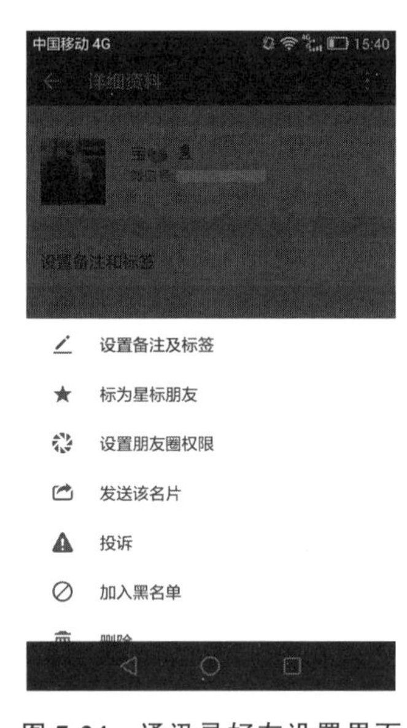

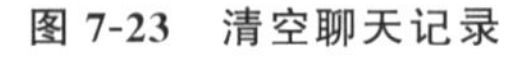
图 7-23 清空聊天记录

图 7-24 通讯录好友设置界面

图 7-25 “投诉”界面

除上述基本安全设置外,微信的其他安全设置可查阅腾讯的官方网站。除 QQ 和微信外,其他网络即时通信工具和社交平台通常也都会提供类似的安全设置功能,用户在使用时应注意查找并使用。

7.2 安全使用电子邮件

7.2.1 电子邮件概述

电子邮件是 Internet 最早提供的服务之一。通过电子邮件系统,用户可以用非常低的

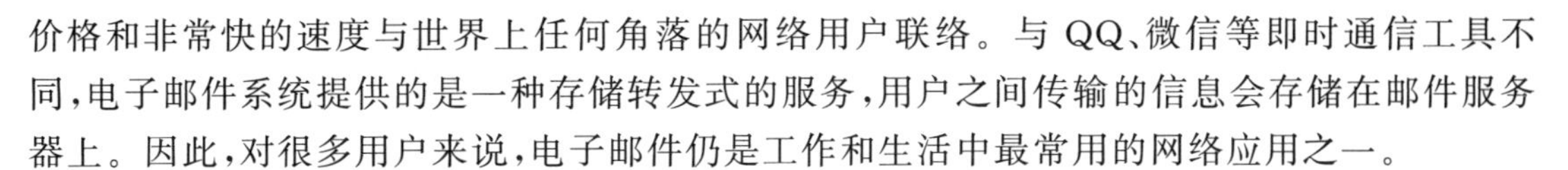

价格和非常快的速度与世界上任何角落的网络用户联络。与QQ、微信等即时通信工具不同，电子邮件系统提供的是一种存储转发式的服务，用户之间传输的信息会存储在邮件服务器上。因此，对很多用户来说，电子邮件仍是工作和生活中最常用的网络应用之一。

1. 电子邮件的格式

电子邮件有自己规范的格式，电子邮件有信封和内容两大部分，即邮件头(Header)和邮件主体(Body)两部分。邮件头包括收信人电子邮件地址、发信人电子邮件地址、发送日期、标题和发送优先级等，其中前两部分是必须具有的。邮件主体是发信人和收信人要处理的内容。早期的电子邮件系统使用简单邮件传输协议(Simple Mail Transfer Protocol, SMTP)，只能传输文本信息，目前的电子邮件系统通过使用MIME(Multipurpose Internet Mail Extensions)协议，还可以发送语音、图像和视频等信息。

传送邮件时对于邮件主体没有格式上的统一要求，但对邮件头有严格的要求，尤其是电子邮件地址部分。电子邮件地址也叫作电子邮箱，基本格式为“用户名@主机域名”。其中，用户名是指用户在某个邮件服务器上注册的用户标识，相当于该用户的一个私人邮箱；“@”为分隔符，一般将其读为英文“at”；主机域名是指邮箱所在邮件服务器的域名。

2. 电子邮件系统的组成

与Internet的很多其他服务不同，电子邮件服务使用了功能互不包含的两种协议，这两种协议及其相应的服务器相互配合，才能实现电子邮件的传送。图7-26给出了电子邮件系统的组成及电子邮件传送的基本过程，由图可知，电子邮件系统主要由三部分组成。

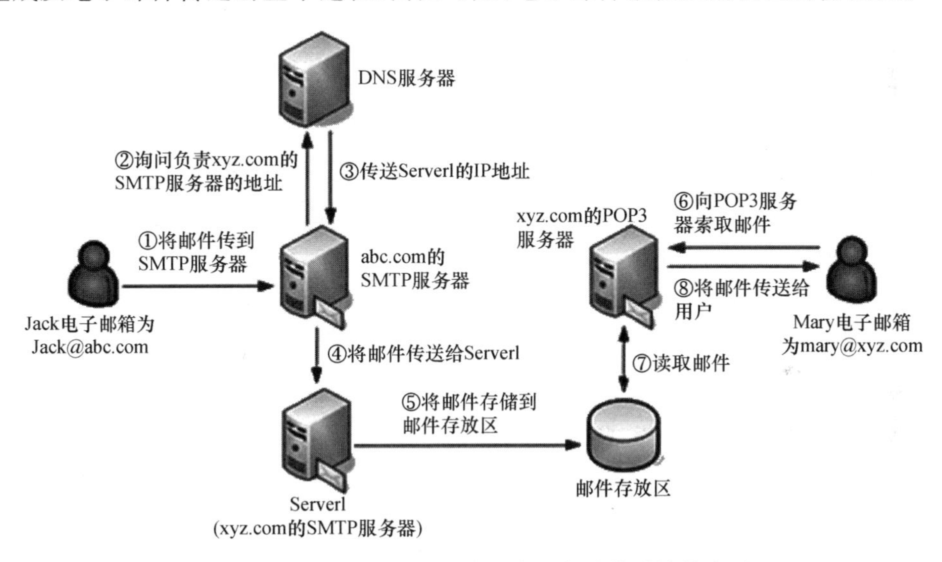

图7-26　电子邮件系统的组成及电子邮件传送的基本过程

(1) 客户端邮件程序。

客户端邮件程序是用户用于收发、撰写和管理电子邮件的软件。常用的客户端邮件程序包括基于Web界面的客户端邮件程序，以及Microsoft Outlook、Foxmail等客户端软件。

(2) 邮件发送服务。

当用户在发送邮件(包括客户端程序向电子邮件发送服务器发送邮件，以及电子邮件发送服务器向电子邮件接收服务器发送邮件)时，要使用邮件发送协议。常见的邮件发送协议有SMTP协议和MIME协议，前者只能传输文本信息，后者可以传输包括文本、声音、图像

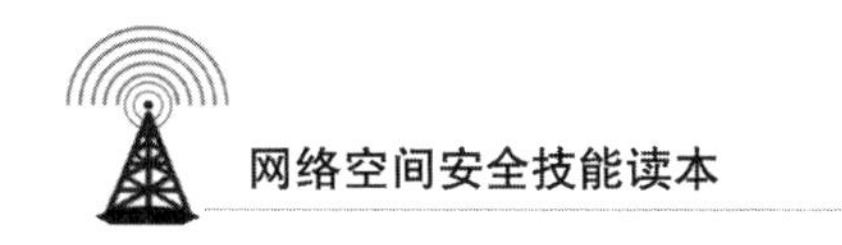

在内的多媒体信息。配置 SMTP 协议的电子邮件发送服务器和接收服务器都被称为 SMTP 服务器。

（3）邮件接收服务。

用户从电子邮件接收服务器接收邮件时，需要使用邮件接收协议，常见的邮件接收协议包括 POP3 和 IMAP4。配置 POP3 协议的电子邮件服务器被称为 POP3 服务器，当用户利用客户端程序向 POP3 服务器索取属于他的邮件时，POP3 服务器会从“邮件存放区”来读取属于该用户的电子邮件，并将这些邮件发送给用户。

7.2.2　电子邮件的安全风险

1. 垃圾邮件

垃圾邮件通常可以指未经用户许可，强行发送到用户邮箱中的任何电子邮件。垃圾邮件不但会增加网络负荷，占用用户邮件服务器的空间，耗费用户的时间、精力和金钱，而且大多会带有恶意广告、钓鱼网站链接，以及涉及反动宣传、赌博、色情等不良信息，这给用户带来了更大的危害。

2. 电子邮件病毒

电子邮件病毒和普通病毒在运行机制上是一样的，只不过其主要通过电子邮件进行传播。电子邮件病毒多采用邮件附件或网页链接的形式，用户在打开邮件附件或点击链接后，病毒不但会在用户的设备上运行，还会向用户通讯录中的联系人发送邮件以继续传播。

3. 邮件地址欺骗

邮件地址欺骗是网络攻击和垃圾邮件制造者常用的方法。邮件地址欺骗有很多种方式，比如攻击者可以利用网络空间中的匿名转发邮件系统，将邮件先发送给该系统，由该系统把邮件转发给真正的收件人，并将其地址作为发件人地址显示在邮件头中。攻击者也会针对某用户的电子邮件地址，注册一个相似的地址，并将“发件人姓名”设置成与该用户一样的姓名，然后冒充其发送电子邮件，当收件人收到邮件时，如果不仔细检查邮件地址就会上当受骗。另外，由于很多邮件服务器的过滤或防转发机制采用的是针对邮件地址域名的识别，因此垃圾邮件制造者常会采用冒用邮件地址域名的方法。

4. 邮件炸弹

邮件炸弹是指攻击者利用特殊的电子邮件软件，在很短的时间内连续不断地将大量邮件发送给同一个邮箱，从而导致用户的邮箱迅速被填满。邮件炸弹不但会导致用户的邮箱失去作用，而且会占用大量的网络带宽和系统资源，影响正常的访问速度，甚至会造成服务器系统的崩溃。

7.2.3　电子邮件的安全设置

1. 电子邮件安全设置要点

要保护电子邮件的安全，通常应注意以下几个方面。

① 很多的网站、论坛在注册时需要用户提供电子邮件地址，通常应注册两个以上的电子邮件地址，分别用来承载不同的网络空间活动。对于在工作中使用的或用来收发重要信息的电子邮件地址，不要用其在任何网站注册。

② 在注册电子邮件地址时，应注意不要带有姓名、生日、手机号码等敏感信息，在设置

密码时应注意使用复杂密码。另外,在注册两个以上的电子邮件地址时,应尽量使用不同的用户名和密码。

③ 在收到电子邮件时,应仔细检查其发件人地址、收件人地址等信息,对于匿名邮件、群发邮件、来历不明的邮件要保持高度的警惕,必要时可直接删除。

④ 不要轻易点击电子邮件中的链接和附件,如果确有必要打开,也应首先通过安全软件对其安全性进行检测。收到垃圾邮件或不良信息时,应及时进行举报。

2. WebMail 的安全设置

WebMail 是基于网页的电子邮件管理系统,一般来说具有邮件收发、用户在线服务和系统服务管理等功能。WebMail 的界面直观、使用方便,用户通过浏览器即可访问,从而免除了普通用户使用专业邮件客户端软件进行配置的麻烦。下面主要以 QQ 邮箱为例,介绍安全设置 WebMail 的基本方法。

(1) 账号安全设置。

默认情况下,用户 QQ 邮箱的用户名就是其 QQ 号码,这会存在一定的安全隐患,因此用户可以为自己的 QQ 邮箱注册英文账号以保障 QQ 号码信息的安全,具体操作步骤为:通过 QQ 程序或浏览器登录 QQ 邮箱,在主界面中单击“设置”,在打开的“邮箱设置”界面中选择“账户”,在如图 7-27 所示的“账户”设置界面中,单击“邮箱账号”选项中的“注册@qq.com 英文账号”按钮,打开“注册英文邮箱账号”向导,根据向导提示即可为 QQ 邮箱注册一个英文账号。注册完成后,可以在“账户”设置界面中将“默认发信账号”设置为英文账号,同时也可选择将数字账号关闭。

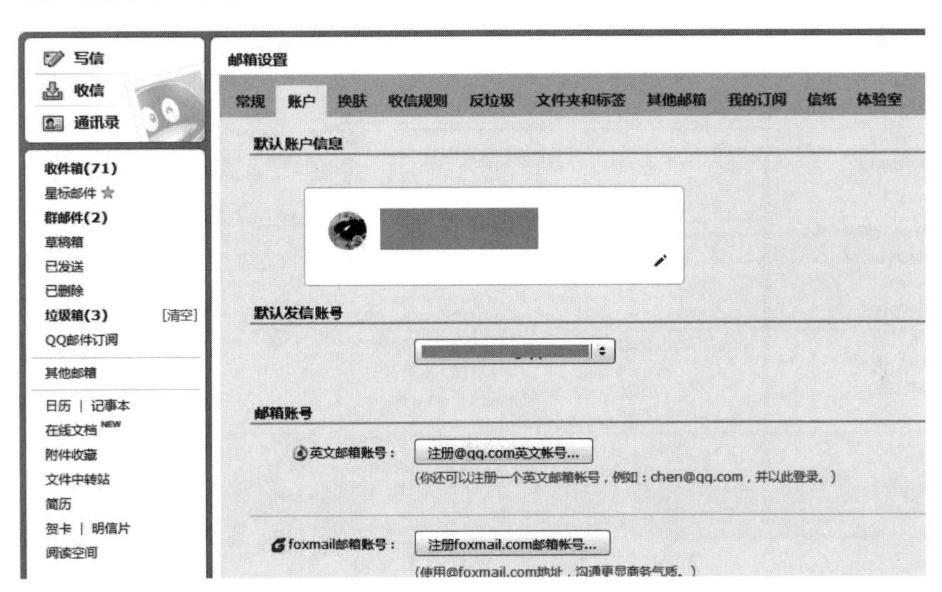

图 7-27 “账户”设置界面

(2) 密码安全设置。

默认情况下,QQ 邮箱密码与 QQ 账号的登录密码一致,如果要为 QQ 邮箱单独设置密码,可在“账户”设置界面中,单击“账户安全”选项中的“设置独立密码”按钮(如图 7-28 所示)。如果 QQ 号码绑定了密保手机、QQ 令牌等密保工具,即可为 QQ 邮箱单独设置密码了。另外,也可单击“账户安全”选项中的“加锁‘文件夹区域’”按钮,为 QQ 邮箱中“我的文件夹”“其他邮箱”“记事本”等设置密码，以保护用户的信息。

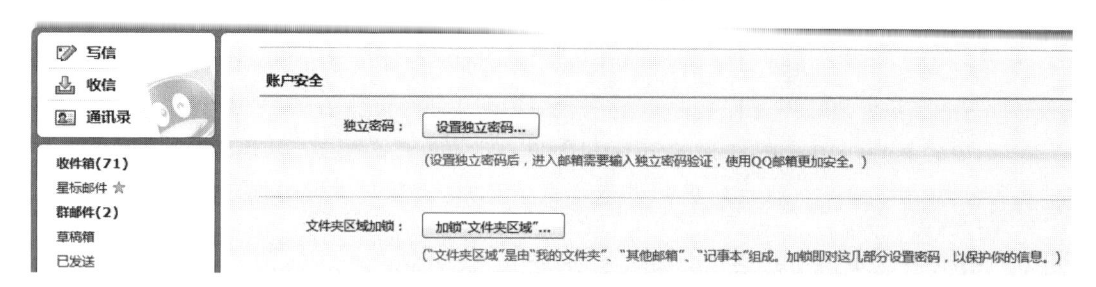

图 7-28　设置独立密码

(3) 设置收信规则。

通过设置收信规则，可以对邮件进行自动分类和处理，从而提高邮件的处理效率并提高安全性，具体操作步骤为：在“邮箱设置”界面中选择“收信规则”，在“收信规则”界面中单击“我的收信规则”选项中的“创建收信规则”按钮，在打开的“创建收信规则”界面中即可设置各类过滤条件及对满足条件邮件的处理方式(如图 7-29 所示)。

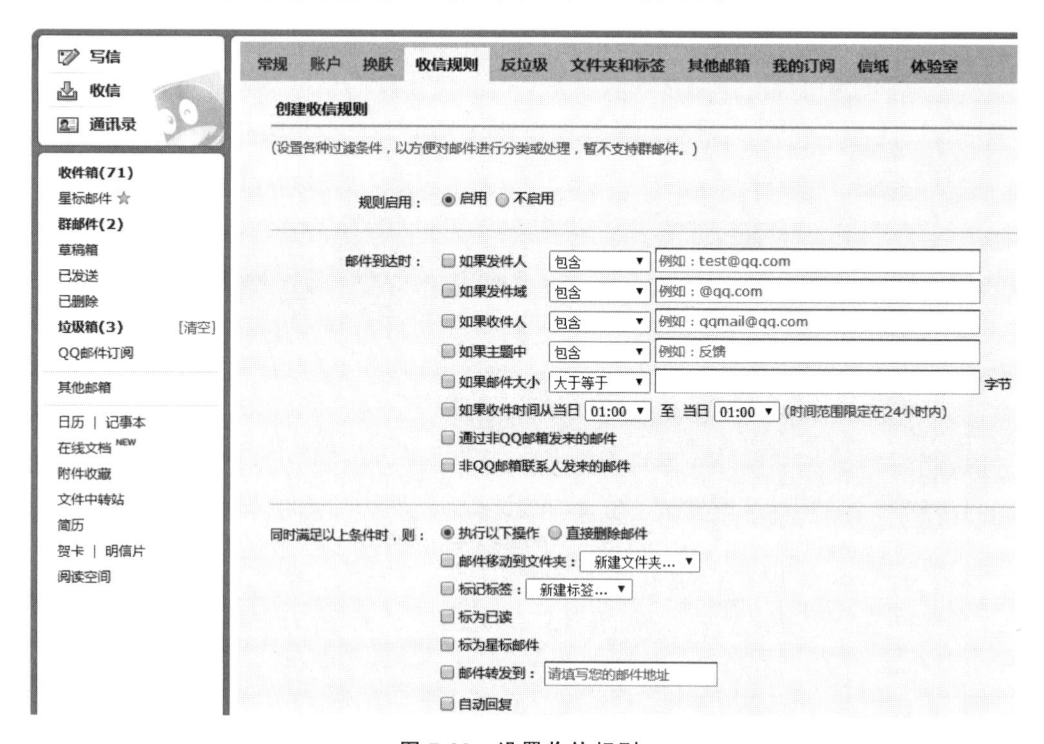

图 7-29　设置收信规则

(4) 设置邮件过滤。

很多邮件系统都可以采用黑白名单的方式对邮件进行过滤，其中，黑名单是用来记录用户不愿意接收其邮件的电子邮件地址，白名单是用来记录用户信任的电子邮件地址，具体操作步骤为：在“邮箱设置”界面中选择“反垃圾”，在如图 7-30 所示的“反垃圾”设置界面中，可以选择对邮件地址黑名单、邮件地址白名单、域名黑名单、域名白名单、垃圾邮件处理方式等进行设置。

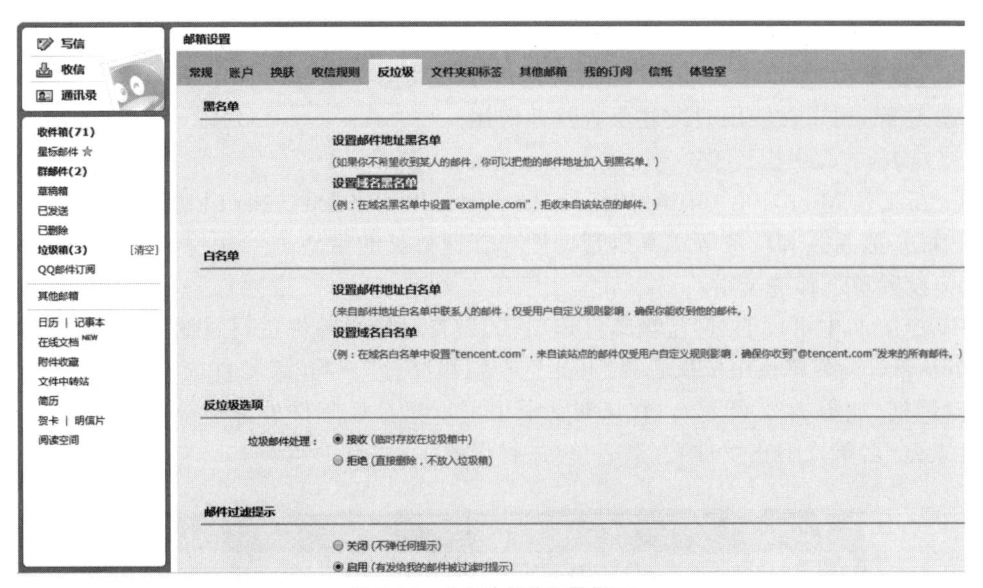

图 7-30　“反垃圾”设置界面

（5）设置邮件加密。

利用 QQ 邮箱的邮件加密功能可以对邮件的正文、附件进行加密保护，收件人需要输入密码解密后才可查看到原邮件的正文和附件，具体操作步骤为：在 QQ 邮箱的主界面中单击“写信”，在邮件编辑窗口中编辑邮件，并选中其下方的“对邮件加密”复选框，在打开的“邮件加密”窗口中输入并确认密码即可完成对邮件的加密（如图 7-31 所示）。如果加密邮件的收件人也使用 QQ 邮箱，则当收件人读邮件时，系统会提示其输入密码。如果收件人使用的是其他邮箱，则邮件内容将加密打包成压缩文件，收件人需将压缩文件下载后，通过解压工具（如 7-Zip、WinRAR 等）解密查看。

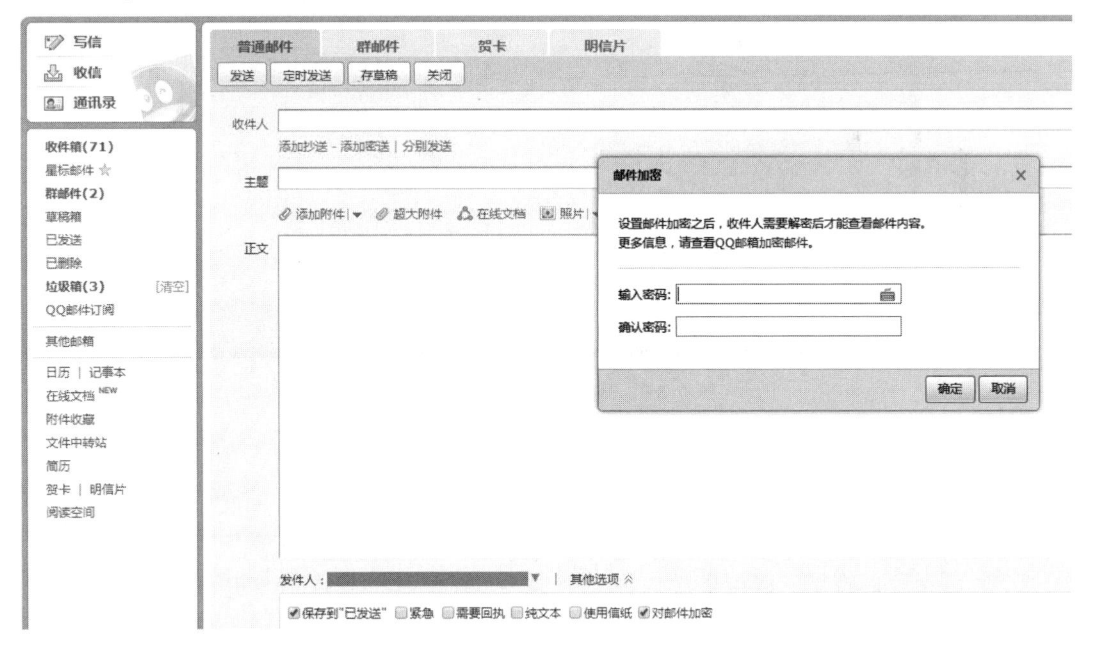

图 7-31　设置邮件加密

另外，在使用QQ邮箱时，应注意其所给出的警告和提示信息，若收到的邮件为垃圾邮件，可以直接单击“举报垃圾邮件”链接进行举报。其他常用的邮件系统也都会提供类似的安全设置功能，用户在使用时应注意查找并使用。

3. Outlook的安全设置

Outlook是Microsoft Office的组件之一，除可以用来发送、接收和管理电子邮件外，还提供了日历、联系人和任务等工具以帮助用户管理自己的生活。

(1) 设置垃圾邮件选项。

在Outlook中可以通过“垃圾邮件选项”的设置对垃圾邮件进行过滤，基本操作步骤为：打开Outlook，在菜单栏中依次选择“开始”→“垃圾邮件”→“垃圾邮件选项”，打开“垃圾邮件选项”对话框(如图7-32所示)。在该对话框中可以对垃圾邮件的保护级别、安全收件人、安全发件人(白名单)、阻止发件人(黑名单)进行设置。

图7-32 “垃圾邮件选项”对话框

(2) 邮件加密和数字签名。

在使用Outlook编辑邮件时，可以利用数字证书对邮件进行加密和数字签名，基本操作步骤如下。

① 在Outlook的菜单栏中依次选择“开始”→“新建电子邮件”，打开邮件编辑窗口，在该窗口中可以对邮件收件人、内容等进行编辑(如图7-33所示)。

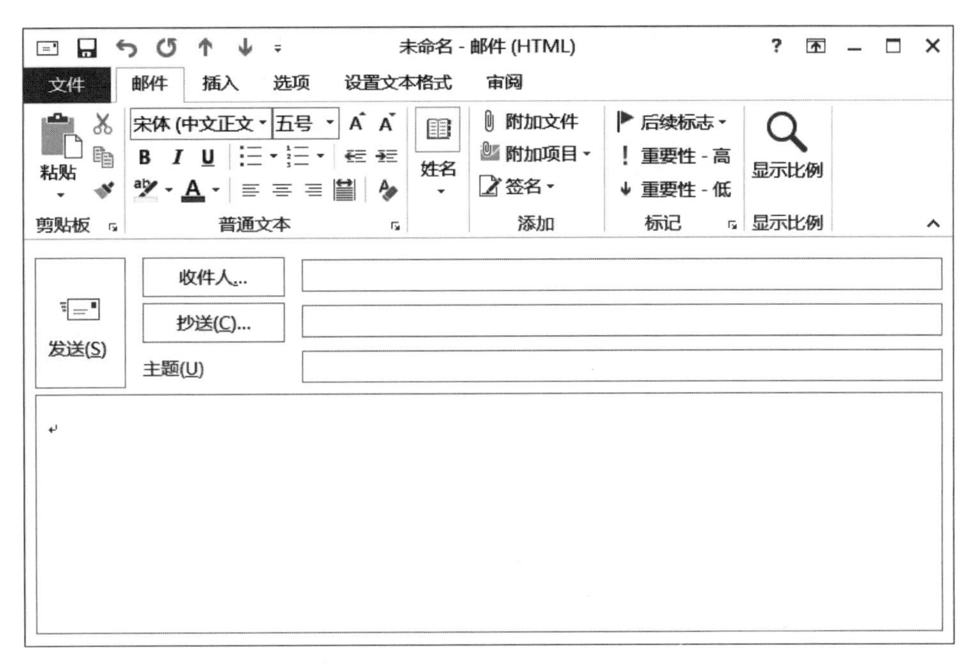

图 7-33　邮件编辑窗口

② 单击菜单栏“邮件”选项卡中“标记”右侧的“邮件选项”图标，打开“属性”对话框（如图 7-34 所示）。

③ 在“属性”对话框中单击“安全设置”按钮，打开“安全属性”对话框（如图 7-35 所示）。

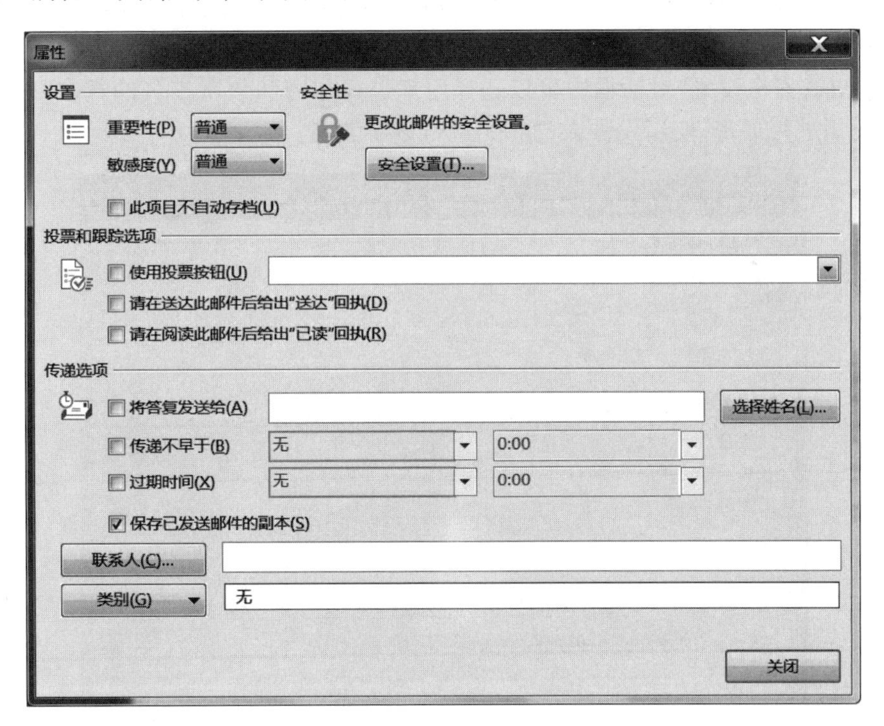

图 7-34　“属性”对话框

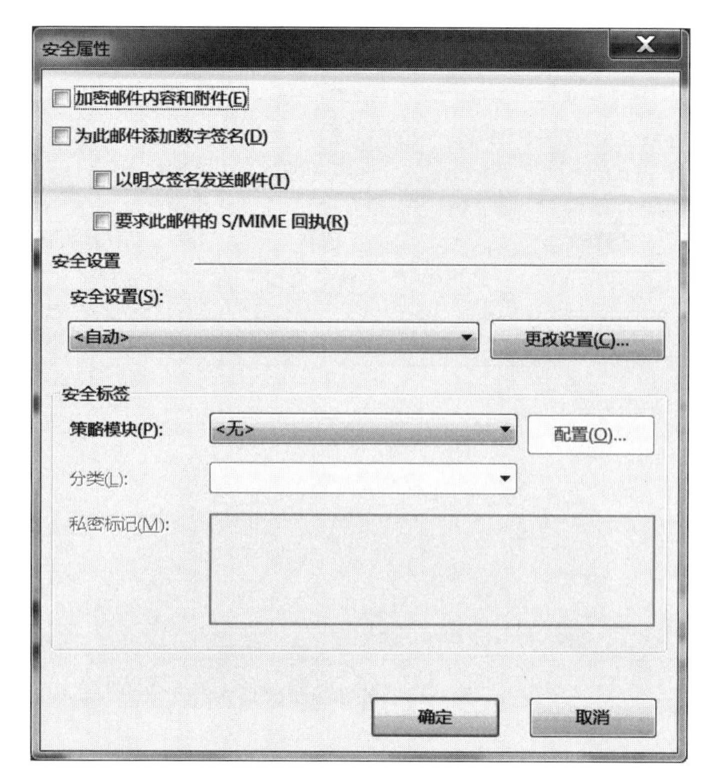

图 7-35 “安全属性”对话框

④ 在“安全属性”对话框中选中“加密邮件内容和附件”“为此邮件添加数字签名”复选框，单击“更改设置”按钮，打开“更改安全设置”对话框(如图 7-36 所示)。

⑤ 在“更改安全设置”对话框中可以选择用来进行加密和数字签名的数字证书，应使用收件人的公钥进行加密，使用发件人的私钥进行数字签名。

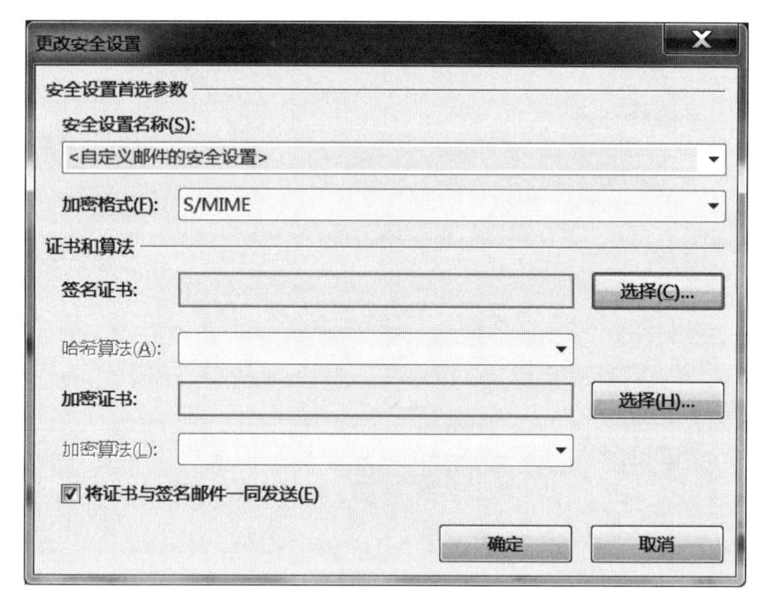

图 7-36 “更改安全设置”对话框

7.3 网络游戏的安全风险与防范

7.3.1 网络游戏的安全风险

随着网络技术的发展与普及,网络游戏已经成为很多人生活中主要的娱乐方式之一,电子竞技也逐步发展成为一项体育项目。网络游戏在快速发展的同时,其相关的安全问题也不断凸显,由于网络游戏所涉及的游戏币、游戏道具等虚拟物品具有个人财产的属性,因此网络游戏的安全问题通常会给游戏玩家造成巨大的经济损失,其预防就显得特别重要。网络游戏面临的安全风险主要包括以下几个方面。

1. 网络游戏外挂

网络游戏外挂是指通过修改游戏数据而为玩家谋取利益的作弊程序或软件。通过外挂,玩家可以在网络游戏中利用封包和抓包工具对游戏本身或游戏服务器提交假参数,从而篡改游戏原本的设定和规则,改变游戏中的人物能力,从而达到轻松获取胜利、奖励和快感的目的。网络游戏外挂不但会造成网络游戏的极度不公平,增加服务器的负担,影响其他游戏玩家的正常体验和利益,而且很多外挂制作者会在外挂中放置病毒或木马,以盗取玩家游戏账号、密码或其他信息。另外,外挂售卖过程中的恶意宣传和欺诈行为也严重影响了网络游戏的整体环境,产生了各种安全问题。

2. 账号安全

网络游戏账号的安全直接影响到玩家在游戏中花了大量时间和精力积攒起来的角色、游戏装备、游戏币等虚拟财产的安全。网络攻击者不但可以通过盗号木马、钓鱼网站等盗取玩家的账号,而且逐步形成了包括盗号、卖号、转移虚拟财产、销赃、洗钱等分工明确的黑色产业链。

3. 私服

私服是指非法获取了网络游戏源代码,私自架设游戏服务器的行为。简单地说,私服建立者就是对热门网络游戏的玩家进行了搬家,玩家在私服上的任何行为,都和正规网络游戏运营商无关。毫无疑问,私服属于网络盗版的一种,直接侵害了游戏开发商和运营商的利益。与管理相对规范的官方服务器相比,私服的技术门槛低,人人可以做,本身就存在着安全隐患。而且,私服的盈利手段五花八门,除正常的游戏内道具售卖之外,一些私服还会在游戏内置入以性用品、博彩等为主的广告。另外,私服的非法和不稳定性会导致私服玩家本身的投入得不到保护,在遭遇欺诈时也很难维权。

4. 游戏打金工作室

所谓打金主要是指在网络游戏中通过专职“杀怪”“采矿”等活动来获得游戏币,然后将其卖给其他玩家以获取经济利益的行为。打金可以是个人行为,也可以是团队行为,打金工作室就是专门从事打金的团队或公司。在利益驱使下,很多游戏打金工作室会通过各种手段来获得游戏币,甚至是使用外挂,使用挂机脚本,买通工作人员,对玩家进行恐吓等不正当手段,这不仅会影响游戏交易系统的平衡,加重游戏服务器的负担,而且会极大影响游戏的体验度,给游戏运营商和游戏玩家都会带来安全风险。

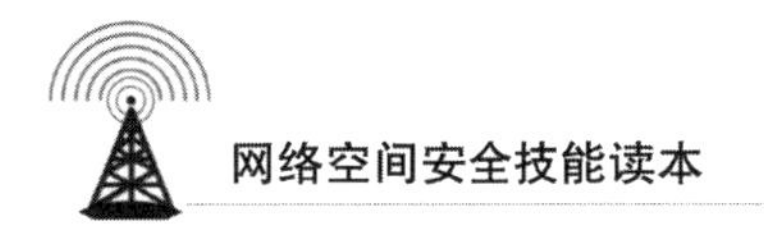

5. 个人信息安全

按照相关法律法规的要求，网络游戏运营商应要求网络游戏用户使用有效身份证件进行实名注册。网络游戏实名制对于保护未成年人、保护游戏虚拟财产具有积极的作用，但一旦玩家的游戏账号丢失，其个人信息也会随之丢失。另外，玩家的个人信息会集中在游戏运营商处，也很难确保相关资料不被泄露。

7.3.2 网络游戏的安全防范

对于个人用户，在选择和运行网络游戏时，通常应注意以下问题。

① 阅读网络游戏的版权政策、最终用户许可协议等相关文件，理解网络游戏相关规定，明确个人用户所拥有的权利。

② 了解网络游戏是否具备 SSL 认证、密保卡等可以连接到服务器进行认证的方式。目前，大型的网络游戏运营商会提供多种方式保护用户的账号，通常应同时采用两种以上的方式来确保账号安全。

③ 通过网络查找该网络游戏是否存在外挂或其他的作弊方式，如果发现有很多相关的网站和网页，则应意识到该网络游戏中有很多玩家正在作弊。

④ 确定该网络游戏是否有专门进行游戏账号、游戏币、游戏道具交易的组织，如果很容易就可以买到账号和道具，则应意识到该网络游戏中有外挂和作弊。

⑤ 不要把玩网络游戏作为谋生手段，即使网络游戏中已经建立起了比较清晰的虚拟经济体制，但你所积累的虚拟财富也有可能转瞬即逝。

⑥ 应选择正规的大型网络游戏运营商，在登录网络游戏时应注意核实其地址，从正规网站上下载游戏插件，不要轻易点击他人发送的网络链接。

⑦ 要定期修改账号密码，并且在各种不同的网络游戏和网站上应尽量使用不同的用户名和密码。

⑧ 在个人计算机上，不要把网络游戏安装在根目录下，也不要以管理员身份来运行。要开启防火墙和杀毒软件，并及时进行更新。

⑨ 不要轻易相信其他玩家发送的广告，对于“天上掉馅饼”的事情要保持高度警惕。在进行账号或游戏装备交易的时候，一定要通过正规渠道，并对相关信息进行核对。

⑩ 在网络游戏的虚拟空间中不要发布不良信息，遇到涉嫌欺诈、恶意广告等行为应及时进行举报。当发现账号异常时，应立即与游戏运营商联系。

⑪ 对于未成年人，家长应通过查询分级标示准确了解游戏的年龄分级和内容特征，引导并利用网络游戏防沉迷系统对其上网时间等进行限定，对如何抵御网络中的不当行为以及网络暴力进行指导。

第8章 如何让网络购物和支付更安全

【本章导读】

有一天，江苏省苏州市警方接到报案，受害人张女士花26元网购了一件婴儿用品，几天后，她接到一个电话，对方自称是网购平台的“客服”，说由于张女士购买的商品有质量问题，平台要予以退款并进行双倍赔偿。之后，这位“客服”一字不差地说出了张女士所购商品的名称、订单号、收货地址、联系电话等信息，因此张女士相信对方就是平台的客服人员。双方互加微信后，“客服”说平台在给张女士退款时会发送一个验证码，张女士需要把收到的验证码转发给他。没过多久，张女士的手机收到短信提示，其账户上收到5200元。张女士正在纳闷的时候，“客服”打来电话，说由于财务人员的操作失误，多转了钱，需要张女士再提供一个其所收到的验证码。又过了一会儿，张女士的手机又收到一条到账信息，其银行账户中共多出了19800元。这时，“客服”又打来电话告诉张女士，转账的财务人员会因为这次误操作被开除，希望张女士将钱款退回。张女士没有多想，就把多出的钱转给了对方。很快，张女士的手机又收到了一条短信，说张女士刚刚通过一个网购平台的贷款服务办理了一笔2万元的贷款。张女士这才意识到自己被骗了，用来退给“客服”的钱并不是什么误操作，而是自己网贷的钱。

在上述案例中，诈骗者首先从信息贩卖者手中获取受害人的个人信息并取得受害人的信任，然后以退款为诱饵，用退款失误等为借口，利用受害人的同情心诱使其提供验证码并转账。随着网络技术的发展，相关的诈骗手段也不断发展，诈骗者会利用个人信息泄露、社会工程学、网络系统漏洞等各种手段，使网络购物和支付的安全风险指数不断攀升。

那么，如何能够让网络购物和支付更安全呢？

8.1 网络购物的安全风险与防范

8.1.1 网络购物的交易流程

不同网络购物平台的交易流程并不相同，淘宝网作为拥有数亿注册用户的网购零售平台，用户购物的基本交易流程如图8-1所示。

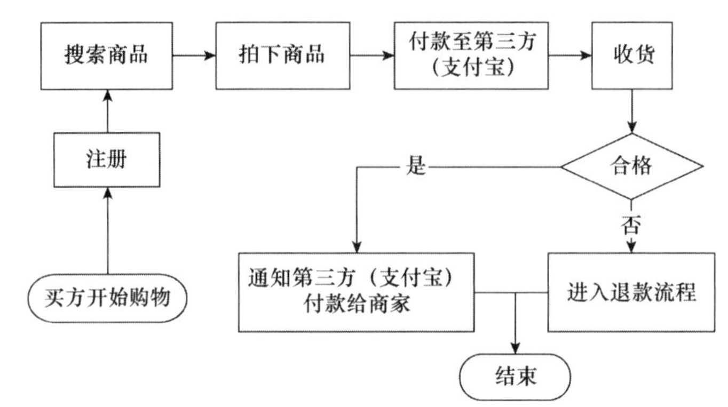

图8-1 淘宝网用户购物的基本交易流程

在网络购物过程中，淘宝网作为C2C(Consumer to Consumer，消费者与消费者)电子商务网站平台，其主要作用是为用户物色交易对象，就货物和服务的交易进行协商，以及获取各类与贸易相关服务等提供“场地”。淘宝网的法律声明中明确提出了其责任限制，即“鉴于淘宝网提供的信息发布服务属于电子公告牌(BBS)性质，淘宝网上的店铺、商品信息(包括但不限于店铺名称、公司名称、联系人及联络信息、产品的描述和说明、相关图片、视频等)由用户自行提供并上传，由用户对其提供并上传的信息承担相应法律责任。淘宝网服务提供者对此另有约定的，将在相关的协议或其他法律文本中与您进行明确”。

在网络购物过程中，支付宝主要对交易起担保作用，以解决买家和卖家在网上交易的信任问题。买家将相关款项存入支付宝后，卖家即可发货；买家按照流程确认收货或根据其他约定视为确认收货后，支付宝会将代为收取的款项支付给卖家。需要注意的是，支付宝并非银行，其服务协议中有这样的声明：“支付宝账户所记录的资金余额不同于您本人的银行存款，不受《存款保险条例》保护，其实质为您委托我们保管的、所有权归属于您的预付价值。该预付价值对应的货币资金虽然属于您，但不以您本人名义存放在银行，而是以我们的名义存放在银行，并且由我们向银行发起资金调拨指令。”

8.1.2 网络购物的安全风险

网络购物是在网络空间进行交易，用户购物时通常会面临以下安全风险。

1. 网络诈骗

随着网络购物不断发展，很多不法分子为了牟取利益利用网络购物进行诈骗。目前，网络诈骗的方式很多，如果用户在网络购物时遇到以下情况，则应提高警惕。

① 相应商品的标价比市场价格低很多，若寻问其原因，则通常以海关罚没、走私、朋友

赠送等为借口。

② 买家拍下物品后，卖家以更低价格或其他理由，希望线下直接交易，以逃避网络购物平台的监管。

③ 以各种理由拒绝使用网络购物平台提供的第三方安全支付工具，如提出“不用支付宝，可以再给你便宜一些”等。

④ 以各种理由要求用户支付定金、保证金、手续费等。

⑤ 以用户提交订单时出现问题等为理由，要求用户重新支付或重新提交订单。

⑥ 推说店内无货而朋友的店里有货，向用户发送一个看似差不多的网页地址。

⑦ 以电话、微信等形式和各种理由，要求用户提供账号、密码、验证码等信息，或涉及资金转账的行为。

2. 个人信息泄露

在网络购物的过程中，用户不但要提供姓名、联系电话、家庭住址等详细的个人信息，而且具体购买的商品也涉及用户的个人隐私。一些卖家为扩大销售额，会收集买家信息建立数据库，根据其经济状况、购物习惯等来进行营销，甚至会为了经济利益将买家信息卖给他人。除网络购物平台和卖家外，物流过程中的收件员、录单员、分拣员、中转站、接收员、派单送单员等都能接触到这些信息。因此，一旦用户个人信息泄露，调查取证会非常困难。

3. 网络支付风险

网络支付以其便捷性、经济性等特点成为网络购物中最基本的支付手段。然而，由于在网络支付过程中交易双方无须面对面，很多用户并不清楚对方究竟是谁，也不了解相应款项究竟如何到账，这就给不法分子进行诈骗提供了可乘之机。另外，也有不法分子会利用钓鱼网站、木马程序等直接盗取用户的账号、银行卡号和支付密码，或者通过篡改支付金额、收款人账号、收款人银行卡号等支付数据，从而将用户资金转移到其他渠道。

4. 商品质量风险

用户在网络购物时只能通过图片、文字和视频来了解商品的情况，很容易对商品的认识产生歧义。一些商家会利用网络购物的这种潜在缺陷，片面夸大商品的功能，用不切合实际的描述来吸引买家，甚至会出现以次充好、知假售假的情况。虽然很多网络购物平台制定了一系列的信用等级评价机制，用户可以通过了解卖家的信用等级及其之前的商品销售情况降低安全风险，但也存在着大量通过刷单以提高销量和信用度的情况。

5. 商品配送风险

快递是网络购物的重要一环，而面对巨大的市场需求，快递行业难免良莠不齐。商品在配送过程中被延误、丢失、更换、损毁，快递单上的用户个人信息被泄露，都是用户需要面临的安全风险。

6. 维权风险

为简化交易程序，网络购物中通常会采用格式合同，而用户通常很少会认真阅读其内容。当买家在网络购物中遇到侵权事件时，一般会选择通过差评或退货保全自己的利益，由于诉讼成本高、主体责任难以明确、调查取证困难等原因，只有极少数买家会通过诉讼来维护自己的合法权益。

8.1.3 网络购物的安全防范

为了保证网络购物的安全，用户通常应注意以下几个方面。

① 应选择正规的网络购物平台和信誉良好的商家。尽量手动输入网络购物平台的网址,通常真实网站的网址都简短并具有含义,如淘宝网的网址为"www.taobao.com",而"www.taobao.com.abc.cn"就是典型钓鱼网站的网址。

② 购买前一定要问清商品的细节信息,包括型号、规格、新旧程度、是否有瑕疵、配送方式、运费情况等。不随意点击对方发送的网络链接,如果确有必要,点击前应利用安全软件检测网络链接的安全性。

③ 在与卖家进行交流时尽量使用网络购物平台提供的通信工具,如在淘宝网购物时应使用阿里旺旺,以便网络购物平台保存相关的记录。如果必须要使用微信、QQ等进行交流,也应保存好聊天记录。另外,相关商品的宣传页面、交易的过程等也应截图保存,并注意索要商品发票、合格证、售后服务承诺等。

④ 尽量不要采用直接汇款的方式进行交易,应选择货到付款或通过第三方支付。不管是通过哪种支付渠道,最好能采用高级别的保护措施。

⑤ 任何交易问题都要通过网络购物平台或其提供的通信工具沟通确认,不要相信任何关于卡单、付款未成功、退款等的客服电话。

⑥ 尽量选择与网络购物平台合作的物流公司,以便随时监控商品的配送情况。任何在物流配送过程中要求取消订单、改变交易流程的要求,都应拒绝。收到商品时应先进行检验,再签收或付款。

⑦ 网络购物时通常应选择"匿名购买",有选择地填写快递收货信息,尽量不要在无法保证安全的环境下泄露自己的信息。注意保护商品包装上的个人信息,应尽量将其撕毁,或将快递单上的信息涂抹掉。

⑧ 不要将自己的账号、密码、手机验证码等信息泄露给任何人,不要在任何可疑网站上输入这些信息,也不要在网络上通过即时通信工具等传递这些信息。

⑨ 在网络购物过程中应开启相关的安全软件,购物完成后应及时清除相关信息。

8.1.4 网络购物的法律保护

1.《中华人民共和国消费者权益保护法》(以下简称《消费者权益保护法》)对网络购物的法律保护

2014年3月15日,2013年修正的《消费者权益保护法》开始实施,其针对网络购物中的一些问题进行了较为明确的规定。

(1) 增加网络购物的后悔权,消费者可无理由退货。

《消费者权益保护法》第二十四条规定:"经营者提供的商品或者服务不符合质量要求的,消费者可以依照国家规定、当事人约定退货,或者要求经营者履行更换、修理等义务。没有国家规定和当事人约定的,消费者可以自收到商品之日起七日内退货;七日后符合法定解除合同条件的,消费者可以及时退货,不符合法定解除合同条件的,可以要求经营者履行更换、修理等义务。"

(2) 加大个人信息安全保护力度。

《消费者权益保护法》第二十九条规定:"经营者及其工作人员对收集的消费者个人信息必须严格保密,不得泄露、出售或者非法向他人提供。经营者应当采取技术措施和其他必要措施,确保信息安全,防止消费者个人信息泄露、丢失。在发生或者可能发生信息泄露、丢

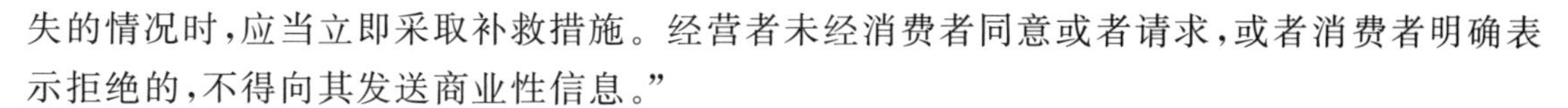

失的情况时，应当立即采取补救措施。经营者未经消费者同意或者请求，或者消费者明确表示拒绝的，不得向其发送商业性信息。”

(3) 明确网络交易平台义务。

《消费者权益保护法》第四十四条规定：“消费者通过网络交易平台购买商品或者接受服务，其合法权益受到损害的，可以向销售者或者服务者要求赔偿。网络交易平台提供者不能提供销售者或者服务者的真实名称、地址和有效联系方式的，消费者也可以向网络交易平台提供者要求赔偿；网络交易平台提供者作出更有利于消费者的承诺的，应当履行承诺。网络交易平台提供者赔偿后，有权向销售者或者服务者追偿。网络交易平台提供者明知或者应知销售者或者服务者利用其平台侵害消费者合法权益，未采取必要措施的，依法与该销售者或者服务者承担连带责任。”

2.《中华人民共和国电子商务法》(以下简称《电子商务法》)对网络购物的法律保护

2019 年 1 月 1 日起施行的《电子商务法》是我国电子商务领域的首部综合性法律，其针对近年来网络购物中出现的许多问题进行了规定。

(1) 将个人网店、微商等纳入电子商务经营者。

《电子商务法》第九条规定：“本法所称电子商务经营者，是指通过互联网等信息网络从事销售商品或者提供服务的经营活动的自然人、法人和非法人组织，包括电子商务平台经营者、平台内经营者以及通过自建网站、其他网络服务销售商品或者提供服务的电子商务经营者。”第十条规定：“电子商务经营者应当依法办理市场主体登记。但是，个人销售自产农副产品、家庭手工业产品，个人利用自己的技能从事依法无须取得许可的便民劳务活动和零星小额交易活动，以及依照法律、行政法规不需要进行登记的除外。”

(2) 明确禁止刷单行为。

《电子商务法》第十七条规定：“电子商务经营者应当全面、真实、准确、及时地披露商品或者服务信息，保障消费者的知情权和选择权。电子商务经营者不得以虚构交易、编造用户评价等方式进行虚假或者引人误解的商业宣传，欺骗、误导消费者。”

(3) 对大数据精准营销进行限定。

《电子商务法》第十八条规定：“电子商务经营者根据消费者的兴趣爱好、消费习惯等特征向其提供商品或者服务的搜索结果的，应当同时向该消费者提供不针对其个人特征的选项，尊重和平等保护消费者合法权益。”

(4) 对搭售商品进行限定。

《电子商务法》第十九条规定：“电子商务经营者搭售商品或者服务，应当以显著方式提醒消费者注意，不得将搭售商品或者服务作为默认同意的选项。”

(5) 明确运输风险由商家承担。

《电子商务法》第二十条规定：“电子商务经营者应当按照承诺或者与消费者约定的方式、时限向消费者交付商品或者服务，并承担商品运输中的风险和责任。但是，消费者另行选择快递物流服务提供者的除外。”

(6) 明确规定应及时退还押金。

《电子商务法》第二十一条规定：“电子商务经营者按照约定向消费者收取押金的，应当明示押金退还的方式、程序，不得对押金退还设置不合理条件。消费者申请退还押金，符合押金退还条件的，电子商务经营者应当及时退还。”

(7) 加强个人信息保护。

《电子商务法》第二十三条规定:"电子商务经营者收集、使用其用户的个人信息,应当遵守法律、行政法规有关个人信息保护的规定。"第二十四条规定:"电子商务经营者收到用户信息查询或者更正、删除的申请的,应当在核实身份后及时提供查询或者更正、删除用户信息。用户注销的,电子商务经营者应当立即删除该用户的信息;依照法律、行政法规的规定或者双方约定保存的,依照其规定。"

(8) 平台自营业务应有明确标识。

《电子商务法》第三十七条规定:"电子商务平台经营者在其平台上开展自营业务的,应当以显著方式区分标记自营业务和平台内经营者开展的业务,不得误导消费者。电子商务平台经营者对其标记为自营的业务依法承担商品销售者或者服务提供者的民事责任。"

(9) 规定了平台经营者的责任。

《电子商务法》第三十八条规定:"电子商务平台经营者知道或者应当知道平台内经营者销售的商品或者提供的服务不符合保障人身、财产安全的要求,或者有其他侵害消费者合法权益行为,未采取必要措施的,依法与该平台内经营者承担连带责任。对关系消费者生命健康的商品或者服务,电子商务平台经营者对平台内经营者的资质资格未尽到审核义务,或者对消费者未尽到安全保障义务,造成消费者损害的,依法承担相应的责任。"

(10) 明确不准"删差评"。

《电子商务法》第三十九条规定:"电子商务平台经营者应当建立健全信用评价制度,公示信用评价规则,为消费者提供对平台内销售的商品或者提供的服务进行评价的途径。电子商务平台经营者不得删除消费者对其平台内销售的商品或者提供的服务的评价。"

(11) 规定竞价排名的商品应注明"广告"。

《电子商务法》第四十条规定:"电子商务平台经营者应当根据商品或者服务的价格、销量、信用等以多种方式向消费者显示商品或者服务的搜索结果;对于竞价排名的商品或者服务,应当显著标明'广告'。"

(12) 明确网络支付的责任。

《电子商务法》第五十四条规定:"电子支付服务提供者提供电子支付服务不符合国家有关支付安全管理要求,造成用户损失的,应当承担赔偿责任。"第五十七条规定:"用户应当妥善保管交易密码、电子签名数据等安全工具。用户发现安全工具遗失、被盗用或者未经授权的支付的,应当及时通知电子支付服务提供者。未经授权的支付造成的损失,由电子支付服务提供者承担;电子支付服务提供者能够证明未经授权的支付是因用户的过错造成的,不承担责任。电子支付服务提供者发现支付指令未经授权,或者收到用户支付指令未经授权的通知时,应当立即采取措施防止损失扩大。电子支付服务提供者未及时采取措施导致损失扩大的,对损失扩大部分承担责任。"

8.1.5 网络购物平台的安全设置

不同网络购物平台的安全设置方法略有不同,设置时需注意查看其相关手册。下面主要介绍"手机淘宝"App 的基本设置方法。

1. 账户与安全设置

在智能手机上打开淘宝的 App,点击右下角的"我的淘宝"。在"我的淘宝"界面中点击右上方的“设置”，打开“设置”界面(如图 8-2 所示)。在“设置”界面中点击“账户与安全”，打开“账户与安全”界面(如图 8-3 所示)，在该界面中可以进行以下设置。

(1) 修改手机号码。

如果要修改淘宝账户绑定的手机号码，则可在“账户与安全”界面中点击“修改手机号码”，在如图 8-4 所示的“换绑手机”界面中即可按向导提示完成新手机号的设置。

图 8-2　“设置”界面　　图 8-3　“账户与安全”界面　　图 8-4　“换绑手机”界面

(2) 修改登录密码。

如果要修改淘宝账户的登录密码，则可在“账户与安全”界面中点击“修改登录密码”，淘宝会检查当前操作系统环境的安全，如果有安全风险，会对用户身份进行验证，如果没有风险，则会打开“修改密码”界面(如图 8-5 所示)，在该界面中输入当前登录密码和要设置的新密码，点击“下一步”，按向导提示即可完成登录密码的修改。

(3) 注销账户。

对不再使用的淘宝账户应及时进行注销，账户注销后，网络购物平台会删除该账户相关的个人信息。在“账户与安全”界面中点击“注销账户”，打开如图 8-6 所示的“账户注销确认”界面点击“确定继续注销”，即可按向导提示完成对账户的注销。

(4) 账户保护。

除密码保护外，淘宝账户可以使用手机验证、声纹密保、扫脸等保护方式。如果要开启这些保护方式，可在“账户与安全”界面中点击“账户保护”，在打开的“账户保护”界面中选择相应的账户保护方式选项，即可按向导提示将其开启(如图 8-7 所示)。

(5) 账号安全检测。

在“账户与安全”界面中点击“安全中心”，打开如图 8-8 所示的“安全中心”界面，在该界面中会对账号的安全性进行检测并给出风险提示，然后点击“立即处理”，即可对账号安全检测中发现的问题进行处理。

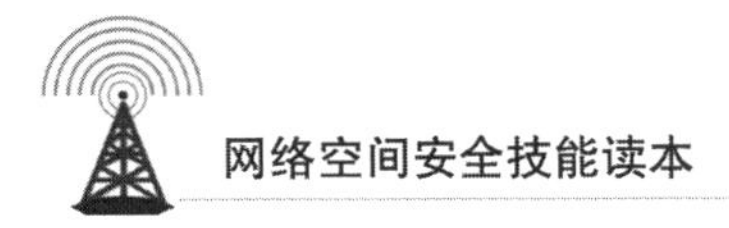

（6）设备管理和账号日志。

在“安全中心”界面中点击“设备管理”，在打开的“设备管理”界面可以看到淘宝账号的在线登录设备（如图 8-9 所示）。

在“安全中心”界面中点击“账号日志”，在打开的“账号日志”界面可以看到淘宝账号历史登录情况（如图 8-10 所示）。

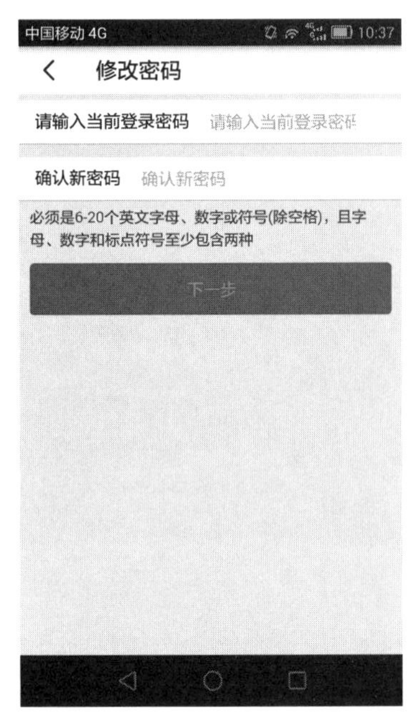

图 8-5 “修改密码”界面

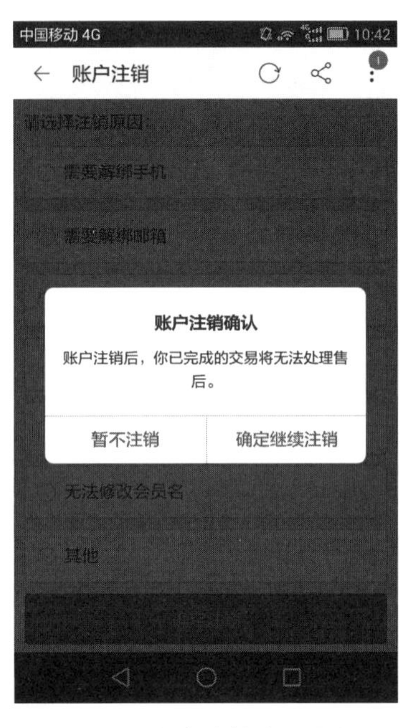

图 8-6 “账户注销确认”界面

图 8-7 “账户保护”界面

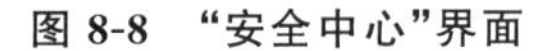

图 8-8 “安全中心”界面　　图 8-9 “设备管理”界面　　图 8-10 “账号日志”界面

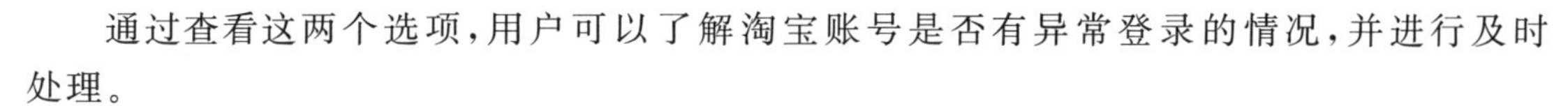

通过查看这两个选项，用户可以了解淘宝账号是否有异常登录的情况，并进行及时处理。

（7）账号锁定。

如果淘宝账号被盗或者手机丢失，则应及时对淘宝账号进行锁定，以保护账户的个人隐私和财产安全。在“安全中心”界面中点击“锁定账号”，在打开的“锁定账号”界面即可对账号进行锁定（如图 8-11 所示）。

（8）用户举报。

在“安全中心”界面中，用户可以查看通过淘宝网进行交易需遵循的各种规则及欺诈防范、隐私保护、假货治理的方法。如果遇到了安全问题，用户可在“安全治理”界面中点击“我要举报”，在如图 8-12 所示的“举报与反馈”界面中即可按向导提示进行举报。

2. 隐私设置

在“设置”界面中点击“隐私”，可打开“隐私”界面（如图 8-13 所示），在该界面中可以进行以下设置。

图 8-11　“锁定账号”界面　　图 8-12　“举报与反馈”界面　　图 8-13　“隐私”界面

（1）好友隐私设置。

在“隐私”界面中点击“好友隐私设置”，打开如图 8-14 所示的“好友隐私设置”界面，在该界面中用户可以对是否允许其他用户通过手机查找自己、是否允许推荐通讯录好友、黑名单等进行设置。

（2）系统权限设置。

在“隐私”界面中点击“系统权限”，打开如图 8-15 所示的“系统权限”界面，在该界面中用户可以对淘宝的系统权限进行设置。另外，在“隐私”界面中用户还可以查看淘宝网的隐私政策及常见的相关问题。

3. 通用设置

在“设置”界面中点击“通用”,可打开“通用”界面(如图 8-16 所示),在该界面中可以进行指纹/面容支付、开启位置服务、清除缓存等操作。

图 8-14 “好友隐私设置”界面　　图 8-15 “系统权限”界面　　图 8-16 “通用”界面

8.2 网络支付的安全风险与防范

8.2.1 网络支付的主要方式

网络支付是在金融电子化网络基础上,以电子化工具或交易卡作为媒介进行支付的一种手段,与传统支付手段相比,网络支付不受空间与时间的限制,可用智能手机、计算机完成,整个过程不需要纸币,无须到银行排队,高效便捷。网络支付主要可以采用以下方式。

1. 网上银行

我国将网上银行定义为一种银行业务,这种银行业务是通过计算机和互联网展开的。网上银行的主要职能与实体银行相差无几,能够完成开销户、查询、转账、信贷、付款、存储、投资等一系列金融交易服务。对于普通用户来说,网上银行最主要的功能就是支付功能,而其支付功能又主要包括三个方面:用户在自己所持有账户之间进行资金划拨的内部转账功能;用户在进行汇款、购物、收发工资等活动时使用的转账和支付中介业务功能;在网络环境下实现股票、基金、信托等业务的金融创新功能。

2. 手机银行

手机银行是指用户在智能手机上下载并安装银行系统的客户端,以智能手机为交易媒

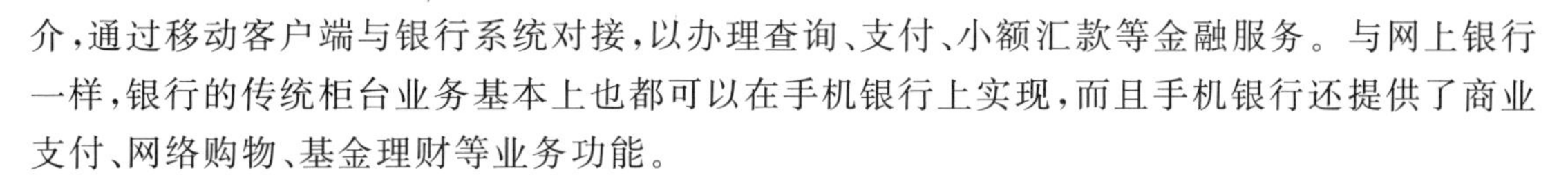

介，通过移动客户端与银行系统对接，以办理查询、支付、小额汇款等金融服务。与网上银行一样，银行的传统柜台业务基本上也都可以在手机银行上实现，而且手机银行还提供了商业支付、网络购物、基金理财等业务功能。

3. 快捷支付

快捷支付是指无须在银行卡的银行网站注册和认证，只需要在相关支付界面输入银行卡号和密码，以及银行发送给预留手机号码的验证码即可完成的支付方式。快捷支付免去了注册、登录等烦琐程序，更为方便快捷。

4. 第三方支付

第三方支付是指具备一定实力和信誉保障的独立机构，采用与各大银行签约的方式，通过与银行支付结算系统接口对接而促成交易双方进行交易的网络支付模式。第三方支付在电子商务中主要是作为保管货款和监督交易的中介，通过支付托管来确保交易稳定、安全地进行。随着电子商务的发展，第三方支付的业务也不断拓展，目前以支付宝、财付通(微信)为代表的第三方支付平台可以提供线上支付、线下支付、账户来往、经营辅助、跨境支付、借贷理财等多种业务类型，成为很多用户首选的网络支付方式。

8.2.2 网络支付的安全风险

网络支付诞生以来，其安全问题一直被人们所关注。网络支付的安全风险主要涉及以下几个方面。

1. 技术层面的风险

对于用户而言，网络支付最重要的就是保障其安全性，但为了适应网络金融的快速发展，很多网络支付平台在追求业务拓展的同时往往会忽略对系统安全方面的投入，系统故障、系统漏洞等不断出现，这不但影响了用户相关业务的正常进行，也给不法分子提供了可乘之机。目前的网络支付以移动支付为主，通过智能手机扫描二维码进行支付成为最主要的支付形式，以面部识别为代表的生物识别也成为移动支付的发展趋势。然而智能手机的安全性仍有不足，很多公共场合的无线网络也存在着安全隐患，提供虚假二维码、盗取验证码等安全问题不断出现，从而使移动支付面临着更大的安全挑战。

2. 操作层面的风险

随着人们网络支付习惯的养成和移动互联网的普及，支付场景不断扩大，覆盖了医疗、交通、餐饮、购物、旅游等各个方面。广泛的支付场景意味着用户的个人信息会处处留痕，如果用户缺乏网络安全的基本知识、安全意识淡薄，操作不当，就会面临严重的安全风险。另外，网络支付平台内部员工缺乏服务意识、操作失误，也会给用户带来不好的体验，而如果有内部员工非法越权操作，篡改内部数据，窃取并贩卖客户信息，则会造成更大的损失。

3. 网络攻击的风险

在网络支付中，不但会涉及用户的银行账户和个人财产，还会涉及个人身份、登录设备、消费和产品使用记录、生物特征等隐私性较强的个人信息。而通过这些信息本身，就可以识别用户身份并推算其消费习惯，这些信息的集中使网络支付平台的账户具有其他网络系统账户所不具备的价值，也就成为网络攻击的主要目标。目前，网络上的钓鱼网站、社会工程攻击、网络欺诈等大都与网络支付相关。

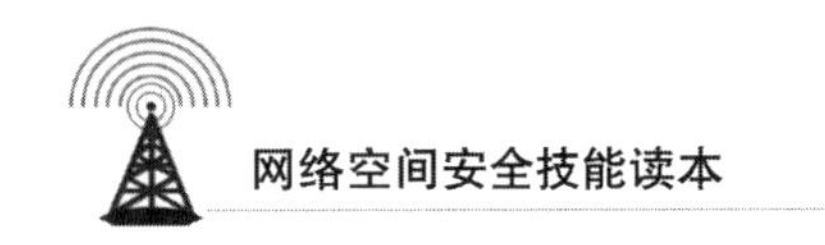

4. 不当利用的风险

目前，很多网络支付平台都会提供手机充值、外卖点餐、生活缴费、网络购物、交通出行等涵盖生活消费内容的热门第三方应用。用户在使用这些应用时不可避免地会在第三方应用和网络支付平台上留下身份信息、账户信息、消费记录等相应数据。网络支付平台通常会默认将用户的部分个人信息与第三方合作企业共享，并明确表示用户在使用平台第三方应用时需受第三方的隐私政策的约束，这种做法也让用户个人信息面对更多传输、存储的风险。

8.2.3　网络支付的安全防范

为了保证网络支付的安全，用户通常应注意以下几个方面。

① 选择正规的网络支付平台，在使用浏览器登录时应尽量手动输入网络支付平台的网址，在使用智能手机时应到正规的网络商店下载网络支付平台的 App。

② 在网络支付平台注册账户时应认真阅读隐私协议及其他相关的协议。

③ 对于网络支付平台的授权以及所提交的个人信息应遵循最小化的原则。

④ 谨慎开启免密码支付、刷脸支付等支付功能。

⑤ 妥善保管账户密码、验证码等信息，定时清除使用记录；不通过即时通信工具、邮件等传输相关信息。应警惕：以任何理由索要账户密码、验证码的行为都涉嫌网络欺诈。

⑥ 及时更新网络支付平台，开启数字证书等网络支付平台的高级保护功能。

⑦ 不扫描来历不明的二维码，不点击来历不明的网络链接，谨慎使用公共场所的无线网络。

⑧ 在使用网络支付平台提供的第三方应用时，应认真阅读相关协议，谨慎对其授权。

⑨ 在登录网络支付平台和进行网络支付时，应开启相关安全软件。

8.2.4　网络支付平台的安全设置

不同网络支付平台的安全设置方法略有不同，设置时需注意查看其相关手册。下面主要介绍“支付宝”App 的基本设置方法。

1. 安全设置

在智能手机上打开“支付宝”App，点击右下角的“我的”。在“我的”界面中点击右上方的设置图标，打开“设置”界面(如图 8-17 所示)。在“设置”界面中点击“安全设置”，打开“安全设置”界面(如图 8-18 所示)，在该界面中可以进行以下设置。

(1) 修改手机号码。

如果要修改支付宝账户绑定的手机号码，则可在“安全设置”界面中点击“手机号”，在打开的“手机号”界面中点击“更换手机号”，即可按向导提示完成新手机号的设置。

(2) 密码设置。

支付宝账户的密码包括支付密码和登录密码，在“安全设置”界面中点击“密码设置”，在打开的“密码设置”界面中即可分别对其进行重置(如图 8-19 所示)。通常应注意定期修改密码，设置的密码应注意其复杂性并尽量不与其他系统使用的密码相同。

图 8-17　“设置”界面

图 8-18　“安全设置”界面

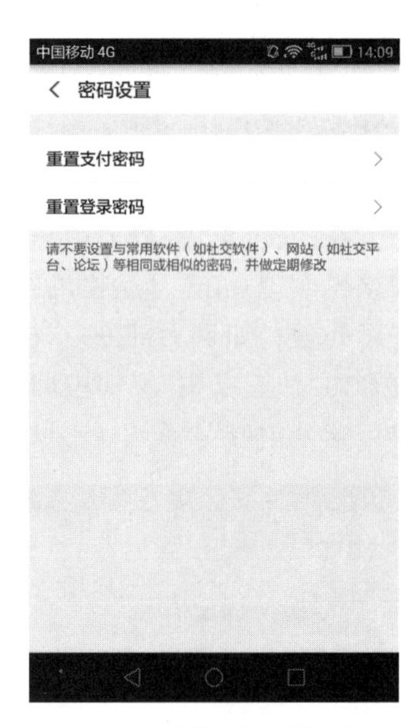

图 8-19　“密码设置”界面

（3）账号授权。

在“安全设置”界面中点击“账号授权”，在打开的“账号授权”界面中可以查看支付宝账号已授权的第三方产品和设备（如图 8-20 所示）。选择相应的第三方产品，可以看到授权的时间、有效期、授权内容等详细信息，并可以解除授权（如图 8-21 所示）。

（4）安全产品。

支付宝提供了暗号、数字证书、手机号快速验证等安全产品来保护账户的安全。在“安全设置”界面中点击“安全产品”选项，在打开的“安全产品”界面中可以选择相应的安全产品并对其进行设置和安装等操作（如图 8-22 所示）。

图 8-20　“账号授权”界面

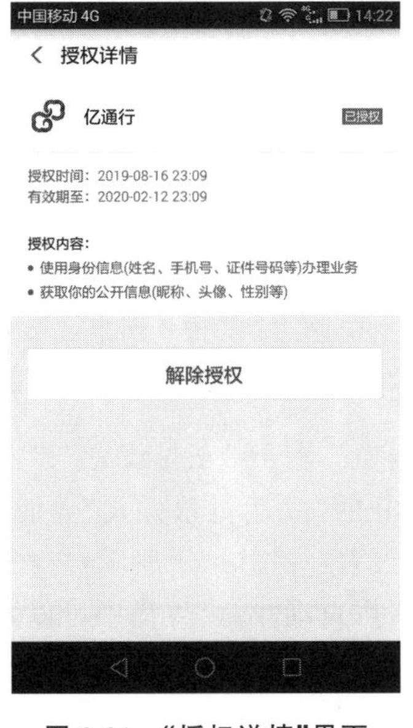

图 8-21　“授权详情”界面

图 8-22　“安全产品”界面

(5) 解锁设置。

在“安全设置”界面中点击“解锁设置”,在打开的如图 8-23 所示的界面中可以选择在“启动支付宝时”或进入“财富、我的”界面时需要通过指纹或手势进行解锁。

(6) 安全中心。

在“安全设置”界面中点击“安全中心”,进入“支付宝安全中心”界面(如图 8-24 所示),在该界面中点击“开始检测”,即可对当前支付宝账户的安全情况进行检测并对发现的问题进行处理。如果手机丢失或出现资金风险,可在“支付宝安全中心”界面点击“账号挂失”,在打开的“快速挂失”界面中即可按向导提示对账号进行挂失(如图 8-25 所示)。另外,在“支付宝安全中心”界面中,还可以进行解除限制、永久注销、保护账号、真伪鉴定等操作。

图 8-23 解锁设置

图 8-24 “支付宝安全中心”界面

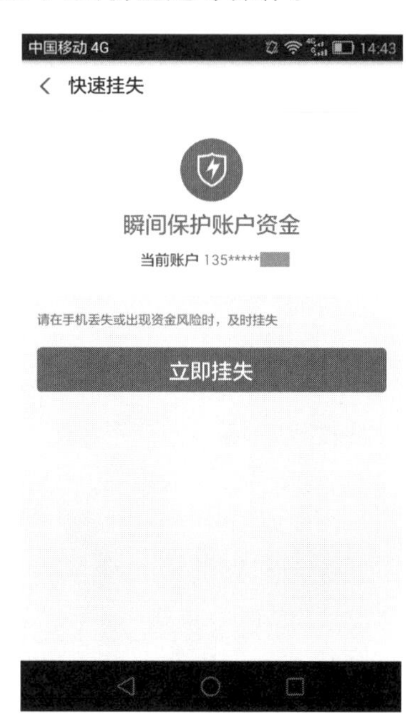

图 8-25 “快速挂失”界面

2. 生物识别

在“设置”界面中点击“生物识别”,在打开的“生物识别”界面中,可以对刷脸、声音锁等进行设置。其中,在“刷脸设置”界面中可以选择开启刷脸登录、手机刷脸支付、到店刷脸支付等功能(如图 8-26 所示);“声音锁”界面中可以让用户通过自己的声音来保护账号的安全,其设置界面如图 8-27 所示。

3. 支付设置

在“设置”界面中点击“支付设置”,打开“支付设置”界面(如图 8-28 所示)。在“支付设置”界面中点击“扣款顺序”,在打开的“默认付款方式”界面中可以对绑定的银行卡、账户余额、花呗、余额宝等进行扣款顺序设置(如图 8-29 所示)。在“支付设置”界面中点击“免密支付/自动扣款”,在打开的“免密支付/自动扣款”界面中可以开启或关闭支付宝账户在某些情况下的免密支付和自动扣款功能,如付款码、声波免密支付和乘车码免密支付等(如图 8-30 所示)。另外,在“支付设置”界面中还可以开启生物支付,并进行智能手表、智能手环等的绑定操作。

4. 隐私设置

在“设置”界面中点击“隐私”，打开“隐私”界面（如图 8-31 所示）。在“隐私”界面中，可以查看支付宝的隐私权政策，并可以对是否允许其他用户通过手机查找自己、加好友时是否需要验证、是否向好友公开真实姓名、是否允许陌生人查看 10 条动态、通讯录黑名单等进行设置。

图 8-26　“刷脸设置”界面　　图 8-27　“声音锁”界面　　图 8-28　“支付设置”界面

图 8-29　“默认付款方式”界面　　图 8-30　“免密支付”界面　　图 8-31　“隐私”界面

第9章　网络空间不是法外之地

【本章导读】

有一天，广东省汕头市网警支队在对该市网络安全等级保护重点单位进行执法检查时，发现汕头市某信息科技有限公司曾向公安机关报备的信息系统安全等级为第三级，经测评合格后投入使用，但后来未按照规定定期开展等级测评。该公司的行为已经违反了《信息安全等级保护管理办法》第十四条“第三级信息系统应当每年至少进行一次等级测评”的规定。根据《中华人民共和国网络安全法》（以下简称《网络安全法》）第二十一条的规定，网络运营者应当按照网络安全等级保护制度的要求，履行安全保护义务，以及法律、行政法规规定的其他义务；根据第五十九条的规定，网络运营者不履行《网络安全法》第二十一条、第二十五条规定的网络安全保护义务的，由有关主管部门责令改正，给予警告。汕头市网警支队依法对该单位给予警告处罚并责令其改正。

随着互联网的发展，利用网络实施的攻击、恐怖、淫秽、贩毒、洗钱、赌博、窃密、诈骗等犯罪活动时有发生，网络谣言、网络低俗信息等屡见不鲜，已经成为影响国家安全、社会公共利益的突出问题。

党的十八大以来，我国网络空间安全立法取得了长足进步，制定了以《网络安全法》为代表的一系列法律法规。这一系列法律法规是依法治网、化解网络风险的法律重器，是让互联网在法治轨道上健康运行的重要保障。

那么，我们具体可以利用哪些法律武器保护自身在网络空间的合法权益呢？

9.1 我国网络空间安全立法现状

从1994年4月20日我国全面接入国际互联网以来,我国的网络空间立法大体上经历了三个阶段。

1. 自由发展阶段

在2000年以前,我国的互联网尚处于引进和建设阶段。由于刚刚接触互联网,人们对互联网的了解和运用非常有限,网络空间立法尚未进入人们的视野。政府关注的重点也主要是网络基础设施的建设和运行,很少会干预网络空间中的虚拟世界,互联网企业处于一个自由发展的空间,网络迅速发展并普及起来。在该阶段,我国仅制定了几部有关信息化和计算机信息安全的行政法规和规章,如国务院发布的《中华人民共和国计算机信息系统安全保护条例》(1994年)、《中华人民共和国计算机信息网络国际联网管理暂行规定》(1996年),公安部发布的《计算机信息网络国际联网安全保护管理办法》(1997年)、《计算机信息系统安全专用产品检测和销售许可证管理办法》(1997年),原国务院信息化工作领导小组办公室发布的《中国互联网络域名注册暂行管理办法》(1997年)等,这些文件的内容也较为简单。

2. 网络空间立法探索阶段

2000年后,我国的互联网用户数量迅猛增长,2008年7月,中国互联网络信息中心发布的《第22次中国互联网络发展状况统计报告》显示,我国的网民数量已居世界第一位。网络空间在极大地便利了人们生活的同时,其各种安全问题也开始不断出现。我国在大力开展信息化建设的同时,也开始逐步加强网络空间立法和安全保障工作。全国人大常委会先后制定了《全国人民代表大会常务委员会关于维护互联网安全的决定》(2000年)、《中华人民共和国电子签名法》(2004年)、《中华人民共和国刑法修正案(七)》(2009年)[以下简称《刑法修正案(七)》]、《全国人民代表大会常务委员会关于加强网络信息保护的决定》(2012年)等与网络空间相关的法律法规。国务院制定了《互联网信息服务管理办法》(2000年)、《中华人民共和国电信条例》(2000年)、《计算机软件保护条例》(2001年)、《互联网上网服务营业场所管理条例》(2002年)、《信息网络传播权保护条例》(2006年)等行政法规。各部委也出台了涉及互联网新闻信息、互联网文化、互联网电子公告、网络游戏、互联网视听节目、互联网地图、电子出版物、网络购物、互联网电子邮件、网间互联、网络安全防护等网络空间各个领域的规章。

3. 网络空间全面立法阶段

随着新一代互联网技术的发展,网络空间和现实空间不断融合,网络空间立法的要求也不断提高。2014年2月,中央网络安全和信息化领导小组成立,中共中央总书记、国家主席、中央军委主席习近平亲自担任组长。在领导小组第一次会议上,习近平总书记强调,网络安全和信息化是事关国家安全和国家发展、事关广大人民群众工作生活的重大战略问题,要从国际国内大势出发,总体布局,统筹各方,创新发展,努力把我国建设成为网络强国。中国共产党第十八届中央委员会第四次全体会议通过的《中共中央关于全面推进依法治国若干重大问题的决定》提出:"加强互联网领域立法,完善网络信息服务、网络安全保护、网络社会管理等方面的法律法规，依法规范网络行为。”使我国加快了网络空间立法的进程，网络安全、电子商务、个人信息保护、未成年人上网保护、互联网信息服务等网络空间基本的法律都被提上了立法议程。2016 年 11 月 7 日，第十二届全国人民代表大会常务委员会第二十四次会议表决通过了《网络安全法》。

《网络安全法》涵盖了网络安全支持与促进、网络运行安全、网络信息安全、监测预警与应急处置、法律责任等内容，确立了保障网络安全的基本制度框架，明确了个人、组织在网络安全方面的责任义务，明确了对网络安全的监督管理及责任部门，为网络安全工作开展奠定坚实的法律基础，对维护我网络安全、建设网络强国具有重要意义。在这部法律颁布之后，国家又制定了两部重要的网络治理方面的法律，即《中华人民共和国数据安全法》《中华人民共和国个人信息保护法》(以下简称《个人信息保护法》)。相关部门制定了一系列的配套法规和规章，也制定了大量相关的实施标准，使得网络安全、数据与信息保护成为相对比较有中国特色的法律体系，对维护国家安全、网络主权以及保护公民的权利，促进数据流动应用、促进经济发展都起到了十分重要的作用。近年来，我国出台的与网络空间安全相关的主要法律法规如表 9-1 所示。

表 9-1　近年来我国出台的与网络空间安全相关的主要法律法规

名称	发布部门	生效时间
《中华人民共和国网络安全法》	全国人大会常委会	2017.6.1 实施
《中华人民共和国电子商务法》	全国人大会常委会	2019.1.1 实施
《中华人民共和国密码法》	全国人大会常委会	2020.1.1 实施
《中华人民共和国数据安全法》	全国人大会常委会	2021.9.1 实施
《中华人民共和国个人信息保护法》	全国人大会常委会	2021.11.1 实施
《儿童个人信息网络保护规定》	国家互联网信息办公室	2019.10.1 实施
《区块链信息服务管理规定》	国家互联网信息办公室	2019.2.15 实施
《互联网域名管理办法》	工业和信息化部	2017.11.1 实施
《互联网新闻信息服务管理规定》	国家互联网信息办公室	2017.6.1 实施
《微博客信息服务管理规定》	国家互联网信息办公室	2018.3.20 实施
《互联网新闻信息服务新技术新应用安全评估管理规定》	国家互联网信息办公室	2017.12.1 实施
《互联网用户公众账号信息服务管理规定》	国家互联网信息办公室	2017.10.8 实施，2021 年修订
《互联网群组信息服务管理规定》	国家互联网信息办公室	2017.10.8 实施
《互联网跟帖评论服务管理规定》	国家互联网信息办公室	2017.10.1 实施
《互联网论坛社区服务管理规定》	国家互联网信息办公室	2017.10.1 实施
《互联网直播服务管理规定》	国家互联网信息办公室	2016.12.1 实施
《移动互联网应用程序信息服务管理规定》	国家互联网信息办公室	2016.8.1 实施，2022 年修订
《公共互联网网络安全突发事件应急预案》	工业和信息化部	2017.11.14 实施

9.2 《网络安全法》的主要内容

《网络安全法》包括总则、网络安全支持与促进、网络运行安全、一般规定、关键信息基础设施的运行安全、网络信息安全、监测预警与应急处置、法律责任、附则，共七章七十九条，主要内容如下。

1. 维护网络空间主权

网络空间主权是国家主权在网络空间的自然延伸和表现。网络空间主权原则是我国维护国家安全和利益、参与网络国际治理与合作所坚持的重要原则。因此，《网络安全法》规定，在我国境内建设、运营、维护和使用网络，以及网络安全的监督管理，都适用《网络安全法》，宣示了对我国境内相关网络活动的管辖权；对攻击、破坏我国关键信息基础设施的境外组织和个人，如造成严重后果，将依法追究法律责任，并提出了可采取冻结财产等制裁措施，充分体现了我国维护网络空间安全的决心；关键信息基础设施运营者在我国境内运营中收集和产生的个人信息和重要数据应当在境内存储，确需向境外提供的，应当按照国家网信部门会同国务院有关部门制定的办法进行安全评估，解决了长期以来跨境数据流动管理要求不明的问题；对来源于我国境外的，我国法律、行政法规禁止发布或者传输的信息，国家网信部门和有关部门应当通知有关机构采取技术措施和其他必要措施阻断传播，充分体现了保护网络空间主权不受侵犯，维护网络空间秩序的坚定立场。

2. 保障网络产品和服务的安全

维护网络空间安全，首先要保障网络产品和服务的安全。为此，《网络安全法》明确了网络产品和服务提供者的安全义务，不得设置恶意程序，发现其网络产品、服务存在安全缺陷、漏洞等风险时，应当立即采取补救措施，按照规定及时告知用户并向有关主管部门报告，应持续提供安全维护服务；强化网络关键设备和网络安全专用产品的安全认证和安全检测制度；建立关键信息基础设施运营者采购网络产品、服务的安全审查制度。关键信息基础设施的运营者采购网络产品或者服务，可能影响国家安全的，应当通过国家网信部门会同国务院有关部门组织的国家安全审查。

3. 明确网络运营者的基本义务

保障网络运行安全，必须落实网络运营者第一责任人的责任。据此，《网络安全法》将现行的网络安全等级保护制度上升为法律，要求网络运营者按照网络安全等级保护制度的要求，采取相应的管理措施和技术防范措施，履行相应的网络安全保护义务。

4. 强化个人信息保护

在网络空间中，需要明确网络产品服务提供者、运营者的责任，严厉打击出售贩卖个人信息的行为，以保护个人信息的安全。为此，《网络安全法》做出专门的规定，网络产品、服务具有收集用户信息功能的，其提供者应当向用户明示并取得同意；网络运营者不得泄露、篡改、毁损其收集的个人信息；任何个人和组织不得窃取或者以其他非法方式获取个人信息，不得非法出售或者非法向他人提供个人信息，并规定了相应法律责任。

5. 严格防范打击网络诈骗

《网络安全法》规定，任何个人和组织不得设立用于实施诈骗，传授犯罪方法，制作或者销售违禁物品、管制物品等违法犯罪活动的网站、通讯群组，不得利用网络发布及实施诈骗，制作或者销售违禁物品、管制物品以及其他违法犯罪活动的信息。《网络安全法》还从强化网络实名制的角度规定，网络运营者为用户办理网络接入、域名注册服务，办理固定电话、移动电话等入网手续，或者为用户提供信息发布、即时通讯等服务，在与用户签订协议或者确认提供服务时，应当要求用户提供真实身份信息。用户不提供真实身份信息的，网络运营者不得为其提供相关服务。国家实施网络可信身份战略，支持研究开发安全、方便的电子身份认证技术，推动不同电子身份认证之间的互认。

6．完善关键信息基础设施安全保护制度

随着信息化的深入推进，关键信息基础设施已经成为社会运转的神经系统。保障这些关键信息系统的安全，不仅仅是保护经济安全，更是保护社会安全、公共安全以及国家安全，保护国家关键信息基础设施也是国际惯例。《网络安全法》对关键信息基础设施的运行安全进行了规定，明确国家对公共通信和信息服务、能源、交通、水利、金融、公共服务、电子政务等重要行业和领域，以及其他一旦遭到破坏、丧失功能或者数据泄露，可能严重危害国家安全、国计民生、公共利益的关键信息基础设施，在网络安全等级保护制度的基础上，实行重点保护。

7．强化预警和应急措施

在当前全社会都普遍使用信息技术的情况下，网络通信管制作为重大突发事件管制措施中的一种，重要性越来越突出。为此，《网络安全法》对建立网络安全监测预警与应急处置制度进行了规定，明确了发生网络安全事件时，有关部门需要采取的措施。《网络安全法》第五十八条规定，因维护国家安全和社会公共秩序，处置重大突发社会安全事件的需要，经国务院决定或者批准，可以在特定区域对网络通信采取限制等临时措施。

9.3　公民个人信息的法律保护

9.3.1　个人信息的法律定义

自数据和信息的概念出现以来，为了更好地规范其发展，世界各国都进行了针对个人信息保护的立法工作。不同国家根据本国自身的法律标准及历史人文习惯，在立法时采用的称谓会有所不同，除个人信息外，常见的还有个人隐私、个人数据、个人资料等。2017年《网络安全法》的正式实施，标志着我国对个人信息的保护逐步走向清晰和明确化。2018年5月1日正式实施的国家标准GB/T 35273—2017《信息安全技术　个人信息安全规范》(最新版本为GB/T 35273—2020)对从事网络信息业务相关人员，特别是互联网金融企业对于个人信息的获取及使用进行了规范。

《网络安全法》第七十六条对个人信息的定义是：个人信息，是指以电子或者其他方式记录的能够单独或者与其他信息结合识别自然人个人身份的各种信息，包括但不限于自然人的姓名、出生日期、身份证件号码、个人生物识别信息、住址、电话号码等。

《信息安全技术　个人信息安全规范》对个人信息的定义是：个人信息是指以电子或者其他方式记录的能够单独或者与其他信息结合识别特定自然人身份或者反映特定自然人活

动情况的各种信息，如姓名、出生日期、身份证件号码、个人生物识别信息、住址、通信通讯联系方式、通信记录和内容、账号密码、财产信息、征信信息、行踪轨迹、住宿信息、健康生理信息、交易信息等。

《信息安全技术　个人信息安全规范》认为判定某项信息是否属于个人信息，应考虑以下两条路径：一是识别，即从信息到个人，由信息本身的特殊性识别出特定自然人，个人信息应有助于识别出特定个人；二是关联，即从个人到信息，如已知特定自然人，由该特定自然人在其活动中产生的信息(如个人位置信息、个人通话记录、个人浏览记录等)即为个人信息。符合上述两种情形之一的信息，均应判定为个人信息。《信息安全技术　个人信息安全规范》附录中个人信息举例如表 9-2 所示。

表 9-2　个人信息举例

项目	举例
个人基本资料	个人姓名、生日、性别、民族、国籍、家庭关系、住址、个人电话号码、电子邮件地址等
个人身份信息	身份证、军官证、护照、驾驶证、工作证、出入证、社保卡、居住证等
个人生物识别信息	个人基因、指纹、声纹、掌纹、耳郭、虹膜、面部特征等
网络身份标识信息	个人信息主体账号、IP 地址、个人数字证书等
个人健康生理信息	个人因生病医治等产生的相关记录，如病症、住院志、医嘱单、检验报告、手术及麻醉记录、护理记录、用药记录、药物食物过敏信息、生育信息、以往病史、诊治情况、家族病史、现病史、传染病史等，以及与个人身体健康状况相关的信息，及体重、身高、肺活量等
个人教育工作信息	个人职业、职位、工作单位、学历、学位、教育经历、工作经历、培训记录、成绩单等
个人财产信息	银行账号、鉴别信息(口令)、存款信息(包括资金数量、支付收款记录等)、房产信息、信贷记录、征信信息、交易和消费记录、流水记录等，以及虚拟货币、虚拟交易、游戏类兑换码等虚拟财产信息
个人通信信息	通信记录和内容、短信、彩信、电子邮件，以及描述个人通信的数据(通常称为元数据)等
联系人信息	通讯录、好友列表、群列表、电子邮件地址列表等
个人上网记录	指通过日志储存的个人信息主体操作记录，包括网站浏览记录、软件使用记录、点击记录、收藏列表等
个人常用设备信息	指包括硬件序列号、设备 MAC 地址、软件列表、唯一设备识别码(如 IMEI/Android ID/IDFA/OpenUDID/GUID/SIM 卡 IMSI 信息等)等在内的描述个人常用设备基本情况的信息
个人位置信息	包括行踪轨迹、精准定位信息、住宿信息、经纬度等
其他信息	婚史、宗教信仰、性取向、未公开的违法犯罪记录等

9.3.2　个人信息的保护体系

目前，我国对个人信息的保护体现在法律法规、国家标准、行政监管及行业自律等方面。

1. 法律法规

我国最早规定个人信息保护的法律文件是 2004 年 1 月 1 日实施的《中华人民共和国居

民身份证法》，2021 年 11 月 1 日实施的《个人信息保护法》是我国第一部个人信息保护方面的专门法律，与《中华人民共和国民法典》(以下简称《民法典》)、《网络安全法》等法律法规共同构建起了个人信息保护的法治堤坝。

(1) 民法层面。

我国涉及个人信息保护的民事法律主要包括《民法典》《电子商务法》《消费者权益保护法》等。2020 年 5 月第十三届全国人民代表大会第三次会议通过的《民法典》规定，“自然人的个人信息受法律保护。任何组织或者个人需要获取他人个人信息的，应当依法取得并确保信息安全，不得非法收集、使用、加工、传输他人个人信息，不得非法买卖、提供或者公开他人个人信息”。2013 年修正的《消费者权益保护法》规定了经营者收集、使用消费者个人信息的原则、方式、要求、保密义务和法律责任。2019 年 1 月 1 日起实施的《电子商务法》第二十三条指出，“电子商务经营者收集、使用其用户的个人信息，应当遵守法律、行政法规有关个人信息保护的规定”。

(2) 刑法层面。

2009 年 2 月 28 日起实施的《刑法修正案(七)》首次将个人信息纳入保护范围。《最高人民法院、最高人民检察院关于执行〈中华人民共和国刑法〉确定罪名的补充规定(四)》进一步确定了侵犯公民个人信息犯罪的罪名，即“出售、非法提供公民个人信息罪和非法获取公民个人信息罪”。2015 年 11 月 1 日起实施的《中华人民共和国刑法修正案(九)》将《中华人民共和国刑法》(以下简称《刑法》)第二百五十三条关于个人信息犯罪的规定修改为：“违反国家有关规定，向他人出售或者提供公民个人信息，情节严重的，处三年以下有期徒刑或者拘役，并处或者单处罚金；情节特别严重的，处三年以上七年以下有期徒刑，并处罚金。”“违反国家有关规定，将在履行职责或者提供服务过程中获得的公民个人信息，出售或者提供给他人的，依照前款的规定从重处罚。”“窃取或者以其他方法非法获取公民个人信息的，依照第一款的规定处罚。”“单位犯前三款罪的，对单位判处罚金，并对其直接负责的主管人员和其他直接责任人员，依照各该款的规定处罚。”2017 年 5 月发布的《最高人民法院、最高人民检察院关于办理侵犯公民个人信息刑事案件适用法律若干问题的解释》进一步明确了“公民个人信息”的含义，以及对“提供公民个人信息”“情节严重”“情节特别严重”“以其他方法非法获取公民个人信息”等情形的认定标准。

(3)《网络安全法》对个人信息的保护。

《网络安全法》对个人信息的保护主要包括以下几个方面。

① 第四十条规定：“网络运营者应当对其收集的用户信息严格保密，并建立健全用户信息保护制度。”

② 第四十一条规定：“网络运营者收集、使用个人信息，应当遵循合法、正当、必要的原则，公开收集、使用规则，明示收集、使用信息的目的、方式和范围，并经被收集者同意。网络运营者不得收集与其提供的服务无关的个人信息，不得违反法律、行政法规的规定和双方的约定收集、使用个人信息，并应当依照法律、行政法规的规定和与用户的约定，处理其保存的个人信息。”

③ 第四十二条规定：“网络运营者不得泄露、篡改、毁损其收集的个人信息；未经被收集者同意，不得向他人提供个人信息。但是，经过处理无法识别特定个人且不能复原的除外。网络运营者应当采取技术措施和其他必要措施，确保其收集的个人信息安全，防止信息泄

露、毁损、丢失。在发生或者可能发生个人信息泄露、毁损、丢失的情况时,应当立即采取补救措施,按照规定及时告知用户并向有关主管部门报告。"

④ 第四十三条规定:"个人发现网络运营者违反法律、行政法规的规定或者双方的约定收集、使用其个人信息的,有权要求网络运营者删除其个人信息;发现网络运营者收集、存储的其个人信息有错误的,有权要求网络运营者予以更正。网络运营者应当采取措施予以删除或者更正。"

⑤ 第四十四条规定:"任何个人和组织不得窃取或者以其他非法方式获取个人信息,不得非法出售或者非法向他人提供个人信息。"

⑥ 第四十五条规定:"依法负有网络安全监督管理职责的部门及其工作人员,必须对在履行职责中知悉的个人信息、隐私和商业秘密严格保密,不得泄露、出售或者非法向他人提供。"

(4)《个人信息保护法》对个人信息的保护。

《个人信息保护法》包括总则、个人信息处理规则(一般规定、敏感个人信息的处理规则、国家机关处理个人信息的特别规定)、个人信息跨境提供的规则、个人在个人信息处理活动中的权利、个人信息处理者的义务、履行个人信息保护职责的部门、法律责任、附则,共八章,重点内容如下。

① 采取一般个人信息与敏感个人信息分级保护。《个人信息保护法》将生物识别、宗教信仰、特定身份、医疗健康、金融账户、行踪轨迹等信息列为敏感个人信息。处理个人信息,应取得个人同意,不得误导、欺诈、胁迫等;个人信息处理者不得以个人不同意处理其个人信息或者撤回同意为由,拒绝提供产品或者服务;个人信息处理者应当提供便捷的撤回同意的方式。只有在具有特定的目的和充分的必要性,并采取严格保护措施的情形下,个人信息处理者方可处理敏感个人信息;除告知处理一般个人信息应当告知的内容外,还应当告知处理敏感个人信息的必要性以及对个人权益的影响,依照本法规定可以不向个人告知的除外。

② 扩大个人信息处理的合法性基础。除取得个人同意外,符合下列情形之一的,个人信息处理者可处理个人信息:为订立、履行个人作为一方当事人的合同所必需,或者按照依法制定的劳动规章制度和依法签订的集体合同实施人力资源管理所必需;为履行法定职责或者法定义务所必需;为应对突发公共卫生事件,或者紧急情况下为保护自然人的生命健康和财产安全所必需;为公共利益实施新闻报道、舆论监督等行为,在合理的范围内处理个人信息;依照本法规定在合理的范围内处理个人自行公开或者其他已经合法公开的个人信息;法律、行政法规规定的其他情形。

③ 明确个人信息跨境提供的规则。关键信息基础设施运营者和处理个人信息达到国家网信部门规定数量的个人信息处理者,应当将在中华人民共和国境内收集和产生的个人信息存储在境内。非经中华人民共和国主管机关批准,个人信息处理者不得向外国司法或者执法机构提供存储于中华人民共和国境内的个人信息。

④ 新设个人信息可携带权。个人请求将个人信息转移至其指定的个人信息处理者,符合国家网信部门规定条件的,个人信息处理者应当提供转移的途径。

⑤ 完善近亲属行使死者个人信息权利的要求。自然人死亡的,其近亲属为了自身的合法、正当利益,可以对死者的相关个人信息行使本法第四章规定的查阅、复制、更正、删除等权利;死者生前另有安排的除外。

⑥ 明确个人信息处理者的义务，区分大小型个人信息处理者。提供重要互联网平台服务、用户数量巨大、业务类型复杂的个人信息处理者，应当履行下列义务：按照国家规定建立健全个人信息保护合规制度体系，成立主要由外部成员组成的独立机构对个人信息保护情况进行监督；遵循公开、公平、公正的原则，制定平台规则，明确平台内产品或者服务提供者处理个人信息的规范和保护个人信息的义务；对严重违反法律、行政法规处理个人信息的平台内的产品或者服务提供者，停止提供服务；定期发布个人信息保护社会责任报告，接受社会监督。

⑦ 衔接民法、行政法、刑法，明确法律责任。违反《个人信息保护法》规定处理个人信息，或者处理个人信息未履行《个人信息保护法》规定的个人信息保护义务的，由履行个人信息保护职责的部门责令改正，给予警告，没收违法所得，对违法处理个人信息的应用程序，责令暂停或者终止提供服务；拒不改正的，并处一百万元以下罚款；对直接负责的主管人员和其他直接责任人员处一万元以上十万元以下罚款；情节严重的，由省级以上履行个人信息保护职责的部门责令改正，没收违法所得，并处五千万元以下或者上一年度营业额百分之五以下罚款，并可以责令暂停相关业务或者停业整顿、通报有关主管部门吊销相关业务许可或者吊销营业执照；对直接负责的主管人员和其他直接责任人员处十万元以上一百万元以下罚款，并可以决定禁止其在一定期限内担任相关企业的董事、监事、高级管理人员和个人信息保护负责人。

2. 国家标准

我国发布的第一个个人信息保护国家标准是 2013 年实施的《信息安全技术　公共及商用服务信息系统个人信息保护指南》(GB/T 28828—2012)，该标准规定“收集个人敏感信息时，要得到个人信息主体的明示同意”。《信息安全技术　个人信息安全规范》(GB/T 35273—2020)规范了个人信息控制者在收集、存储、使用、共享、转让、公开披露等信息处理环节中的相关行为。《信息安全技术　个人信息安全规范》规定个人信息控制者开展个人信息处理活动应遵循合法、正当、必要的原则，具体包括以下几个方面。

(1) 权责一致——采取技术和其他必要的措施保障个人信息的安全，对其个人信息处理活动对个人信息主体合法权益造成的损害承担责任。

(2) 目的明确——具有明确、清晰、具体的个人信息处理目的。

(3) 选择同意——向个人信息主体明示个人信息处理目的、方式、范围等规则，征求其授权同意。

(4) 最小必要——只处理满足个人信息主体授权同意的目的所需的最少个人信息类型和数量。目的达成后，应及时删除个人信息。

(5) 公开透明——以明确、易懂和合理的方式公开处理个人信息的范围、目的、规则等，并接受外部监督。

(6) 确保安全——具备与所面临的安全风险相匹配的安全能力，并采取足够的管理措施和技术手段，保护个人信息的保密性、完整性、可用性。

(7) 主体参与——向个人信息主体提供能够查询、更正、删除其个人信息，以及撤回授权同意、注销账户、投诉等方法。

3. 行政监管

目前我国对个人信息保护的行政监管也越来越严格。2017 年 7 月，中央网信办、工信部、公安部、国家标准委等四部门联合开展了提升个人信息保护的隐私条款专项工作，对微信、新浪微博、淘宝、京东商城、支付宝等网络产品和服务的隐私条款进行评审，以带动行业整体个人信息保护水平的提升。2019 年 1 月，《中央网信办、工业和信息化部、公安部、市场监管总局关于开展 App 违法违规收集使用个人信息专项治理的公告》发布，App 违法违规收集使用个人信息专项治理工作组成立，至 2019 年 9 月，该工作组已经评估近 600 款用户量大、与民众生活密切相关的 App，并向其中问题严重的 200 余款 App 运营者告知评估结果，建议其及时整改。2021 年 3 月 22 日，国家互联网信息办公室秘书局、工业和信息化部办公厅、公安部办公厅、国家市场监督管理总局办公厅印发《常见类型移动互联网应用程序必要个人信息范围规定》，明确移动互联网应用程序运营者不得因用户不同意收集非必要个人信息，而拒绝用户使用 App 基本功能服务；明确了 39 种常见类型 App 的必要个人信息范围。2019 年 3 月，国家市场监督管理总局、中央网信办联合开展了 App 安全认证工作，旨在规范 App 收集和使用用户信息特别是个人信息的行为，加强个人信息安全保护，加强对违法违规收集使用个人信息行为的监管和处罚，包括责令有关 App 运营者限期整改，逾期不改的，公开曝光；情节严重的，依法暂停相关业务、停业整顿、吊销相关业务许可证或者吊销营业执照。

4. 行业自律

2018 年 1 月中国互联网协会成立个人信息保护工作委员会，主要开展法律法规研究、个人信息保护领域公众监督、个人信息保护领域行业自律、相关课题研究等工作，并为政府部门执法及行业监管提供支撑。2021 年 11 月 1 日，中国互联网协会发布个人信息保护倡议书，倡议开展合规审计评估，接受社会公众监督。确保个人信息处理合法合规，预防和处置侵害个人信息权益行为，发现问题及时采取补救措施。

9.4 网络知识产权的法律保护

9.4.1 著作权的法律保护

目前我国保护网络著作权的法律主要是《中华人民共和国著作权法》(以下简称《著作权法》)，《信息网络传播权保护条例》对通过信息网络传播他人作品也做出了相应规定。

1. 著作权保护的客体

根据《著作权法》第二条，中国公民、法人或者非法人组织的作品，不论是否发表，都依法享有著作权。根据《著作权法》第三条，受保护的作品主要包括：

① 文字作品；

② 口述作品；

③ 音乐、戏剧、曲艺、舞蹈、杂技艺术作品；

④ 美术、建筑作品；

⑤ 摄影作品；

⑥ 视听作品；

⑦ 工程设计图、产品设计图、地图、示意图等图形作品和模型作品；

⑧ 计算机软件；

⑨ 符合作品特征的其他智力成果。

2. 著作权的内容

《著作权法》第十条规定，著作权包括下列人身权和财产权：

① 发表权，即决定作品是否公之于众的权利；

② 署名权，即表明作者身份，在作品上署名的权利；

③ 修改权，即修改或者授权他人修改作品的权利；

④ 保护作品完整权，即保护作品不受歪曲、篡改的权利；

⑤ 复制权，即以印刷、复印、拓印、录音、录像、翻录、翻拍、数字化等方式将作品制作一份或者多份的权利；

⑥ 发行权，即以出售或者赠与方式向公众提供作品的原件或者复制件的权利；

⑦ 出租权，即有偿许可他人临时使用视听作品、计算机软件的原件或者复制件的权利，计算机软件不是出租的主要标的的除外；

⑧ 展览权，即公开陈列美术作品、摄影作品的原件或者复制件的权利；

⑨ 表演权，即公开表演作品，以及用各种手段公开播送作品的表演的权利；

⑩ 放映权，即通过放映机、幻灯机等技术设备公开再现美术、摄影、视听作品等的权利；

⑪ 广播权，即以有线或者无线方式公开传播或者转播作品，以及通过扩音器或者其他传送符号、声音、图像的类似工具向公众传播广播的作品的权利，但不包括第十二项规定的权利；

⑫ 信息网络传播权，即以有线或者无线方式向公众提供，使公众可以在其选定的时间和地点获得作品的权利；

⑬ 摄制权，即以摄制视听作品的方法将作品固定在载体上的权利；

⑭ 改编权，即改变作品，创作出具有独创性的新作品的权利；

⑮ 翻译权，即将作品从一种语言文字转换成另一种语言文字的权利；

⑯ 汇编权，即将作品或者作品的片段通过选择或者编排，汇集成新作品的权利；

⑰ 应当由著作权人享有的其他权利。

根据《著作权法》的规定，作者的署名权、修改权、保护作品完整权的保护期不受限制。自然人的作品，其发表权及第十条第一款第五项至第十七项规定的权利的保护期为作者终生及其死亡后五十年，截止于作者死亡后第五十年的12月31日；如果是合作作品，截止于最后死亡的作者死亡后第五十年的12月31日。著作权人可以全部或者部分转让除发表权、署名权、修改权、保护作品完整权外的权利，并依照约定或《著作权法》有关规定获得报酬。

根据《信息网络传播权保护条例》的规定，除法律、行政法规另有规定的外，任何组织或者个人将他人的作品、表演、录音录像制品通过信息网络向公众提供，应当取得权利人许可，并支付报酬。为了保护信息网络传播权，权利人可以采取技术措施。任何组织或者个人不得故意避开或者破坏技术措施，不得故意制造、进口或者向公众提供主要用于避开或者破坏技术措施的装置或者部件，不得故意为他人避开或者破坏技术措施提供技术服务。但是，法律、行政法规规定可以避开的除外。

3. 网络作品的合理使用

根据《信息网络传播权保护条例》的规定，通过信息网络提供他人作品，属于下列情形的，可以不经著作权人许可，不向其支付报酬。

① 为介绍、评论某一作品或者说明某一问题，在向公众提供的作品中适当引用已经发表的作品；

② 为报道时事新闻，在向公众提供的作品中不可避免地再现或者引用已经发表的作品；

③ 为学校课堂教学或者科学研究，向少数教学、科研人员提供少量已经发表的作品；

④ 国家机关为执行公务，在合理范围内向公众提供已经发表的作品；

⑤ 将中国公民、法人或者其他组织已经发表的、以汉语言文字创作的作品翻译成的少数民族语言文字作品，向中国境内少数民族提供；

⑥ 不以营利为目的，以盲人能够感知的独特方式向盲人提供已经发表的文字作品；

⑦ 向公众提供在信息网络上已经发表的关于政治、经济问题的时事性文章；

⑧ 向公众提供在公众集会上发表的讲话。

另外，图书馆、档案馆、纪念馆、博物馆、美术馆等可以不经著作权人许可，通过信息网络向本馆馆舍内服务对象提供本馆收藏的合法出版的数字作品和依法为陈列或者保存版本的需要以数字化形式复制的作品，不向其支付报酬，但不得直接或者间接获得经济利益。为通过信息网络实施九年制义务教育或者国家教育规划，可以不经著作权人许可，使用其已经发表作品的片断或者短小的文字作品、音乐作品或者单幅的美术作品、摄影作品制作课件，由制作课件或者依法取得课件的远程教育机构通过信息网络向注册学生提供，但应当向著作权人支付报酬。为扶助贫困，通过信息网络向农村地区的公众免费提供中国公民、法人或者其他组织已经发表的种植养殖、防病治病、防灾减灾等与扶助贫困有关的作品和适应基本文化需求的作品，网络服务提供者应当在提供前公告拟提供的作品及其作者、拟支付报酬的标准。自公告之日起满 30 日，著作权人没有异议的，网络服务提供者可以提供其作品，并按照公告的标准向著作权人支付报酬。

4. 网络著作权侵权的法律责任

根据《信息网络传播权保护条例》的规定，有下列侵权行为之一的，根据情况承担停止侵害、消除影响、赔礼道歉、赔偿损失等民事责任；同时损害公共利益的，可以由著作权行政管理部门责令停止侵权行为，没收违法所得，非法经营额 5 万元以上的，可处非法经营额 1 倍以上 5 倍以下的罚款；没有非法经营额或者非法经营额 5 万元以下的，根据情节轻重，可处 25 万元以下的罚款；情节严重的，著作权行政管理部门可以没收主要用于提供网络服务的计算机等设备；构成犯罪的，依法追究刑事责任：

① 通过信息网络擅自向公众提供他人的作品、表演、录音录像制品的；

② 故意避开或者破坏技术措施的；

③ 故意删除或者改变通过信息网络向公众提供的作品、表演、录音录像制品的权利管理电子信息，或者通过信息网络向公众提供明知或者应知未经权利人许可而被删除或者改变权利管理电子信息的作品、表演、录音录像制品的；

④ 为扶助贫困通过信息网络向农村地区提供作品、表演、录音录像制品超过规定范围，或者未按照公告的标准支付报酬，或者在权利人不同意提供其作品、表演、录音录像制品后未立即删除的；

⑤ 通过信息网络提供他人的作品、表演、录音录像制品，未指明作品、表演、录音录像制

品的名称或者作者、表演者、录音录像制作者的姓名(名称),或者未支付报酬,或者未依照本条例规定采取技术措施防止服务对象以外的其他人获得他人的作品、表演、录音录像制品,或者未防止服务对象的复制行为对权利人利益造成实质性损害的。

根据《信息网络传播权保护条例》的规定,有下列行为之一的,由著作权行政管理部门予以警告,没收违法所得,没收主要用于避开、破坏技术措施的装置或者部件;情节严重的,可以没收主要用于提供网络服务的计算机等设备;非法经营额 5 万元以上的,可处非法经营额 1 倍以上 5 倍以下的罚款;没有非法经营额或者非法经营额 5 万元以下的,根据情节轻重,可处 25 万元以下的罚款;构成犯罪的,依法追究刑事责任:

① 故意制造、进口或者向他人提供主要用于避开、破坏技术措施的装置或者部件,或者故意为他人避开或者破坏技术措施提供技术服务的;

② 通过信息网络提供他人的作品、表演、录音录像制品,获得经济利益的;

③ 为扶助贫困通过信息网络向农村地区提供作品、表演、录音录像制品,未在提供前公告作品、表演、录音录像制品的名称和作者、表演者、录音录像制作者的姓名(名称)以及报酬标准的。

9.4.2　工业产权的法律保护

工业产权是指人们依法对应用于商品生产和流通中的创造发明和显著标记等智力成果,在一定地区和期限内享有的专有权。这里我们主要介绍专利权和商标权的法律保护。

1. 专利权的法律保护

我国对于专利权的保护主要依据《中华人民共和国专利法》(以下简称《专利法》)。我国专利权的客体包括发明、实用新型和外观设计。发明,是指对产品、方法或者其改进所提出的新的技术方案。实用新型,是指对产品的形状、构造或者其结合所提出的适于实用的新的技术方案。外观设计,是指对产品的整体或者局部的形状、图案或者其结合以及色彩与形状、图案的结合所作出的富有美感并适于工业应用的新设计。需要注意的是,纯计算机软件不能申请专利,只能以著作权法进行保护。

根据《专利法》的规定,发明专利权的期限为二十年,实用新型专利权的期限为十年,外观设计专利权的期限为十五年,均自申请日起计算,并且专利权人应当自被授予专利权的当年开始缴纳年费。发明和实用新型专利权被授予后,除本法另有规定的以外,任何单位或者个人未经专利权人许可,都不得实施其专利,即不得为生产经营目的制造、使用、许诺销售、销售、进口其专利产品,或者使用其专利方法以及使用、许诺销售、销售、进口依照该专利方法直接获得的产品。外观设计专利权被授予后,任何单位或者个人未经专利权人许可,都不得实施其专利,即不得为生产经营目的制造、许诺销售、销售、进口其外观设计专利产品。任何单位或者个人实施他人专利的,应当与专利权人订立实施许可合同,向专利权人支付专利使用费。被许可人无权允许合同规定以外的任何单位或者个人实施该专利。

2. 商标权的法律保护

我国对于商标权的保护主要依据《中华人民共和国商标法》(以下简称《商标法》)。将他人注册商标、未注册的驰名商标作为企业名称中的字号使用,误导公众,构成不正当竞争行为的,依照《中华人民共和国反不正当竞争法》处理。

根据《商标法》的规定,自然人、法人或者其他组织在生产经营活动中,对其商品或者服务需要取得商标专用权的，应当向商标局申请商标注册。经商标局核准注册的商标为注册商标，包括商品商标、服务商标和集体商标、证明商标；商标注册人享有商标专用权，受法律保护。不以使用为目的的恶意商标注册申请，应当予以驳回。任何能够将自然人、法人或者其他组织的商品与他人的商品区别开的标志，包括文字、图形、字母、数字、三维标志、颜色组合和声音等，以及上述要素的组合，均可以作为商标申请注册。申请注册的商标，应当有显著特征，便于识别，并不得与他人在先取得的合法权利相冲突。注册商标的有效期为十年，自核准注册之日起计算，有效期满需要继续使用的，商标注册人应当在期满前十二个月内按照规定办理续展手续，每次续展注册的有效期为十年。

根据《商标法》的规定，有下列行为之一的，均属侵犯注册商标专用权。

① 未经商标注册人的许可，在同一种商品上使用与其注册商标相同的商标的；

② 未经商标注册人的许可，在同一种商品上使用与其注册商标近似的商标，或者在类似商品上使用与其注册商标相同或者近似的商标，容易导致混淆的；

③ 销售侵犯注册商标专用权的商品的；

④ 伪造、擅自制造他人注册商标标识或者销售伪造、擅自制造的注册商标标识的；

⑤ 未经商标注册人同意，更换其注册商标并将该更换商标的商品又投入市场的；

⑥ 故意为侵犯他人商标专用权行为提供便利条件，帮助他人实施侵犯商标专用权行为的；

⑦ 给他人的注册商标专用权造成其他损害的。

有上述侵犯注册商标专用权行为之一，引起纠纷的，由当事人协商解决；不愿协商或者协商不成的，商标注册人或者利害关系人可以向人民法院起诉，也可以请求工商行政管理部门处理。

9.4.3 网络域名权的法律保护

从技术上讲，域名只是 Internet 中用于解决网络访问问题的一种方法，而随着网络经济的发展，域名在网络环境中产生了与商标、商号等相类似的一种区别使用人及其服务的标识性功能。恶意注册域名、盗用域名、囤积域名等侵权行为也不断发生。根据《最高人民法院关于审理商标民事纠纷案件适用法律若干问题的解释》的规定，将与他人注册商标相同或者相近似的文字注册为域名，并且通过该域名进行相关商品交易的电子商务，容易使相关公众产生误认的，属于《商标法》规定的给他人的注册商标专用权造成其他损害的行为。

根据《最高人民法院关于审理涉及计算机网络域名民事纠纷案件适用法律若干问题的解释》的规定，对符合以下各项条件的，应当认定被告注册、使用域名等行为构成侵权或者不正当竞争：

① 原告请求保护的民事权益合法有效；

② 被告域名或其主要部分构成对原告驰名商标的复制、模仿、翻译或音译；或者与原告的注册商标、域名等相同或近似，足以造成相关公众的误认；

③ 被告对该域名或其主要部分不享有权益，也无注册、使用该域名的正当理由；

④ 被告对该域名的注册、使用具有恶意。

被告的行为被证明具有下列情形之一的，人民法院应当认定其具有恶意：

① 为商业目的将他人驰名商标注册为域名的；

② 为商业目的注册、使用与原告的注册商标、域名等相同或近似的域名，故意造成与原告提供的产品、服务或者原告网站的混淆，误导网络用户访问其网站或其他在线站点的；

③ 曾要约高价出售、出租或者以其他方式转让该域名获取不正当利益的；

④ 注册域名后自己并不使用也未准备使用，而有意阻止权利人注册该域名的；

⑤ 具有其他恶意情形的。

被告举证证明在纠纷发生前其所持有的域名已经获得一定的知名度，且能与原告的注册商标、域名等相区别，或者具有其他情形足以证明其不具有恶意的，人民法院可以不认定被告具有恶意。

9.4.4 保护网络知识产权应注意的问题

网络空间的开放性使传统的知识产权侵权行为更加便捷，借助网络技术不断出现新的侵权行为，这无疑增加了网络知识产权取证和保护的难度。对于普通公众来说，可能更多地会面临网络著作权保护的问题，在保护自己作品的著作权时，通常应注意以下几个方面。

① 根据《作品自愿登记试行办法》，各省、自治区、直辖市版权局负责本辖区的作者或其他著作权人的作品登记工作。作者或其他享有著作权的公民的所属辖区，原则上以其身份证上住址所在地的所属辖区为准；合作作者及有多个著作权人情况的，以受托登记者所属辖区为准；法人或者非法人单位所属辖区以其营业场所所在地所属辖区为准。作品登记有助于解决因著作权归属造成的著作权纠纷，并为解决著作权纠纷提供初步证据。根据《计算机软件著作权登记办法》，国家著作权行政管理部门鼓励软件登记，并对登记的软件予以重点保护。申请登记的软件应是独立开发的，或者经原著作权人许可对原有软件修改后形成的在功能或者性能方面有重要改进的软件。

② 可以利用技术手段，如数字水印、电子签名等，对网络作品进行标识，从而使作者的身份在作品传播过程中始终能够得到辨析。根据《中华人民共和国电子签名法》的规定，可靠的电子签名与手写签名或者盖章具有同等的法律效力。

③ 应注意保存一切有助于证明作品来源、创作过程的相关资料。如文字作品完成过程中的纸质手稿、写作提纲、思维导图等，摄影作品完成过程中的胶卷底片、数码照片原图等。

④ 在网络上发表作品的作者，一般都需要利用相关网站服务商提供的服务和平台，比如注册成为某论坛的用户、使用网站提供的个人主页或空间等，因此应注意保存相应的网络用户账号和密码。在网络空间发布网络作品时，上传、删除操作通常只能由相应的网络用户账户注册人完成。因此，当事人只要能证明可以顺利地登录相应的网络空间，并能完成修改密码、发表作品等操作，那么在无相反证据证明的情况下，就可以确定其就是网络虚拟身份对应的真实作者。当然，最好通过公证来提升可信度。另外，在相关网站上进行实名认证，使网络服务商可以提供相应的证明，也是增强可信度的有效方法。

9.5 网络空间违法犯罪行为

根据《全国人民代表大会常务委员会关于维护互联网安全的决定》，对利用互联网实施的违法行为，构成犯罪的，依照刑法有关规定追究刑事责任；违反社会治安管理，尚不构成犯罪的，由公安机关依照《中华人民共和国治安管理处罚法》(以下简称《治安管理处罚法》)予以处罚；违反其他法律、行政法规，尚不构成犯罪的，由有关行政管理部门依法给予行政处罚；对直接负责的主管人员和其他直接责任人员，依法给予行政处分或者纪律处分。利用互联网侵犯他人合法权益，构成民事侵权的，依法承担民事责任。

9.5.1 网络犯罪行为

根据《刑法》第二百八十七条，利用计算机实施金融诈骗、盗窃、贪污、挪用公款、窃取国家秘密或者其他犯罪的，依照本法有关规定定罪处罚。另外，《刑法》对具体的网络犯罪行为也进行了规定，主要涉及以下几个方面。

1. 侮辱罪，诽谤罪

《刑法》第二百四十六条规定，以暴力或者其他方法公然侮辱他人或者捏造事实诽谤他人，情节严重的，处三年以下有期徒刑、拘役、管制或者剥夺政治权利。

前款罪，告诉的才处理，但是严重危害社会秩序和国家利益的除外。

通过信息网络实施第一款规定的行为，被害人向人民法院告诉，但提供证据确有困难的，人民法院可以要求公安机关提供协助。

2. 盗窃罪

以牟利为目的，盗接他人通信线路、复制他人电信码号或者明知是盗接、复制的电信设备、设施而使用的，依照《刑法》第二百六十四条的规定定罪处罚(《刑法》第二百六十四条规定，盗窃公私财物，数额较大的，或者多次盗窃、入户盗窃、携带凶器盗窃、扒窃的，处三年以下有期徒刑、拘役或者管制，并处或者单处罚金；数额巨大或者有其他严重情节的，处三年以上十年以下有期徒刑，并处罚金；数额特别巨大或者有其他特别严重情节的，处十年以上有期徒刑或者无期徒刑，并处罚金或者没收财产)。

3. 非法侵入计算机信息系统罪，非法获取计算机信息系统数据、非法控制计算机信息系统罪，提供侵入、非法控制计算机信息系统程序、工具罪

① 非法侵入计算机信息系统罪。违反国家规定，侵入国家事务、国防建设、尖端科学技术领域的计算机信息系统的，处三年以下有期徒刑或者拘役。

② 非法获取计算机信息系统数据、非法控制计算机信息系统罪。违反国家规定，侵入前款规定以外的计算机信息系统或者采用其他技术手段，获取该计算机信息系统中存储、处理或者传输的数据，或者对该计算机信息系统实施非法控制，情节严重的，处三年以下有期徒刑或者拘役，并处或者单处罚金；情节特别严重的，处三年以上七年以下有期徒刑，并处罚金。

③ 提供侵入、非法控制计算机信息系统程序、工具罪。提供专门用于侵入、非法控制计算机信息系统的程序、工具，或者明知他人实施侵入、非法控制计算机信息系统的违法犯罪行为而为其提供程序、工具，情节严重的，依照前款的规定处罚。

单位犯以上三款罪的，对单位判处罚金，并对其直接负责的主管人员和其他直接责任人员，依照各该款的规定处罚。

4. 破坏计算机信息系统罪

① 违反国家规定，对计算机信息系统功能进行删除、修改、增加、干扰，造成计算机信息

系统不能正常运行，后果严重的，处五年以下有期徒刑或者拘役；后果特别严重的，处五年以上有期徒刑。

② 违反国家规定，对计算机信息系统中存储、处理或者传输的数据和应用程序进行删除、修改、增加的操作，后果严重的，依照前款的规定处罚。

③ 故意制作、传播计算机病毒等破坏性程序，影响计算机系统正常运行，后果严重的，依照第一款的规定处罚。

单位犯以上三款罪的，对单位判处罚金，并对其直接负责的主管人员和其他直接责任人员，依照第一款的规定处罚。

5. 拒不履行信息网络安全管理义务罪

网络服务提供者不履行法律、行政法规规定的信息网络安全管理义务，经监管部门责令采取改正措施而拒不改正，有下列情形之一的，处三年以下有期徒刑、拘役或者管制，并处或者单处罚金：① 致使违法信息大量传播的；② 致使用户信息泄露，造成严重后果的；③ 致使刑事案件证据灭失，情节严重的；④ 有其他严重情节的。

单位犯前款罪的，对单位判处罚金，并对其直接负责的主管人员和其他直接责任人员，依照前款的规定处罚。

有前两款行为，同时构成其他犯罪的，依照处罚较重的规定定罪处罚。

6. 非法利用信息网络罪

利用信息网络实施下列行为之一，情节严重的，处三年以下有期徒刑或者拘役，并处或者单处罚金：① 设立用于实施诈骗、传授犯罪方法、制作或者销售违禁物品、管制物品等违法犯罪活动的网站、通讯群组的；② 发布有关制作或者销售毒品、枪支、淫秽物品等违禁物品、管制物品或者其他违法犯罪信息的；③ 为实施诈骗等违法犯罪活动发布信息的。

单位犯前款罪的，对单位判处罚金，并对其直接负责的主管人员和其他直接责任人员，依照第一款的规定处罚。

有前两款行为，同时构成其他犯罪的，依照处罚较重的规定定罪处罚。

7. 帮助信息网络犯罪活动罪

明知他人利用信息网络实施犯罪，为其犯罪提供互联网接入、服务器托管、网络存储、通讯传输等技术支持，或者提供广告推广、支付结算等帮助，情节严重的，处三年以下有期徒刑或者拘役，并处或者单处罚金。

单位犯前款罪的，对单位判处罚金，并对其直接负责的主管人员和其他直接责任人员，依照第一款的规定处罚。

有前两款行为，同时构成其他犯罪的，依照处罚较重的规定定罪处罚。

8. 扰乱无线电通讯管理秩序罪

违反国家规定，擅自设置、使用无线电台（站），或者擅自使用无线电频率，干扰无线电通讯秩序，情节严重的，处三年以下有期徒刑、拘役或者管制，并处或者单处罚金；情节特别严重的，处三年以上七年以下有期徒刑，并处罚金。

单位犯前款罪的，对单位判处罚金，并对其直接负责的主管人员和其他直接责任人员，依照前款的规定处罚。

9. 投放虚假危险物质罪，编造、故意传播虚假恐怖信息罪

投放虚假的爆炸性、毒害性、放射性、传染病病原体等物质，或者编造爆炸威胁、生化威

胁、放射威胁等恐怖信息，或者明知是编造的恐怖信息而故意传播，严重扰乱社会秩序的，处五年以下有期徒刑、拘役或者管制；造成严重后果的，处五年以上有期徒刑。

编造虚假的险情、疫情、灾情、警情，在信息网络或者其他媒体上传播，或者明知是上述虚假信息，故意在信息网络或者其他媒体上传播，严重扰乱社会秩序的，处三年以下有期徒刑、拘役或者管制；造成严重后果的，处三年以上七年以下有期徒刑。

9.5.2 违反治安管理行为

扰乱公共秩序，妨害公共安全，侵犯人身权利、财产权利，妨害社会管理，具有社会危害性，依照《刑法》的规定构成犯罪的，依法追究刑事责任；尚不够刑事处罚的，由公安机关依照《治安管理处罚法》给予治安管理处罚。《治安管理处罚法》对于涉及网络空间的违反治安管理行为，主要有以下规定。

(1) 违反国家规定，故意干扰无线电业务正常进行的，或者对正常运行的无线电台(站)产生有害干扰，经有关主管部门指出后，拒不采取有效措施消除的，处五日以上十日以下拘留；情节严重的，处十日以上十五日以下拘留。

(2) 有下列行为之一的，处五日以下拘留；情节较重的，处五日以上十日以下拘留：① 违反国家规定，侵入计算机信息系统，造成危害的；② 违反国家规定，对计算机信息系统功能进行删除、修改、增加、干扰，造成计算机信息系统不能正常运行的；③ 违反国家规定，对计算机信息系统中存储、处理、传输的数据和应用程序进行删除、修改、增加的；④ 故意制作、传播计算机病毒等破坏性程序，影响计算机信息系统正常运行的。

(3) 有下列行为之一的，处五日以下拘留或者 500 元以下罚款；情节较重的，处五日以上十日以下拘留，可以并处 500 元以下罚款：① 写恐吓信或者以其他方法威胁他人人身安全的；② 公然侮辱他人或者捏造事实诽谤他人的；③ 捏造事实诬告陷害他人，企图使他人受到刑事追究或者受到治安管理处罚的；④ 对证人及其近亲属进行威胁、侮辱、殴打或者打击报复的；⑤ 多次发送淫秽、侮辱、恐吓或者其他信息，干扰他人正常生活的；⑥ 偷窥、偷拍、窃听、散布他人隐私的。

(4) 煽动民族仇恨、民族歧视，或者在出版物、计算机信息网络中刊载民族歧视、侮辱内容的，处十日以上十五日以下拘留，可以并处 1000 元以下罚款。

(5) 冒领、隐匿、毁弃、私自开拆或者非法检查他人邮件的，处五日以下拘留或者 500 元以下罚款。

(6) 制作、运输、复制、出售、出租淫秽的书刊、图片、影片、音像制品等淫秽物品或者利用计算机信息网络、电话以及其他通信工具传播淫秽信息的，处十日以上十五日以下拘留，可以并处 3000 元以下罚款；情节较轻的，处五日以下拘留或者 500 元以下罚款。

9.5.3 网络违法犯罪举报

网络违法犯罪举报网站的版权属于中华人民共和国公安部，其主页面如图 9-1 所示。该网站受理涉嫌违反《全国人民代表大会常务委员会关于维护互联网安全的决定》《刑法》《治安管理处罚法》《互联网信息服务管理办法》等法律法规有关条款规定，利用互联网或针对网络信息系统从事违法犯罪行为的线索，具体行为包括：

① 侵入国家事务、国防建设、尖端科学技术领域的计算机信息系统；

图 9-1　网络违法犯罪举报网站主页面

② 故意制作、传播计算机病毒等破坏性程序，攻击计算机系统及通信网络，致使计算机系统及通信网络遭受损害；

③ 利用互联网进行邪教组织活动的；

④ 利用互联网捏造或者歪曲事实、散布谣言，扰乱社会秩序的；

⑤ 利用互联网建立淫秽色情网站、网页，提供淫秽站点链接，传播淫秽色情信息，组织网上淫秽色情的；

⑥ 利用互联网引诱、介绍他人卖淫的；

⑦ 利用互联网进行诈骗的；

⑧ 利用互联网进行赌博的；

⑨ 利用互联网贩卖枪支、弹药、毒品等违禁物品以及管制刀具的；

⑩ 利用互联网贩卖居民身份证、假币、假发票、假证，组织他人出卖人体器官的；

此外，该网站欢迎并鼓励广大网民积极举报网上含有宣扬“暴力夺取政权、建立东突国家”“对异教徒圣战”等暴力恐怖思想和宗教极端思想，传授制枪、制爆、制毒方法，教唆、煽动实施暴力恐怖活动等音视频信息。

该网站提供注册举报和非注册举报两种方式。具体举报流程可单击网站主页面的“举报须知”查看，这里不再赘述。

第10章　共筑清朗网络空间

【本章导读】

近年来，从开展“净网”“剑网”“护苗”等治理行动，到大力清除低俗网络直播节目及其他有害内容；从坚决抵制历史虚无主义，到弘扬缅怀英烈、尊崇英雄的新风尚，一系列的举措有效地改善了网络生态，赢得了社会各界的称赞。营造清朗网络空间，需要各个方面担当尽责，在任何人都不能置身网外的今天，每一个人都应该是清朗网络空间的建设者。

互联网影响和塑造着青年，青年也影响和塑造着互联网。构建清朗网络空间，让互联网成为真实便捷的知识库、温暖可靠的朋友圈、文明理性的舆论场，是青年应担负起的责任。

让我们依法上网，严格自律，提高媒介素养。

让我们文明上网，传播美好，弘扬新风尚。

让我们理性上网，明辨是非，释放正能量。

那么，我们该如何共筑清朗网络空间呢？

10.1 网络空间治理

人类已进入互联网时代,网络空间是人类生存和国家发展的新空间,网络空间治理已经成为国家治理和全球治理的新的组成部分。党的十八大以来,习近平总书记围绕如何认识互联网、如何治理和发展互联网等发表了许多重要论述,系统回答了网络空间治理的一系列基本问题,具有重要的指导意义。

10.1.1 对网络空间的科学认识

1. 互联网在人类文明发展中的重要地位

互联网的发展日新月异,全面融入了社会生产和人民生活,深刻改变着全球的经济格局、利益格局和安全格局。习近平总书记从人类社会发展的视角,对互联网在人类文明发展中的地位进行了阐述。2015年12月16日,习近平总书记在浙江省乌镇视察“互联网之光”博览会时指出:“互联网是20世纪最伟大的发明之一,给人们的生产生活带来巨大变化,对很多领域的创新发展起到很强带动作用。”2016年4月19日,习近平总书记在网络安全和信息化工作座谈会发表的重要讲话中指出:“信息革命则增强了人类脑力,带来生产力又一次质的飞跃,对国际政治、经济、文化、社会、生态、军事等领域发展产生了深刻影响。”2019年10月20日,习近平总书记在致第六届世界互联网大会开幕的贺信中指出:“人工智能、大数据、物联网等新技术新应用新业态方兴未艾,互联网迎来了更加强劲的发展动能和更加广阔的发展空间。”

2. 网络空间与现实空间

习近平总书记不只是将互联网看作一种新技术,更是将互联网作为人类生存和国家发展的新空间,他在第二届世界互联网大会开幕式上的讲话中指出:“以互联网为代表的信息技术日新月异,引领了社会生产新变革,创造了人类生活新空间,拓展了国家治理新领域,极大提高了人类认识世界、改造世界的能力。”这段论述表明网络空间已成为与领土、领海、领空和太空等现实空间并行存在的一个新空间,是人类生存和国家发展利益所在。必须树立网络空间思维,使网络空间与现实空间共同有效地服务于人类生存和国家发展。

网络空间是人类以技术为基础建构的空间,具有鲜明的虚拟性特征。虽然人在网络空间中是以数字化的形式出现的,但其活动却是现实空间中人格和利益的反映。习近平总书记指出:“互联网虽然是无形的,但运用互联网的人们都是有形的”“网络空间是虚拟的,但运用网络空间的主体是现实的”。这些论述揭示了网络空间和现实空间之间的辩证关系,网络空间的虚拟是相对的,网络空间基于现实空间、反映现实空间,又反作用于现实空间。人类在网络空间中从事各种活动,使网络空间附加了一系列历史的、现实的,甚至是想象的社会性元素,成为一个充满着复杂社会关系的社会空间,具有政治、经济、文化、军事等价值。由于网络空间和现实空间的辩证关系以及网络空间的社会性,因此只有运用普遍性的社会化治理手段,科学把握网络空间的特性,才能构建良好的网络生态。

3. 网络空间中的自由和秩序

习近平总书记在第二届世界互联网大会开幕式上的讲话中指出:“网络空间同现实社

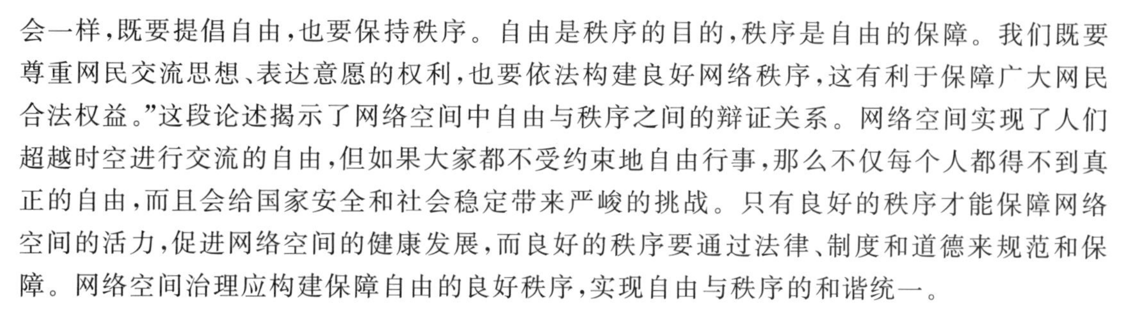

会一样，既要提倡自由，也要保持秩序。自由是秩序的目的，秩序是自由的保障。我们既要尊重网民交流思想、表达意愿的权利，也要依法构建良好网络秩序，这有利于保障广大网民合法权益。”这段论述揭示了网络空间中自由与秩序之间的辩证关系。网络空间实现了人们超越时空进行交流的自由，但如果大家都不受约束地自由行事，那么不仅每个人都得不到真正的自由，而且会给国家安全和社会稳定带来严峻的挑战。只有良好的秩序才能保障网络空间的活力，促进网络空间的健康发展，而良好的秩序要通过法律、制度和道德来规范和保障。网络空间治理应构建保障自由的良好秩序，实现自由与秩序的和谐统一。

4. 网络空间中的一致性和多样性

习近平总书记指出：“为了实现我们的目标，网上网下要形成同心圆。什么是同心圆？就是在党的领导下，动员全国各族人民，调动各方面积极性，共同为实现中华民族伟大复兴的中国梦而奋斗。形成良好网上舆论氛围，不是说只能有一个声音、一个调子，而是说不能搬弄是非、颠倒黑白、造谣生事、违法犯罪，不能超越了宪法法律界限。”这段论述揭示了网络空间中一致性和多样性之间的辩证关系，“同心圆”着眼于凝聚共识，是网络空间中的一致性；“不是说只能有一个声音、一个调子”着眼于包容差异，是网络空间中的多样性。在网络空间中，丰富的多样性为一致性的发展提供了广阔空间，而一致性的增强则保障了多样性的发展方向。网络空间治理就是在增进一致性的基础上，正确对待多样性；在正确对待多样性的基础上，加以正确引领，最大限度地发挥各个方面的积极作用。

5. 网络空间中的安全和发展

习近平总书记指出：“安全是发展的前提，发展是安全的保障，安全和发展要同步推进。我们一定要认识到，古往今来，很多技术都是‘双刃剑’，一方面可以造福社会、造福人民，另一方面也可以被一些人用来损害社会公共利益和民众利益。”这段论述揭示了网络空间中安全和发展之间的辩证关系，没有网络空间的安全，发展得越快，造成的危害就可能越大；而如果不发展，网络空间的安全保障能力也将受到限制。网络空间治理就是在追求网络空间发展的同时，各方面齐抓共管，切实维护网络空间安全。

6. 网络主权

习近平总书记指出：“《联合国宪章》确立的主权平等原则是当代国际关系的基本准则，覆盖国与国交往各个领域，其原则和精神也应该适用于网络空间。”这段论述表明网络主权是国家主权在网络空间中的自然延伸和表现，是国家主权的新内容。没有网络主权，各国就无法平等共享互联网发展成果，无法实现网络空间的对话与合作，无法有效解决互联网给全球带来的问题和挑战。

10.1.2　我国网络空间治理的主要举措

1. 实施网络强国战略

基于对互联网重要地位的认识，习近平总书记把互联网与中国的前途命运联系在一起思考，提出了网络强国的战略思想。2014年2月27日，习近平总书记在中央网络安全和信息化领导小组第一次会议发表重要讲话时指出：“网络安全和信息化是事关国家安全和国家发展、事关广大人民群众工作生活的重大战略问题，要从国际国内大势出发，总体布局，统筹各方，创新发展，努力把我国建设成为网络强国。”“建设网络强国的战略部署要与‘两个一百年’奋斗目标同步推进，向着网络基础设施基本普及、自主创新能力显著增强、信息经济全面发展、网络安全保障有力的目标不断前进。”2016 年 10 月 9 日，习近平总书记在主持中共中央政治局第三十六次集体学习时强调“加快推进网络信息技术自主创新，加快数字经济对经济发展的推动，加快提高网络管理水平，加快增强网络空间安全防御能力，加快用网络信息技术推进社会治理，加快提升我国对网络空间的国际话语权和规则制定权”，将网络强国战略提升到了综合施策的新高度。2018 年 4 月 20 日，在全国网络安全和信息化工作会议上，习近平总书记用“五个明确”高度概括了网络强国战略思想：明确网信工作在党和国家事业全局中的重要地位，明确网络强国建设的战略目标，明确网络强国建设的原则要求，明确互联网发展治理的国际主张，明确做好网信工作的基本方法。

2. 坚持正确政治方向

网络空间治理是国家治理在网络空间的表现形态，党对网络空间治理的领导是党对国家治理领导的延伸，体现在顶层设计、战略规划、法律法规和政策制定等各个方面。习近平总书记指出，网民来自老百姓，老百姓上了网，民意也就上了网。群众在哪儿，我们的领导干部就要到哪儿去。各级党政机关和领导干部要学会通过网络走群众路线，让互联网成为了解群众、贴近群众、为群众排忧解难的新途径，成为发扬人民民主、接受人民监督的新渠道。网络空间治理是所有利益相关方共同参与的过程，而党委领导、政府管理、企业履责、社会监督、网民自律等多主体参与的网络治理方式，是我国网络建设的政治优势和制度保障。

3. 坚持依法治网

深化网络空间治理，要将网络空间纳入法治轨道，坚持依法治网是落实全面依法治国、彰显网络空间主权、保障国家安全和社会稳定的重要举措。习近平总书记指出，网络空间不是“法外之地”。网络空间是虚拟的，但运用网络空间的主体是现实的，大家都应该遵守法律，明确各方权利义务。坚持依法治网、依法办网、依法上网，让互联网在法治轨道上健康运行。依法治网的前提是有法可依，近年来，从网络安全法、数据安全法、个人信息保护法等重要法律的人大立法，到《国家网络空间安全战略》《关键信息基础设施安全保护条例》等战略规划、法律法规的制定出台，再到《网络安全审查办法》《云计算服务安全评估办法》《汽车数据安全管理若干规定（试行）》等部门规章和规范性文件的发布实施，网络安全法律法规体系基本建立。依法治网的生命力在于依法实施网络空间治理的具体实践，从网络安全审查、数据出境安全评估、个人信息保护等重要制度的逐步建立，到互联网金融、互联网广告、网站安全、上网营业场所等专项整治工作的开展，各方面齐抓共管依法治网的局面已逐步形成。依法治网不仅体现在对网络空间的立法、执法、司法上，还要使网络空间成为人民群众依法发扬人民民主的平台。从官方网站、微信公众号上政府信息的公开，到广大群众借助网络平台讨论公共事务、开展舆论监督、实现政治参与，网络空间已逐步成为我国发扬人民民主、接受人民监督的新平台。

4. 营造良好的网络舆论氛围

网络空间是目前社会舆论产生和发展的主要载体，网络舆情的形成和传播非常迅速，具有巨大的社会影响力。营造良好的网络舆论氛围，始终是我国网络空间治理的重要内容。习近平总书记指出，做好网上舆论工作是一项长期任务，要创新改进网上宣传，运用网络传播规律，弘扬主旋律，激发正能量，大力培育和践行社会主义核心价值观，把握好网上舆论引导的时、度、效，使网络空间清朗起来。党的十八大以来，我国加强了各地区、各相关部门协调联动，加强了对重点网站、自媒体等的引导，逐步形成全国网络宣传管理工作合力。党和政府声音始终是我国网络空间的主旋律，讲好中国故事，讲好百姓故事，讲好发展形势，广覆盖、有品牌、敢发声的正面宣传格局逐步形成。全网统一的应急指挥体系和应急响应机制的建设和强化，结束了“大灾之后必有大谣”的混乱无序局面，突发事件后网民积极主动传播正能量已成为当今网络舆论的鲜明特点。

5. 核心技术与人才培养

网络空间的竞争，是核心技术的竞争，是人才的竞争。习近平总书记指出，一个互联网企业即便规模再大、市值再高，如果核心元器件严重依赖外国，供应链的“命门”掌握在别人手里，那就好比在别人的墙基上砌房子，再大再漂亮也可能经不起风雨，甚至会不堪一击。我们要掌握我国互联网发展主动权，保障互联网安全、国家安全，就必须突破核心技术这个难题，争取在某些领域、某些方面实现“弯道超车”。建设网络强国，没有一支优秀的人才队伍，没有人才创造力迸发、活力涌流，是难以成功的。党的十八大以来，我国高度重视核心技术的发展，在高性能计算、量子通信、5G 等一些领域已经取得了突破，也出台了很多激励人才培养和引进的政策，培养了大批网络空间领域杰出的科研人员、管理人员和企业家。技术的发展和人才的培养也为网络空间治理提供了支撑和保障，推动了网络空间治理能力的不断优化和提升。

10.1.3　构建网络空间命运共同体

网络空间具有高度全球化的特性，使国际社会越来越成为你中有我、我中有你的命运共同体。2015 年 12 月 16 日，第二届世界互联网大会在浙江省乌镇开幕，习近平总书记出席开幕式并发表主旨演讲，强调互联网是人类的共同家园，各国应该共同构建网络空间命运共同体，推动网络空间互联互通、共享共治，为开创人类发展更加美好的未来助力。习近平总书记在演讲中就共同构建网络空间命运共同体提出了五点主张。

1. 加快全球网络基础设施建设，促进互联互通

网络的本质在于互联，信息的价值在于互通。只有加强信息基础设施建设，铺就信息畅通之路，不断缩小不同国家、地区、人群间的信息鸿沟，才能让信息资源充分涌流。中国愿同各方一道，加大资金投入，加强技术支持，共同推动全球网络基础设施建设，让更多发展中国家和人民共享互联网带来的发展机遇。

2. 打造网上文化交流共享平台，促进交流互鉴

文化因交流而多彩，文明因互鉴而丰富。互联网是传播人类优秀文化、弘扬正能量的重要载体。中国愿通过互联网架设国际交流桥梁，推动世界优秀文化交流互鉴，推动各国人民情感交流、心灵沟通。我们愿同各国一道，发挥互联网传播平台优势，让各国人民了解中华优秀文化，让中国人民了解各国优秀文化，共同推动网络文化繁荣发展，丰富人们精神世界，促进人类文明进步。

3. 推动网络经济创新发展，促进共同繁荣

当前，世界经济复苏艰难曲折，中国经济也面临着一定下行压力。解决这些问题，关键在于坚持创新驱动发展，开拓发展新境界。中国正在实施“互联网＋”行动计划，推进“数字中国”建设，发展分享经济，支持基于互联网的各类创新，提高发展质量和效益。中国互联网蓬勃发展，为各国企业和创业者提供了广阔市场空间。中国开放的大门永远不会关上，利用外资的政策不会变，对外商投资企业合法权益的保障不会变，为各国企业在华投资兴业提供

更好服务的方向不会变。只要遵守中国法律,我们热情欢迎各国企业和创业者在华投资兴业。我们愿意同各国加强合作,通过发展跨境电子商务、建设信息经济示范区等,促进世界范围内投资和贸易发展,推动全球数字经济发展。

4. 保障网络安全,促进有序发展

安全和发展是一体之两翼、驱动之双轮。安全是发展的保障,发展是安全的目的。网络安全是全球性挑战,没有哪个国家能够置身事外、独善其身,维护网络安全是国际社会的共同责任。各国应该携手努力,共同遏制信息技术滥用,反对网络监听和网络攻击,反对网络空间军备竞赛。中国愿同各国一道,加强对话交流,有效管控分歧,推动制定各方普遍接受的网络空间国际规则,制定网络空间国际反恐公约,健全打击网络犯罪司法协助机制,共同维护网络空间和平安全。

5. 构建互联网治理体系,促进公平正义

国际网络空间治理,应该坚持多边参与、多方参与,由大家商量着办,发挥政府、国际组织、互联网企业、技术社群、民间机构、公民个人等各个主体作用,不搞单边主义,不搞一方主导或由几方凑在一起说了算。各国应该加强沟通交流,完善网络空间对话协商机制,研究制定全球互联网治理规则,使全球互联网治理体系更加公正合理,更加平衡地反映大多数国家意愿和利益。举办世界互联网大会,就是希望搭建全球互联网共享共治的平台,共同推动互联网健康发展。

10.2 网络空间道德

网络空间道德是人们的社会关系和共同利益在网络空间的反映,是以善恶为标准,通过社会舆论、内心信念和传统习惯来评价网民行为,调节网络空间中人与人之间、人与社会之间关系的行为规范的总和。

10.2.1 网络空间道德失范

网络空间道德是现实社会道德的延伸和反映,然而,网络空间的虚拟性、开放性、自由性、多元性、资源丰富性、超时空性等特点,也对人们传统的道德观念、价值取向、思维逻辑以及行为习惯带来了巨大的冲击,出现了大量的网络空间道德失范现象,主要表现在以下几个方面。

1. 网络失信

网络空间的虚拟性使很多人会伪装自己和随意地编造故事。发布夸张的广告,进行虚假宣传,吸引他人眼球;销售假冒伪劣商品,提供劣质服务;布下情感诱饵,欺骗他人善心,伤害他人情感,这些不诚实、不守信,甚至是欺诈的事情在网络空间中屡见不鲜。

2. 网络谣言

在网络空间中每个人都可以是信息的发布者和传播者。在某些利益的驱动下,一些网络媒体、自媒体会抓住社会公众人物的隐私或社会热点问题、新闻事件进行造谣,而很多网民在没有进行认真鉴别、认证的情况下就对其进行转发,从而导致网络谣言的快速蔓延,形成了非真实的网络舆论潮流,危害了正常的网络秩序。

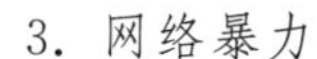

3. 网络暴力

网络空间中充斥着涉及恐怖、色情、赌博、暴力等反主流价值观的信息，一些网民由于对网络缺乏认知，自律意识不够，会沉溺其中，甚至出现心理失常、情绪失控等情况。个别网民出于自身或其他的原因，会在网络空间中任意发泄自身的不满情绪，或谩骂、侮辱他人，或发表不负责任的言论。骂战、爆吧、人肉搜索等也都严重破坏了网络空间环境。

4. 网络冷漠

人与人的情感通常需要社会交往来维系，而网络空间中数字化的交往形式使有些网民对生活中的不幸者不是表达同情之心，而是摆出事不关己、高高挂起的围观心态。对待一些社会焦点事件，有网民或扮演“吃瓜”群众，或进行网络起哄，或为谋求私利充当网络水军，对舆论审判、道德绑架等非理性现象起到了推波助澜的作用。

5. 网络恶俗

在利益的驱动下，网络娱乐的功能被过度强调，各种片面寻求感官刺激，低俗、庸俗的内容在网络空间中大量传播。一些网络平台和媒体不断炮制争议话题，引发网络争论，误导大众的价值取向；很多依靠滥情、搞怪的“网红”受到追捧；各种穿越、戏说、软暴力、软色情的网络小说、影视赚取了大量的点击率；“撩妹”等低俗粗鄙的网络流行语也不断产生。网络恶俗和过度的泛娱乐化造成人们审美情趣和文化品位的下降。

10.2.2　网络空间道德建设要求

营造天朗气清、生态良好的网络空间，网络空间道德建设是基础，而网络空间道德建设需要全社会共同参与。中共中央、国务院在2019年印发的《新时代公民道德建设实施纲要》对抓好网络空间道德建设提出了明确的要求。

1. 加强网络内容建设

网络信息内容广泛影响着人们的思想观念和道德行为。要深入实施网络内容建设工程，弘扬主旋律，激发正能量，让科学理论、正确舆论、优秀文化充盈网络空间。发展积极向上的网络文化，引导互联网企业和网民创作生产传播格调健康的网络文学、网络音乐、网络表演、网络电影、网络剧、网络音视频、网络动漫、网络游戏等。加强网上热点话题和突发事件的正确引导、有效引导，明辨是非、分清善恶，让正确道德取向成为网络空间的主流。

2. 培养文明自律网络行为

网上行为主体的文明自律是网络空间道德建设的基础。要建立和完善网络行为规范，明确网络是非观念，培育符合互联网发展规律、体现社会主义精神文明建设要求的网络伦理、网络道德。倡导文明办网，推动互联网企业自觉履行主体责任、主动承担社会责任，依法依规经营，加强网络从业人员教育培训，坚决打击网上有害信息传播行为，依法规范管理传播渠道。倡导文明上网，广泛开展争做中国好网民活动，推进网民网络素养教育，引导广大网民尊德守法、文明互动、理性表达，远离不良网站，防止网络沉迷，自觉维护良好网络秩序。

3. 丰富网上道德实践

互联网为道德实践提供了新的空间、新的载体。要积极培育和引导互联网公益力量，壮大网络公益队伍，形成线上线下踊跃参与公益事业的生动局面。加强网络公益宣传，引导人们随时、随地、随手做公益,推动形成关爱他人、奉献社会的良好风尚。拓展"互联网+公益"、"互联网+慈善"模式,广泛开展形式多样的网络公益、网络慈善活动,激发全社会热心公益、参与慈善的热情。加强网络公益规范化运行和管理,完善相关法规制度,促进网络公益健康有序发展。

4. 营造良好网络道德环境

加强互联网管理,正能量是总要求,管得住是硬道理,用得好是真本事。要严格依法管网治网,加强互联网领域立法执法,强化网络综合治理,加强网络社交平台、各类公众账号等管理,重视个人信息安全,建立完善新技术新应用道德评估制度,维护网络道德秩序。开展网络治理专项行动,加大对网上突出问题的整治力度,清理网络欺诈、造谣、诽谤、谩骂、歧视、色情、低俗等内容,反对网络暴力行为,依法惩治网络违法犯罪,促进网络空间日益清朗。

10.2.3 网络空间道德自律

从本质上讲,网络空间中的交往仍然是人与人的现实交往,网络空间生活也是人真实生活的一部分。在网络空间中,人们要遵纪守法,遵守道德规范,通常应注意以下几个方面。

① 自觉学习网络空间的法律法规,不断提高自身的道德修养,做到网络空间道德与现实社会道德的统一。

② 在网络空间生活中培养自律精神,坚守社会主义制度底线、国家利益底线、法律法规底线、社会公共秩序底线、公民合法权益底线、道德风尚底线和信息真实底线。

③ 提高对网络空间信息的鉴别力,积极运用网络空间传播正能量,自觉抵制网络空间中的不良信息,使网络成为学习、工作、生活的重要工具。

④ 在网络空间中不发表不负责任的观点和言论,坚持网络诚信,不随意转发他人的观点和言论,自觉维护网络空间文明交流的氛围。

⑤ 在网络空间中不发布不良信息和虚假信息,不煽动不良情绪,不随意暴露他人的隐私,拒绝网络暴力。

⑥ 通过网络空间开展健康有益的人际交往,积极参与网络空间文化的建设与管理,进行有利于个人身心健康和品德培养的网络空间交往。

⑦ 要树立自我保护意识,避免受骗上当,避免给自己的人身和财产安全带来危害。

⑧ 从自己的身心健康出发,合理安排上网时间,理性对待网络,自觉避免网络沉迷。

10.3 正确识别网络信息

在信息社会,信息给人们带来了巨大的物质和精神财富,但是网络空间中的各类信息鱼龙混杂,真伪难辨,正确地识别所获取的信息是有效利用信息的前提。

10.3.1 网络信息价值的判断

通常可以从以下几个方面对网络信息的价值做出判断。

① 真实性:网络信息的内容必须反映客观事物的本来面貌,这是判断网络信息价值的

核心标准。可以通过查看网络信息的来源，判断其各项构成要素是否齐全，运用逻辑推理和查阅资料的方法进行考证和深入调查，来判断网络信息中涉及的事物是否客观存在、各个构成要素是否真实。

② 权威性：网络信息由主流媒体发布或传播，其讨论的内容由享有盛誉的专家或机构来表明意见，其观点、看法有权威效应。可以通过把获取的网络信息与同类信息进行相互比较，以考察网络信息的来源是否具有权威性，其内容和观点是否具有代表性、普遍性、客观性和全面性。

③ 时效性：网络信息从媒体发出到其被接收、利用的时间间隔及效率，它侧重表达传播时间与传播效果之间的关系。新闻、天气预报、股市行情、招聘信息等很多网络信息都有时效性的限制，可以通过查看网络信息的发布时间判断网络信息的有效期限，也可以通过与相关信息的比较等判断网络信息的时效性。

④ 实用性：网络信息对其获取者是否具有可用性，包括介绍知识、提供资料、直接服务等各个方面。需要注意的是，同一个网络信息对不同人的实用性各不相同，个人喜好、社会角色、知识水平等方面的差异决定了人们对网络信息的实用性会有不同的评价结果。

⑤ 趣味性：网络信息的内容轻松有趣，能够快速吸引人们的注意力，引发人们的情感共鸣。当然，与实用性类似，人们对网络信息趣味性的判断也各不相同。

10.3.2　识别网络虚假信息

曾有研究机构对部分网络用户在2018年接触到的网络信息来源进行调研，发现约三分之二的网络用户会从网络社交媒体获取信息，但其中有57%的人认为，他们获取到的信息可能是不准确的。这项研究说明网络虚假信息不但广泛存在，而且被人们普遍认知。

1. 网络虚假信息的类型和特征

网络虚假信息大体上可以分为基于观点的虚假信息和基于事实的虚假信息，基于观点的虚假信息是指表达虚假的个人观点，如网络上的各种虚假点评；基于事实的虚假信息是指篡改事实真相以迷惑大众，如虚假新闻、虚假招聘信息、虚假网站等。

根据相关的统计研究，基于观点的网络虚假信息通常具有以下特征：

① 相关信息之间有很强的文本相似度，并且伴有鲜明的语言特征，如多使用第一人称以示亲身经历，多使用“很”“非常”等表达强烈情感的修饰词。

② 相关信息所表达的情感存在明显的“两极分化”，如在点评打分时经常以“满分点评”和“最低分点评”为主。

③ 相关信息的提供者发起连续评论的时间间隔比真实评论要短。

根据相关的统计研究，基于事实的网络虚假信息通常具有以下特征：

① 为了提升关注度，相关信息的标题融入了大量信息，通常伴有文不对题的现象，即所谓的“标题党”。

② 相关信息通常会带有新奇的观点，会引发“惊讶”“厌恶”等情绪。

③ 相关信息会呈现出类似病毒的传播模式，比真实信息传播得更快、更广。

2. 常见网络虚假信息的识别

(1) 以政府部门名义发布的虚假信息。

如果要识别此类网络虚假信息，则可以登录政府部门官方网站检索相关文件，也可以直接致电信息中所说的发文机关进行询问。另外，在阅读信息时，应认真核对文号、格式、发文机关标识、政府公章、印发日期等细节。

（2）虚假新闻。

在网络空间阅读新闻，应着重注意其发布平台的权威性，通常应通过新华社、人民日报、中央电视台等官方媒体的网络平台或大型主流门户网站获取新闻资讯。一般情况下，在上述主流媒体都没有报道的情况下，由社交平台、自媒体流出的所谓重大新闻都没有可信度。

（3）虚假招聘信息。

通常，用户应登录官方网站，通过正规渠道获取招聘信息。另外，应注意查询和比较招聘信息中公司的名称、网址、资质等具体情况以及该公司的招聘反馈信息。通常，如果招聘信息中许诺的工资水平与同类岗位平均工资差距过大，或者在招聘过程中以各种名目要求缴纳费用，则应警惕其可能是虚假信息。

（4）虚假购物信息。

用户在网上购物时应选择可靠的在线购物网站，不贪图便宜，不购买低于正常市场价格过多的商品，不相信小型网站的弹窗广告，不点击来历不明的链接。网上购物或者需要售后服务时用户应认准经过认证的网址或者客服电话（通常客服电话为固定电话）。以任何借口要求用户提供个人账户或银行卡密码、手机验证码，以及要求用户进行转账的，都可确定为虚假信息。

（5）虚假红包和二维码。

不盲目扫描二维码，不盲目点击来历不明的红包。若用户不慎点击了木马，则应迅速关闭手机网络，修改网上银行、支付宝、微信等的相关密码，到正规的手机售后部门重置系统，彻底删除木马程序。

（6）虚假网站。

用户应通过正规渠道获取网站的网址，不要随意点击来历不明的网络链接。在访问网站时，用户应仔细核实其网址是否准确；如果需要输入账号、密码，则输入前应再次核实网站的页面和网址是否正确。

（7）网络谣言。

要识别网络谣言，用户可以查看信息来源，不要轻信小道消息；也可以仔细查看其文字，因为为了躲避网络监管，很多网络谣言的文字是加工处理过的，如添加特殊符号、繁体字简体字混杂等；还可以在网络上搜索相关的关键词，对搜索到的信息进行综合比较；另外，用户还应保持冷静，理性分析信息内容是否存在自相矛盾的地方，专业词汇表达是否正确等。

10.3.3 举报网络违法和不良信息

在互联网发展的早期，网上的不良信息还是以“知识型”信息为主，随着互联网的不断发展，不良信息开始向“牟利型”转变，而且手段多样、形式复杂，其中很多已经突破了道德底线，违反了法律的相关规定。要清除网络违法和不良信息，除建立严格的内容审核制度，对不良信息进行封堵和过滤，通过立法及执法手段严惩不良信息制造者和发布者等外，还需要广大网民共同努力，对网络违法和不良信息进行监督和举报。

1. 中央网信办（国家互联网信息办公室）违法和不良信息举报中心

中央网信办（国家互联网信息办公室）违法和不良信息举报中心（以下简称国家网信办

举报中心)负责统筹协调全国互联网违法和不良信息举报工作,指导、监督各地各网站规范开展互联网违法和不良信息举报工作;受理、协助处置网民对互联网违法和不良信息的举报;宣传动员广大网民积极参与互联网违法和不良信息举报监督;主办中国互联网联合辟谣平台,统筹做好网络辟谣工作;开展国际交流合作,加强与境外国际组织、相关机构、互联网企业的联系,协调处理相关有害信息。其所提供的举报方式包括拨打举报热线12377、下载安装“网络举报”客户端、登录举报中心官网(http://www.12377.cn)、关注举报中心官方微博“国家网信办举报中心”、关注举报中心官方微信公众账号“国家网信办举报中心”、发送邮件至邮箱(jubao@12377.cn)等。国家网信办举报中心官网主页如图10-1所示,其所受理的互联网违法和不良信息主要包括:

① 危害国家安全、荣誉和利益的;
② 煽动颠覆国家政权、推翻社会主义制度的;
③ 煽动分裂国家、破坏国家统一的;
④ 宣扬恐怖主义、极端主义的;
⑤ 宣扬民族仇恨、民族歧视的;
⑥ 传播暴力、淫秽色情信息的;
⑦ 编造、传播虚假信息扰乱经济秩序和社会秩序的;
⑧ 侵害他人名誉、隐私等合法权益的;
⑨ 互联网相关法律法规禁止的其他内容。

图10-1 国家网信办举报中心官方网站主页

2. 12321网络不良与垃圾信息举报受理中心

12321网络不良与垃圾信息举报受理中心(以下简称12321受理中心)是工业和信息化部委托中国互联网协会设立的公众投诉受理机构,负责协助工业和信息化部承担关于互联网、电话网等信息通信网络中的不良与垃圾信息的投诉受理、线索转办及信息统计等工作。12321受理中心也提供了微信、电话(010-12321)、邮件(发邮件到abuse@12321.cn)、手机

App等举报方式，其官网主页(https://www.12321.cn)如图10-2所示，受理范围：① 利用互联网网站、论坛、电子邮件、即时消息、博客等传播、发送的不良与垃圾信息；② 利用短信、彩信、彩铃、WAP、IVR、手机游戏(含小灵通)等传播、发送的不良与垃圾信息；③ 利用电话、传真等传播、发送的不良与垃圾信息；④ 借助其他信息通信网络或者电信业务传播、发送的不良与垃圾信息。

图10-2 12321受理中心官方网站主页

10.4 走进“国家网络安全宣传周”

国家网络安全宣传周是我国举办的全国范围的网络安全主题宣传活动，每年举办一届，为期一周，不仅由国家有关职能部门共同参与主办，各省、自治区、直辖市也将同期举办相关主题活动。2019年9月，习近平主席对国家网络安全宣传周做出重要指示，强调举办网络安全宣传周、提升全民网络安全意识和技能是国家网络安全工作的重要内容。

1. 首届国家网络安全宣传周

首届国家网络安全宣传周于2014年11月24日至30日举行。此次宣传周以“共建网络安全，共享网络文明”为主题，围绕金融、电信、电子政务、电子商务等重点领域和行业网络安全问题，针对社会公众关注的热点问题，先后设置启动日、政务日、金融日、产业日、电信日、青少年日和法制日，举办了“网络安全在我身边”公益短片征集展映、网络安全大讲堂、网络安全知识竞答、网络安全体验展等系列主题宣传活动。

2. 第二届国家网络安全宣传周

第二届国家网络安全宣传周于 2015 年 6 月 1 日至 7 日举行。此次宣传周沿用了“共建网络安全，共享网络文明”的主题，传播“安全方面最大的风险是没有意识到风险”的理念，重点加强青少年网络安全教育。线下活动包括启动仪式暨国家网络安全青少年科普基地揭牌仪式、“赢在未来”青少年网络安全教育联合行动、“感知身边的网络安全”公众体验展、“争做网络安全卫士”系列青少年网络安全知识竞赛、“网络安全知识进万家”知识手册发放等。线上活动包括“讲述身边的网络安全故事”文章和微电影征集展映、我国首次“公众网络安全意识调查”、专家访谈等。

3. 2016 年国家网络安全宣传周

2016 年上半年，经中央网络安全和信息化领导小组同意，中央网信办、教育部、工业和信息化部、公安部、新闻出版广电总局、共青团中央等六部门联合印发了《国家网络安全宣传周活动方案》。该方案明确从 2016 年开始，国家网络安全宣传周于每年 9 月第三周在全国各省区市统一举行，目的是通过广泛开展网络安全宣传教育，增强全社会网络安全意识，提升广大网民的安全防护技能，营造健康文明的网络环境。

2016 年国家网络安全宣传周于 9 月 19 日至 25 日举行，主题是“网络安全为人民，网络安全靠人民”，由中央网信办等六部门共同举办。宣传周的开幕式、网络安全博览会、网络安全技术高峰论坛、网络安全电视知识竞赛等重要活动在武汉市举行。这是首次在全国范围内统一举办网络安全宣传周，也是首次在地方城市举行国家网络安全宣传周开幕式等重要活动。

4. 2017 年国家网络安全宣传周

2017 年国家网络安全宣传周于 9 月 16 日至 24 日在全国范围内统一举行，主题仍为“网络安全为人民，网络安全靠人民”，由中央宣传部、中央网信办、教育部、工业和信息化部、公安部、中国人民银行、新闻出版广电总局、全国总工会、共青团中央等九部门共同举办。开幕式、网络安全博览会暨网络安全成就展、网络安全技术高峰论坛、一流网络安全学院示范高校授牌、先进典型表彰等重要活动在上海市举办。本次宣传周围绕“工业 4.0 时代的信息安全”“关键信息基础设施安全”“网络安全态势感知”“大数据安全与个人信息保护”“网络安全技术标准”等主题举办了高峰论坛，国内知名院士专家、大型互联网和网络安全企业的高管、相关部门的负责同志，以及来自美国、俄罗斯、芬兰、韩国等国家的企业高管和专家参会并演讲。

5. 2018 年国家网络安全宣传周

2018 年国家网络安全宣传周于 9 月 17 日至 23 日在全国范围内统一举行，主题仍为“网络安全为人民，网络安全靠人民”，此次宣传周的开幕式、网络安全博览会、网络安全技术高峰论坛等重要活动在成都市举办。本次宣传周的网络安全技术高峰论坛包括一场主论坛和九场分论坛。与会专家围绕关键信息基础设施保护、大数据安全、个人信息保护、网络安全标准、网络安全技术产业发展、网络安全人才培养等热点问题展开了热烈的讨论。另外，本次宣传周还举办了网络安全优秀人才和优秀教师评选、网络安全微课征集等活动。

6. 2019 年国家网络安全宣传周

2019 年国家网络安全宣传周于 9 月 16 日至 22 日在全国范围内统一开展，主题仍是“网络安全为人民，网络安全靠人民”。本次宣传周围绕中华人民共和国成立 70 周年特别是党的十八大以来网络安全领域取得的重大成就，贯彻落实《网络安全法》以及数据安全管理、个人信息保护等方面的法律、法规、标准，通过多种形式、多个传播渠道，发动企业、媒体、社会组织、群众广泛参与，深入开展了宣传教育活动。本次宣传周的开幕式、网络安全博览会、网络安全技术高峰论坛等重要活动在天津市举行。本次宣传周还举办了网络安全进基层、2019 国际反病毒大会、“第五空间”网络安全创新能力大赛等丰富多彩的活动。

7. 2020 年国家网络安全宣传周

2020 年国家网络安全宣传周于 2020 年 9 月 14 至 20 日在全国范围内开展，本次宣传周聚焦“网络安全为人民，网络安全靠人民”这一鲜明主题，把习近平总书记“四个坚持”的重要指示精神贯穿始终，围绕“技术领先、形式新颖、参与广泛、影响深远、实效突出”目标，一体推进网络安全教育、技术、产业融合发展。本次宣传周的网络安全高峰论坛等重要活动在郑州市举行。本次宣传周首创的网络安全主题晚会，通过以案例专题、网友互动等方式，情景再现式展现了如何解决与群众生产生活密切相关的网络安全问题。结合疫情防控需要，本次宣传周打造了国内首次线上网络安全博览会，依托 3D 建模、线上直播等技术，共吸引 100 多家互联网和网络安全知名企业参展布展。本次宣传周还举行了系列主题日以及全民网络安全知识竞赛、线上课堂等活动，并公布网络安全优秀教师奖获奖名单和第二批一流网络安全学院建设示范项目高校名单。

8. 2021 年国家网络安全宣传周

2021 年国家网络安全宣传周于 2021 年 10 月 11 日至 17 日在全国范围内开展，开幕式、网络安全高峰论坛等重要活动在西安市举行。本次宣传周紧扣“网络安全为人民，网络安全靠人民”主题，以“融合展、会、赛，链接产、学、研”为导向，聚焦系列重要活动，统筹线上线下、突出内涵特色，实现了网络安全宣传教育、人才培养、技术创新、产业发展融合联动。本次宣传周首次尝试将网络安全博览会分为网络安全主题展和线上数字化展会两个部分，以线上线下联动方式举办。网络安全主题展设置了五大展区，通过打卡网络安全科普“通关文牒”、拆“反诈盲盒”等寓教于乐的方式宣传普及网络安全知识和技能。线上数字化展会通过 Web3D、VR、H5 等多媒体技术对线下博览会进行真实场景还原，并提供在线实景漫游、文字语音讲解、企业风采展示等服务，为网民带来身临其境的观展体验。本次宣传周的网络安全线上主题晚会以“共筑防线、共享安全”为主题，采用文艺作品、专题案例、现场互动等形式，聚焦防范电信网络诈骗、个人信息保护等人民群众关心的网络安全领域热点问题。另外，在本次宣传周开幕式上，首批 15 个国家网络安全先进集体和 29 名先进个人受到了表彰。

9. 2022 年国家网络安全宣传周

2022 年国家网络安全宣传周于 2022 年 9 月 5 日至 11 日在全国范围内开展，开幕式、网络安全高峰论坛等重要活动在合肥市举行。在本次宣传周的开幕式上，公布了首批国家网络安全教育技术产业融合发展试验区名单，包括合肥高新技术产业开发区、北京市海淀区、西安市雁塔区、长沙高新技术产业开发区、济南高新技术产业开发区共 5 家单位。本次宣传周设置了网络安全博览会、网络安全技术高峰论坛以及青少年网络保护、汽车数据安全、网络安全标准与产业装备发展、人工智能与个人信息保护等八场分论坛。其中，长三角网络安全协同发展分论坛发布了国内首个《网络安全人才实战能力白皮书》，量子安全分论坛发布了用于连接用户和量子保密通信网络的量子安全能力底座。另外，本次宣传周还创新开展了六大系列主题日以及网络安全“七进”(进社区、进农村、进企业、进机关、进校园、进军营、进公园)等活动。图 10-3 所示为 2022 年国家网络安全宣传周的部分日程安排。

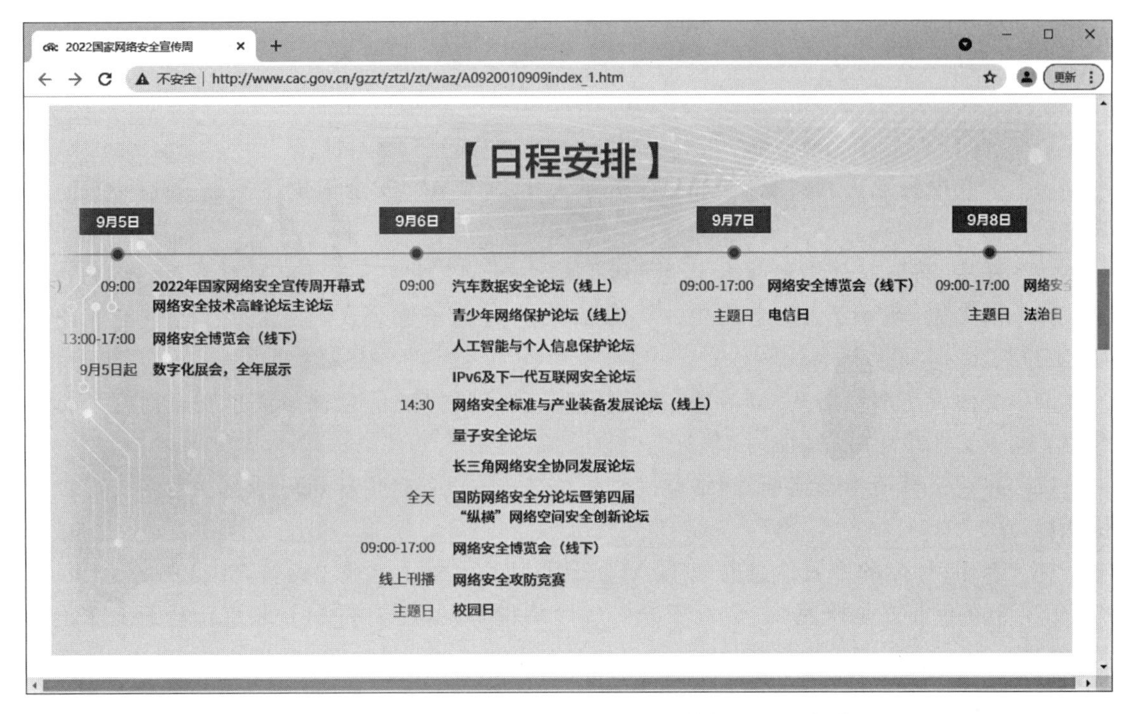

图 10-3　2022 年国家网络安全宣传周的部分日程安排

参 考 文 献

[1] 中共中央党史和文献研究院. 习近平关于总体国家安全观论述摘编[M]. 北京：中央文献出版社，2018.

[2] 夏冰. 网络安全法和网络安全等级保护 2.0[M]. 北京：电子工业出版社，2017.

[3] 杨义先，钮心忻. 安全简史：从隐私保护到量子密码[M]. 北京：电子工业出版社，2017.

[4] 罗伯特·多曼斯基. 谁治理互联网[M]. 华信研究院信息化与信息安全研究所，译. 北京：电子工业出版社，2018.

[5] 乔治·科斯拖普洛斯. 网络空间和网络安全[M]. 赵生伟，译. 成都：西南交通大学出版社，2017.

[6] 李瑞民. 你的个人信息安全吗[M]. 2 版. 北京：电子工业出版社，2015.

[7] 360 企业安全研究院. 走近安全——网络世界的攻与防[M]. 北京：电子工业出版社，2018.

[8] 教育部考试中心. 全国计算机等级考试一级教程——网络安全素质教育(2019 年版)[M]. 北京：高等教育出版社，2018.

[9] 丁喜纲. 网络安全管理技术项目化教程[M]. 北京：北京大学出版社，2012.

[10] 蔡晶晶，李炜. 网络空间安全导论[M]. 北京：机械工业出版社，2017.

[11] 王永全，廖根为. 网络空间安全法律法规解读[M]. 西安：西安电子科技大学出版社，2018.

[12] 石淑华，池瑞楠. 计算机网络安全技术[M]. 6 版. 北京：人民邮电出版社，2021.

[13] 丁喜纲，毕军涛. Internet 应用技术实训教程[M]. 北京：清华大学出版社，2016.

[14] 刘云翔，王志敏，黄春华，等. 计算机应用基础[M]. 3 版. 北京：清华大学出版社，2017.

[15] 方滨兴. 定义网络空间安全[J]. 网络与信息安全学报，2018，(01)：1-5.

[16] 王世伟. 论信息安全、网络安全、网络空间安全[J]. 中国图书馆学报，2015，(02)：72-84.

[17] 刘跃进. 信息安全、网络安全、国家安全之间的概念关系与构成关系[J]. 保密科学技术，2014，(05)：12-19.

[18] 罗军舟，杨明，凌振，等. 网络空间安全体系与关键技术[J]. 中国科学：信息科学，2016，(08)：939-968.

[19] 袁得嵛，王小娟，万建超. "互联网＋"对网络空间安全影响及未来发展趋势[J]. 网络与信息安全学报，2017，(05)：1-9.

[20] 王晓妮，韩建刚. 信息时代智能手机安全隐患及防范措施研究[J]. 信息与电脑(理论版)，2018，(14)：211-213.

[21] 涂萌，张绵伟. 第三方支付用户个人信息安全风险及对策研究[J]. 情报理论与实践，2018，(12)：70-75.

[22] 刘金瑞.《网络安全法》实施一周年配套立法的回顾与展望[J]. 中国信息安全，2018，(07)：59-62.

[23] 沈文婷，王荣，陈慧勤，等. 大数据背景下个人信息保护现状研究[J]. 信息技术与信息化，2019，(08)：187-189.

[24] 宋燕妮.《网络安全法》开启我国网络立法新进程[J]. 信息安全研究，2017，(06)：568-572.

[25] 常宇豪. 我国个人信息保护的法律实践与检视[J]. 征信，2019，(05)：30-35.

[26] 张珊. 互联网时代网络知识产权的保护路径[J]. 出版广角，2019，(21)：43-45.

[27] 唐远清. 习近平总书记的网络空间治理思想[J]. 前线，2017，(08)：19-22.

[28] 宋小红. 网络道德失范及其治理路径探析[J]. 中国特色社会主义研究，2019，(01)：71-76.